Sonia Vanzella Castellar
Organizadora

Geografia Escolar
contextualizando a sala de aula

Sonia Vanzella Castellar
(Org.)

GEOGRAFIA ESCOLAR:
contextualizando a sala de aula

EDITORA CRV
Curitiba - Brasil
2014

Copyright © da Editora CRV Ltda.
Editor-chefe: Railson Moura
Diagramação e Capa: Editora CRV
Revisão: Os Autores
Conselho Editorial:

Prof³. Dr³. Andréia da Silva Quintanilha Sousa (UNIR/UFRN)
Prof. Dr. Antônio Pereira Gaio Júnior (UFRRJ)
Prof. Dr. Carlos Alberto Vilar Estêvâo (Universidade do Minho, UMINHO, Portugal)
Prof. Dr. Carlos Federico Dominguez Avila (UNIEURO - DF)
Prof³. Dr³. Carmen Tereza Velanga (UNIR)
Prof. Dr. Celso Conti (UFSCar)
Prof. Dr. Cesar Gerónimo Tello (Universidade Nacional de Três de Febrero - Argentina)
Prof³. Dr³. Gloria Fariñas León (Universidade de La Havana – Cuba)
Prof. Dr. Francisco Carlos Duarte (PUC-PR)
Prof. Dr. Guillermo Arias Beatón (Universidade de La Havana – Cuba)
Prof. Dr. Joao Adalberto Campato Junior (FAP - SP)

Prof. Dr. Jailson Alves dos Santos (UFRJ)
Prof. Dr. Leonel Severo Rocha (URI)
Prof³. Dr³. Lourdes Helena da Silva (UFV)
Prof³. Dr³. Josania Portela (UFPI)
Prof³. Dr³. Maria de Lourdes Pinto de Almeida (UNICAMP)
Prof³. Dr³. Maria Lília Imbiriba Sousa Colares (UFOPA)
Prof. Dr. Paulo Romualdo Hernandes (UNIFAL - MG)
Prof³. Dr³. Maria Cristina dos Santos Bezerra (UFSCar)
Prof. Dr. Sérgio Nunes de Jesus (IFRO)
Prof³. Dr³. Solange Helena Ximenes-Rocha (UFOPA)
Prof³. Dr³. Sydione Santos (UEPG PR)
Prof. Dr. Tadeu Oliver Gonçalves (UFPA)
Prof³. Dr³. Tania Suely Azevedo Brasileiro (UFOPA)

CIP-BRASIL. CATALOGAÇÃO NA PUBLICAÇÃO
SINDICATO NACIONAL DOS EDITORES DE LIVROS, RJ

G298

Geografia escolar: contextualizando a sala de aula / organização Sonia Vanzella Castellar. - 1. ed. - Curitiba, PR: CRV, 2014.
224 p.

Inclui bibliografia
ISBN 978-85-444-0167-5
DOI 10.24824/978854440167.5

1. Geografia - Estudo e ensino (Ensino fundamental). I. Castellar, Sonia Vanzella.
14-15307   CDD: 372.891
                  CDU: 373.3.016:9

25/08/2014   28/08/2014

2014
Proibida a reprodução parcial ou total desta obra sem autorização da Editora CRV
Foi feito o depósito legal conf. Lei 10.994 de 14/12/2004.
Todos os direitos desta edição reservados pela:
Editora CRV
Tel.: (41) 3039-6418
www.editoracrv.com.br
E-mail: sac@editoracrv.com.br

APRESENTAÇÃO

Geografia Escolar e sala de aula, eis dois aspectos do nosso trabalho profissional que se apresentam importantes e significativos para todos aqueles que estão envolvidos na pesquisa em ensino de Geografia. Pensar a escola atualmente em toda a sua abrangência, diversidade e complexidade não é tarefa fácil, mas é imprescindível fazer a reflexão sobre esta instituição levando em conta diferentes focos e perspectivas. Por isso, este livro tem como objetivo refletir como a Geografia Escolar ocorre e se estabelece no contexto da sala de aula, no qual principalmente professores buscam formas, metodologias e didáticas para não somente inovar, mas promover uma Educação Geográfica que contribua para que alunos percebam, entendam, interajam e atuem de forma consciente sobre suas realidades locais e contextos globais.

Diante disso, esta obra que se apresenta numa trama que é construída para dar atualidade à questão, neste livro apresentada pela professora Sonia Castellar e seu grupo de trabalho como pesquisadores de ensino da Geografia. A professora Castellar é incansável nesta tarefa de promover a reflexão a respeito de "nossa profissão" que é ser professor de Geografia. Não lhe é empecilho e nem dificuldade buscar autores novos ou redescobrir referenciais teóricos (novos ou velhos) para dar luz às discussões sobre o que é a Geografia Escolar e como devemos tratar o objeto dessa ciência e da disciplina para construir as ferramentas intelectuais que nos permitam compreender o mundo em que vivemos.

O conhecimento e a compreensão do mundo da vida pode (e deve) ser realizado pela Geografia, pois na escola esta é uma disciplina que está presente desde sempre no conjunto do currículo escolar. E o nosso compromisso é fazer a contribuição para que seja efetivamente realizada a tarefa que de nós é esperada, no contexto do currículo escolar. No meu entendimento, e por este motivo me considero agradecida ao grupo para apresentar a obra, e também no entendimento da professora Sonia, expresso aqui neste livro, o ensino de Geografia não se reduz a como trabalhar os conteúdos, mas os consideramos imprescindíveis para a realização do nosso trabalho.

A teia de relações que se estabelece no contexto dos conteúdos específicos, dos conceitos básicos que alimentam a nossa interpretação intelectual do mundo, e a nossa capacidade pratica de elaborar, realizar ações e analisar os resultados enriquece o nosso fazer cotidiano de professores e pesquisadores de ensino de Geografia. E é nisso que a obra aqui apresentada contribui de modo sensível e cuidadoso, com aquilo que denominamos olhar espacial para desenvolver o pensamento espacial e fazer a análise geográfica. São pesquisas quem vêm sendo realizadas por acadêmicos com experiência em sala de aula, nos brindando com reflexões que repercutem na realidade da escola de forma significativa. As experiências e concepções expressas mostram as várias formas de como podem ser trabalhados os conteúdos em Geografia contextualizando-os com a demandas e realidades que precisam e devem ser discutidas nas didáticas e metodologias não apenas da Geografia, mas de outras áreas do conhecimento, inclusive.

As três partes da obra organizam para apresentação ao leitor aquilo que está sendo realizado, não de modo fragmentado, mas na construção dos elementos capazes de ensejar avanços significativos na nossa área de pesquisa por um lado, e no exercício cotidiano do trabalho escolar através do ensino de Geografia, por outro. Para o grupo de autores, são interfaces do mesmo problema que no cotidiano de pesquisadores ou de professores da Educação básica eles enfrentam. E ao se reunirem como grupo (de autores) cada questão dessas se intercomunica e se interliga de um modo a tecer a trama da complexidade da escola através da prática da Geografia que é o nosso compromisso como professores da disciplina.

A obra esta organizada em três partes: Conceitos, Formação de Professores e Práticas, que visam contribuir para o aprofundamento de como se dá as relações de ensino e aprendizagem nas aulas de Geografia atualmente. Posso confirmar que, o que está aqui apresentado não é temática alheia à realidade que está sendo vivida por cada um desses autores. São questões que fazem parte de seu trabalho profissional, afinal essa profissão de ser professor carrega em si a dimensão que nos exige além do fazer, a reflexão sobre o que fazemos. E, mais ainda a busca de referenciais teóricos que nos permitam sustentar as nossas verdades. Esta obra é um exemplo disso e, portanto uma significativa contribuição para a Geografia Escolar e para a pesquisa em ensino de Geografia.

A primeira parte, de cunho teórico-conceitual, trata de quatro temáticas que muito tem a contribuir para a construção do conhecimento escolar. O primeiro texto de Elisa Favaro Verdi, "**O movimento de renovação crítica na Geografia brasileira: um ensaio sobre seus fundamentos e desdobramentos**", apresenta-nos quais foram os pressupostos do movimento de renovação da Geografia Critica no Brasil em meados da década de 70 e seu contexto histórico social, momento no qual se questionava a Geografia Tradicional. Para este intento, a autora traz a reflexão de autores de grande relevância neste processo.

O segundo texto de Gustavo Francisco Teixeira Prieto, "**A formação da propriedade privada da terra no Brasil: elementos para a crítica da concentração fundiária**", demonstra com consistente fundamentação teórica que os processos de concentração e apropriação da terra, precisam ser desnaturalizados. Para isso o autor faz um histórico a partir do que intitulou de a primeira grande legalização da grilagem de terras no Brasil, a Lei de Terras de 1850, mostrando assim como se deu a criação da propriedade privada absoluta no Brasil e que os fundamentos da propriedade privada capitalista da terra se consolidam a partir do século XIX.

Wagner Dias, em seu texto "**A regionalização do espaço mundial no ensino de Geografia**", procura questionar os modelos de regionalização do espaço mundial vigente e que perduram nos livros didáticos desde meados do século XX. O autor defende que a regionalização do espaço mundial é um caminho profícuo para a Geografia Escolar, mas que, no entanto, o ensino desta disciplina precisa trazer a controvérsia para a sala de aula, ou seja, com questionamentos que gerem mais perguntas do que respostas, instigando como diz o autor, "as mentes curiosas pela busca do conhecimento e para pensar geograficamente o mundo"

Ainda abordando as questões relacionadas à regionalização, o texto de Rosemberg Ferracini, **"Brasil e África: na Geografia regional escolar"**, aborda temática emergente e ainda pouco trabalhada no ensino de Geografia. O autor procura demonstrar como os conteúdos relacionados à África são tratados nos livros didáticos e consequentemente são abordados no processo de ensino aprendizagem, procurando ressaltar conteúdos e temáticas que deveriam fazer parte não somente dos livros didáticos, mas em outros contextos educacionais.

É importante salientar que os aspectos teóricos na abordagem de temas específicos que são trabalhados em sala de aula, contribui para que seja realizada a contextualização dos mesmos no espaço e tempo do mundo em que vivemos. O que analisamos são questões do mundo construídas socialmente e a abordagem teórica encaminha a esta compreensão, fugindo daquela naturalização dos conteúdos que é muito comum na Geografia Escolar.

A segunda parte desta obra enfoca a formação de professores, a questão da mediação e como contextualizar a aula a partir de diferentes metodologias e linguagens. O texto **"Os lugares da escola na sociedade e o processo de ensino e aprendizagem"**, escrito por Sonia Maria Vanzella Castellar, Jerusa Vilhena de Moraes e Ana Paula Gomes Seferian, nos convida a refletir sobre o papel da escola e do professor frente a esta sociedade que se configura nos dias atuais. E aborda como são ensinados os conteúdos da Geografia na educação básica, e como esta pode contribuir para a inclusão de alunos na perspectiva da justiça social, procurando fazer esta importante reflexão aos leitores, levando em conta a dimensão sócio-cultural, e também metodológica, desta ciência, e suas condições e possibilidades de desdobramento na Geografia Escolar.

A seguir, na perspectiva de dimensionar o papel do professor enquanto mediador, frente a novas e diferentes metodologias, Ana Claudia Ramos Sacramento aborda a relevância da mediação do professor frente a uma metodologia diferenciada, que é a do trabalho de campo, tão importante para a Educação Geográfica, mas ainda pouco explorada nas escolas. No artigo denominado **"A mediação didática do estudo da cidade e o trabalho de campo: diferentes formas de ensinar Geografia"**, Ana Claudia nos convida a contextualizar o conceito de cidade e os elementos urbanos para o ensino de Geografia; discutindo o processo de mediação de ensino e de aprendizagem ao pensar a cidade como conteúdo e analisar como o trabalho de campo modifica a percepção dos estudantes a respeito da espacialidade das cidades.

Já no texto de Waldiney Gomes Aguiar, **"Didática da Geografia: um processo de ensino e aprendizagem"**, o autor discute a articulação entre o conhecimento geográfico e a didática. Procura enfatizar a importância que é dada pelos professores que atuam nas escolas, e também dos que ainda estão em formação, a respeito de como entendem qual o real significado desta articulação ao reconhecerem que os conteúdos apresentados aos alunos têm pressupostos teóricos advindos de pesquisas. Alia a isso a ideia também de uma prática contextualizada para que tenha compromisso com a aprendizagem que irá levar em conta o aluno e suas demandas como centro do processo.

O texto apresentado em seguida de Gislaine Batista Munhoz, intitulado "**A apropriação da geoinformação, dos jogos digitais e objetos de aprendizagem na Educação Geográfica por professores**", procura trazer para a reflexão a importância de professores se apropriarem das novas tecnologias de maneira autônoma e contextualizada a suas aulas, tendo em vista que este uso é parte integrante da vida de uma parcela significativa de seus alunos que os adotam de maneira natural. Gislaine procura trazer autores da Geografia, bem como aqueles que discutem cultura digital, para tecer e apresentar algumas sugestões de como pode se dar esta apropriação, enfatizando ser de extrema importância que se entenda antes de tudo o meio no qual estes recursos são inseridos e o impacto que representa nas relações e nas formas de conceber o ensino e a aprendizagem nas aulas de Geografia.

A abordagem da temática do professor e de sua formação é aqui apresentada (eu reafirmo) com referenciais teóricos que mostram da sua importância para justificar que a nossa formação é construída histórica e socialmente e não é natural e nem decorrente de vocação no sentido da doação/missão. É resultado de trabalho de uma formação profissional, que exige estudo, conhecimento e compreensão da nossa disciplina que é a Geografia, e dos aspectos teóricos e metodológicos do ensinar e do aprender, bem como do acesso ao conhecimento do que a humanidade produziu ao longo da nossa historia.

A terceira parte do livro, trata das práticas mostrando como podem ser concebidas e articuladas diferentes metodologias, para que a aprendizagem se materialize na sala de aula. Como eu percebo, e até por que tive o privilegio de acompanhar alguns desses processos, não são receitas (como muitas vezes falamos), mas é o resultado do que é possível fazer num determinado momento em certas escolas, com os grupos de alunos e com colegas que se dispõem para interlocução. Como tal são "preciosidades" que precisam ser comunicadas e tornadas publicas para que cada professor possa pensar a sua realidade de ensino e daí as suas práticas.

Esta parte inicia com o texto **Linguagem, forma e conteúdo: contribuições da literatura infantil para uma cartografia pertinente a infância**, de Paula Cristiane Strina Juliasz, que aborda a Educação Infantil, temática de suma importância e necessária para o ensino de cartografia e Geografia bem como na escola básica A autora nos apresenta um texto que mostra as reais possibilidades de se trabalhar a cartografia enquanto linguagem aliada à literatura infantil. De forma clara e objetiva e partindo da análise de duas obras, é possível entender a relevância de se desenvolver, como a própria autora enfatiza "uma cartografia pertinente para a criança, promovendo a memória, imaginação e criação - processos cognitivos importantes para a aprendizagem – na Educação Infantil".

Seguindo os mesmos pressupostos temos o texto de Gláucia Reuwsaat Justo, **As relações espaciais projetivas com crianças do 1º ano do ensino fundamental**, que também nos traz pesquisa realizada com os anos iniciais de ensino, mostrando a partir de exemplos práticos a importância de se desenvolver o raciocínio espacial. A autora procura mostrar em seu trabalho a relevância da intervenção e da mediação do professor na figura dos estagiários e o quanto esta vivência enriquece a formação deste futuro professor. E, do mesmo modo expressa como a partir de atividades lúdicas e contextualizadas com a realidade da criança é possível e necessário desenvolver o raciocínio lógico espacial, neste momento de formação da criança.

Já no texto de Júlio César Epifânio Machado, "**A sequência didática no ensino de Geografia F**ísica na educação básica: proposta de encaminhamentos para a o planejamento das aulas", temos a possibilidade de ter contato com os pressupostos teóricos que norteiam a construção de uma sequência didática. A partir da apresentação de uma sequência bem estruturada e clara o autor nos explicita de maneira consistente como deve ser feito este planejamento, com o qual é possível estabelecer um trabalho de qualidade que leve em conta esta modalidade organizativa, nas aulas de Geografia Física.

O texto de Davi Bachelli, **A potencialidade do trabalho de campo no ensino de Geografia: a cidade e o urbano,** traz a metodologia de trabalho de campo como um importante recurso a ser estudado e explorado por professores de todos os níveis de ensino, para possibilitar o estudo da cidade. A partir de um exemplo prático o autor procura demonstrar como podem ser todos os procedimentos e a sistematização para um trabalho de campo que tenha como pressuposto a aprendizagem significativa do aluno e do espaço no qual está inserido.

Enfim, considero que a presente obra é de extrema relevância à medida que procura aliar a teoria e a prática da Geografia Escolar com pesquisas e trabalhos inovadores que tem como pressupostos o contexto da sala de aula de Geografia na atualidade. Esperamos que o leitor(a), a partir destes textos, tenha possibilidade de refletir, aplicar, redimensionar saberes e práticas, sobre construção do conhecimento escolar e saberes docentes na Educação Geográfica.

A obra mostra que a Professora Sonia Castellar continua a desafiar-se a si mesmo e a seu grupo para pensarem a Geografia – esta ciência tão antiga e esta disciplina tão significativa para compreender o mundo com os olhares que não fiquem apenas na dimensão de sua vida cotidiana, mas que os refiram a dimensão teórica que nos encaminhe a ter os pressupostos para atuar nessa profissão de professor e no nosso caso de professor de Geografia.

Boa Leitura!

Professora Doutora Helena Copetti Calllai
UNIJUI
Pesquisadora do CNPq
Ijui (RS) 28 agosto de 2014

SUMÁRIO

CONCEITOS 13

O movimento de renovação crítica na Geografia brasileira:
um ensaio sobre seus fundamentos e desdobramentos 15
Elisa Favaro Verdi
Referências 26

A formação da propriedade privada da terra no Brasil:
elementos para a crítica da concentração fundiária 29
Gustavo Francisco Teixeira Prieto
Referências 43

A regionalização do espaço mundial no ensino de geografia 47
Wagner da Silva Dias
Referências 62

Brasil e África: na Geografia Regional Escolar 63
Rosemberg Ferracini
Referências 76

FORMAÇÃO DE PROFESSORES 79

Os lugares da escola na sociedade e o processo
de ensino e aprendizagem 81
Sonia Maria Vanzella Castellar
Jerusa Vilhena de Moraes
Ana Paula Gomes Seferian
Referências 101

A mediação didática do estudo da cidade e o trabalho de campo:
diferentes formas de ensinar Geografia 103
Ana Claudia Ramos Sacramento
Referências 117

Didática da geografia: um processo de ensino e aprendizagem 119
Waldiney Gomes de Aguiar
Referências 128

Apropriação da geoinformação, dos jogos digitais e objetos
de aprendizagem na educação geográfica por professores 129
Gislaine Batista Munhoz
Referências 145

PRÁTICAS 147

Linguagem, forma e conteúdo: contribuições da literatura infantil
para uma cartografia pertinente a infância 149
Paula Cristiane Strina Juliasz
Referências 159

As relações espaciais projetivas com crianças
do 1º Ano do Ensino Fundamental 161
Gláucia Reuwsaat Justo
Referências 174

A Sequência Didática no ensino de Geografia Física
na Educação Básica... 175
Júlio César Epifânio Machado

Alagamentos: suas causas e possibilidades de ocorrência 185
Aula 1 185
Aula 2 188
Aulas 3 e 4... 189
Aula 5 194
Aula 6 196
Referências 202

A potencialidade do trabalho de campo no ensino de geografia:
a cidade e o urbano 205
Davi Bachelli
Referências 216

Sobre os autores 217

CONCEITOS

O MOVIMENTO DE RENOVAÇÃO CRÍTICA NA GEOGRAFIA BRASILEIRA: um ensaio sobre seus fundamentos e desdobramentos

Elisa Favaro Verdi[1]

Uma pesquisa na área de história do pensamento geográfico se insere na tentativa de contextualizar a Geografia como disciplina, prática e pensamento no movimento maior da história da ciência, buscando não isolar nem autonomizar a própria Geografia do momento econômico, político, social e cultural na qual foi produzida. Conforme nos ensina Lia Osório Machado (2000), a importância da história do pensamento geográfico no Brasil é nos fazer estudar a história do país em relação com a história mundial.

Antônio Carlos R. Moraes também nos mostra que a relação entre a geografia material objetivada no espaço terrestre e o discurso geográfico que se produz para interpretar essa realidade se incluem na história, são parte dela, e por isso não podem ser separados.

> Os discursos geográficos - no sentido mais amplo desse termo (discursos referidos ao espaço terrestre) - variam por lugar, variam por sociedade, mas principalmente pela época em que foram gerados. São construções engendradas dentro de mentalidades vigentes, isto é, de formas de pensar historicamente determinadas (...). Nesse sentido, qualquer olhar geográfico já se exercita dentro de determinações históricas, qualquer leitura da paisagem sendo densa de uma temporalidade própria. Se assim é já com os elementos da percepção e da intuição, com muito mais vigor as determinações históricas se exercitam sobre a elaboração dos textos, produtos também de um raciocínio que não foge a tais condicionantes temporais. O conhecimento científico sobre o espaço terrestre e sobre seu uso bem exprime essa qualidade. (MORAES, 2000, p. 3)

Com base nessa perspectiva, assim, compreendemos que estudar a história da Geografia é fundamental para conhecermos o movimento de construção do pensamento dos autores que lemos, para nos familiarizarmos com as teorias, metodologias e leituras que já foram realizadas sobre outros momentos da história, sobre outras sociedades. Nesse processo podemos descobrir outras questões que os pesquisadores se faziam, e consequentemente as respostas que encontravam.

---

1   Bacharel e licenciada em Geografia pela Universidade de São Paulo. Mestranda em Geografia Humana na FFLCH/USP.

No entanto, também compreendemos que a escolha do momento e/ou do autor que pesquisamos não pode ser aleatória. Mesmo que a pesquisa que realizamos tenha como objeto de estudo um momento histórico passado, o nosso objetivo de pesquisa se localiza no presente, pois buscamos, nesse retorno à história, encontrar os fundamentos de algo que percebemos atualmente. Regressamos no tempo para explicar, explicitar, compor as peças de processos do presente.

Ao longo da nossa formação como geógrafos e professores de geografia ouvimos algumas vezes termos e expressões tais como Geografia Crítica, Geografia Radical, renovação crítica, entre outros. São termos estes que remontam à um determinado momento da história do pensamento geográfico, e que refletem uma transformação, uma ruptura nos conteúdos e na forma de pensar geograficamente a realidade, de fazer da ciência geográfica uma leitura do mundo que nos cerca.

Henri Lefebvre, filósofo francês, argumenta que a análise histórica realizada de forma linear e evolutiva se limita a ver o movimento da realidade como uma continuidade temporal. Essa perspectiva se transforma em um encadeamento de causas e efeitos, que busca somente a origem dos processos. No entanto, a interpretação dos momentos de ruptura e transformação na história nos revelam os fundamentos dos processos, as descontinuidades e contradições que marcam o movimento da realidade[2]. Por isso, compreendemos que a busca pelos fundamentos da Geografia Crítica - aqui lida como um movimento de ruptura do pensamento geográfico - revela que a ciência, assim como a sociedade, está em constante transformação e superação.

Quando escolhemos analisar um determinado momento histórico da nossa disciplina – como, no nosso caso, a Geografia Crítica brasileira -, diversas questões surgem para nortear a pesquisa, nos ajudando a caminhar e criar um percurso de interpretação sobre o que estamos estudando. Nesse processo, encontramos diversos autores que já se debruçaram sobre esse mesmo tema, e que formam a base da nossa leitura. Nos apoiamos naqueles que já desenvolveram interpretações e balanços, e que assim criaram seu próprio percurso, para então delinearmos o nosso.

Para este artigo, vamos perseguir uma questão central: o que foi a renovação crítica na geografia brasileira? Para nos aproximarmos da resposta, outras questões - relacionadas à questão central – também surgem: como se percebe uma renovação crítica? Como ela acontece? Por quê? Ou ainda: quais conceitos marcam a renovação da Geografia? Como perceber e escolher os conceitos e categorias que marcam uma renovação? Em outras palavras, sintetizando nosso objetivo: é possível depreender uma transformação na Geografia a partir dos conceitos e categorias utilizados pelos geógrafos? Se sim, quais conceitos revelam essa transformação?

Para tanto, realizamos diversas leituras sobre a Geografia Crítica e a Geografia Radical, buscando os elementos desse momento de transformação histórica e conceitual da ciência geográfica que colocaram novos conteúdos e novos autores para o debate sobre a importância do espaço e da Geografia para a compreensão da realidade.

---

2   "A dificuldade se atenuará se introduzirmos descontinuidades - rupturas políticas - ao invés de procurarmos obstinadamente a explicação somente nas forças produtivas cujo progresso e crescimento possuem na realidade um caráter contínuo." (LEFEBVRE, 1978, p. 3).

Neste trajeto, buscamos realizar uma compreensão do período chamado de renovação da Geografia nos anos 1970, especialmente no Brasil. De acordo com Ana Fani A. Carlos (1993), Ruy Moreira (2000; 2008), Paulo César Scarim (2000), Armando Corrêa da Silva (1983), entre outros, a partir da década de 1970 há um processo de questionamento da nomeada Geografia Tradicional, definida por Yves Lacoste (1988) como geografia dos professores' e'geografia dos estados maiores'[3]. Esse processo de questionamento pode ser visto como uma tentativa de elaborar uma nova teoria geral da Geografia, que permitisse ver a realidade de um contexto após as duas guerras mundiais. Nas palavras de Carlos (1993, p. 130)

> (...) existe ao longo da constituição do saber geográfico um movimento constante de superação e de busca de novos caminhos teóricos metodológicos; o que pressupõe que a elaboração de noções e conceitos apareçam articulados à prática social enquanto totalidade que se define dinamicamente e nos permita pensar a dimensão do homem em seu processo de humanização.

Essa elaboração de noções e conceitos articulados à prática social aparece principalmente em duas frentes na Geografia (SILVA, 1983): uma pragmática e outra crítica. A primeira veio a se tornar a chamada Geografia Teorética, ou Quantitativa, de cunho nitidamente positivista, que buscava encontrar regularidades nos fenômenos geográficos utilizando-se de modelos matemáticos. Para Milton Santos (1982), essa geografia se caracteriza por ser utilitária e por ajudar as novas exigências econômicas no contexto pós-Segunda Guerra Mundial. A segunda, crítica, de acordo com Carlos (1993), contrapõe-se diretamente à primeira, sendo de epistemologia marxista e baseada no materialismo dialético. Se propõe a pensar os fenômenos para além de seus aspectos formais e a buscar a compreensão do caráter contraditório das relações que produzem o espaço geográfico. Nessa perspectiva, o homem não é mais entendido como membro de um grupo social homogêneo, e sim de uma sociedade de classes.

Para Moreira (2008), sete obras são representativas desse momento de renovação na Geografia: *A justiça social e a cidade*, de David Harvey (publicada nos Estados Unidos em 1973 e no Brasil em 1980); *Desenvolvimento desigual*, de Neil Smith (a primeira edição norte-americana é de 1984 e a brasileira de

---

[3] Sobre a geografia dos professores, Lacoste (1988, p. 31) define: "(...) a outra geografia, a dos professores, que apareceu há menos de um século, se tornou um discurso ideológico no qual uma das funções inconscientes é a de mascarar a importância estratégica dos raciocínios centrados no espaço." E sobre a geografia dos Estados maiores, Lacoste (1988, p. 23) argumenta: "A geografia, enquanto descrição metodológica dos espaços, tanto sob os aspectos que se convencionou chamar de 'físicos', como sob suas características econômicas, sociais, demográficas, políticas (para nos referirmos a um certo corte do saber), deve absolutamente ser recolocada, como prática e como poder, no quadro das funções que exerce o aparelho de Estado, para o controle e a organização dos homens que povoam seu território e para a guerra". Realizando uma comparação: "A diferença fundamental entre essa geografia dos estados--maiores e a dos professores não consiste na gama dos elementos do conhecimento que elas utilizam. A primeira recorre, hoje como outra, aos resultados das pesquisas científicas feitas pelos universitários, quer se trate de pesquisa 'desinteressada' ou da dita geografia 'aplicada'. Os oficiais enumeram os mesmos tipos de rubricas que se balbuciam nas classes: relevo – clima – vegetação – rios – população..., mas com a diferença fundamental de que eles sabem muito bem para que podem servir esses elementos do conhecimento, enquanto os alunos e seus professores não fazem qualquer idéia." (LACOSTE, 1988, p. 33).

1988); *Marxismo e Geografia*, de Massimo Quaini (publicada em 1974 na Itália e em 1979 no Brasil); *Ecodinâmica*, de Jean Tricart (que data de 1977); *Por uma geografia nova*, de Milton Santos (publicado em 1978); *Espaço e lugar*, de Yi-Fu Tuan (a edição norte-americana data de 1977 e a brasileira de 1983); e *A geografia: isso serve, em primeiro lugar, para fazer a guerra*, de Yves Lacoste (com primeira edição francesa em 1976 e brasileira já em 1977). Todas essas obras teriam em comum, segundo Moreira (2008), uma tentativa de elaboração de uma nova teoria geral em Geografia, e portanto fazem parte de um mesmo momento de renovação da ciência geográfica.

Desdobrando mais especificamente apenas três desses sete autores elencados acima, Moreira (2000) argumenta que desde 1974 a Geografia brasileira já vivia um estado de ebulição, que culmina com o Encontro Nacional de Geógrafos em Fortaleza, no ano de 1978. Para este autor, é o francês Yves Lacosteque, na obra mencionada anteriormente, faz a denúncia dos problemas da Geografia, discutindo a ciência que chama de 'geografia dos professores' e 'geografia dos estados maiores', conforme vimos brevemente. Com este livro, Lacoste localiza a questão do espaço como um problema ideológico e político, e se torna um dos principais disparadores de um processo de repensar a ciência geográfica na Europa, nos EUA e no Brasil. Juntamente a Lacoste, Moreira (2000) coloca Quaini, geógrafo italiano que, com seu livro *Marxismo e Geografia,* desloca a discussão da relação homem-meio para o debate marxista sobre a acumulação primitiva, demonstrando como o espaço torna-se espaço do capital. E juntamente a eles, o autor insere o geógrafo brasileiro Milton Santos que em seu livro *Por uma geografia nova* internaliza na Geografia a historicidade do espaço, como espaço geográfico.

Percebemos então que, na leitura de Moreira (2000; 2008), a renovação da Geografia centrou seu debate no conceito de espaço, na sua reelaboração e redefinição, e não em uma corrente teórico-metodológica específica. É nesse sentido que Lacoste, Quaini e Santos se entrecruzam: como pensadores do conceito de espaço.

Para Machado (2000), a perspectiva de analisar as transformações da ciência por dentro das suas teorias é epistemológica, e por isso *internalista:*

> A visão internalista é a que domina praticamente os trabalhos de história do pensamento geográfico, brasileiros e estrangeiros, no sentido de que tudo acontece como se fosse resultado de uma evolução interna à geografia. A geografia – vista como autossuficiente – vai travando um debate consigo mesma e vai mudando de escolas: escola francesa, teorético-quantitativa, etc. Então, isso parece obedecer um movimento, uma dinâmica, interna. (MACHADO, 2000, p. 113).

Em oposição à perspectiva internalista, segundo a autora, estaria a *externalista*, pela qual toda disciplina tem de ser explicada conforme o contexto e a realidade histórica de onde é feita: "A evolução da geografia é explicada pela influência do ambiente histórico sobre ela. Isso foi trazido para a história da ciência pela visão marxista, que dizia que a história de uma disciplina é influenciada principalmente pelo contexto." (MACHADO, 2000, p. 113-114).

Para a autora, no entanto, essa dicotomia deve ser superada, pois as transformações de uma disciplina são sempre internas - relacionadas à transformações de sua epistemologia - e externas - relacionadas ao contexto histórico, social, político e econômico de sua produção (MACHADO, 2000).

Richard Peet, geógrafo britânico, ao analisar o movimento de renovação da Geografia nos EUA, nos demonstra essa perspectiva externalista, ao revelar que a Geografia Radical é produto de diversos eventos sociais, políticos e econômicos da década de 1960, como o movimento de luta por Direitos Humanos e a Guerra do Vietnã. Explicitando portanto um contexto de transformações sociais, Peet (1982) argumenta que a radicalização nas ciências sociais (e assim também na Geografia) é parte de uma radicalização social mais geral vivida na época. Essa radicalização se incorporou a uma necessidade de repensar a importância da Geografia enquanto disciplina científica, sua epistemologia.

Harvey (2005), sobre essa necessidade, argumenta que seu livro *Explanation in Geography*– publicado originalmente em 1969 - buscava uma resposta para o que na época o autor considerava ser o problema central da disciplina: um conhecimento geográfico extremamente fragmentado. O livro foi, portanto, uma maneira de insistir na necessidade de entender o conhecimento geográfico de uma forma mais sistemática. Naquele momento, o curso metodológico escolhido por Harvey (2005) foi o uso da tradição filosófica do positivismo, sendo o objetivo da obra desenvolver o lado filosófico da revolução quantitativa.

> Então, na década de 1950, nos EUA, um pouco mais tarde que em outros lugares, teorias espaciais e os métodos científicos foram combinados na 'Nova Geografia', sob a influência das novas necessidades da sociedade tendo em vista a eficiência espacial e o planejamento regional. (...) A tensão entre o interesse central mundano da 'Nova Geografia' e a urgente necessidade para a relevância social e envolvimento político provocaram os primeiros movimentos vacilantes em direção a uma Geografia 'radical' (PEET, 1982, p. 3).

Para Peet (1982), essa elaboração positivista da Geografia, a qual ele denomina 'Nova Geografia', era uma Geografia liberal. Entretanto, para este autor, foi o mesmo David Harvey quem substanciou uma guinada dessa Geografia liberal para uma Geografia marxista, entre o final da década de 1960 e o início da década de 1970.

> A partir de 1972, a ênfase da Geografia Radical mudou de uma tentativa de engajar a disciplina em pesquisa socialmente relevante para uma tentativa de construir uma filosofia radical e uma base teórica para uma disciplina engajada social e politicamente. Esta base foi crescentemente encontrada na teoria marxista, que alguns geógrafos britânicos tinham lido no final da década de 1960, e muitos geógrafos dos EUA começaram a ler no início da década de 1970. (PEET, 1982, p. 7).

Portanto, a Geografia Radical teve um período de elaboração liberal, e só no início da década de 1970 começou a sua guinada para o marxismo. A partir de 1973 e 1974, para Peet (1982), a Geografia Radical tornou-se sinônimo de Geografia Marxista. A leitura que esses geógrafos britânicos e norte-americanos realizaram da obra de Karl Marx substanciou uma vertente da Geografia que estuda a interação dialética entre processo social e forma espacial. Através da Geografia Marxista as relações espaciais são vistas como refletindo as relações sociais. "A Geografia Marxista é aquela parte da ciência total que se ocupa com o relacionamento entre os processos sociais, de um lado, e o ambiente natural e as relações espaciais, de outro. A Geografia Marxista aceita o princípio de que os processos sociais se relacionam essencialmente com a produção e reprodução da base material da vida." (PEET, 1982, p. 9).

Percebemos, assim, que para Peet (1982), a Geografia Radical se constituiu ao longo de um processo de questionamentos que a realidade social, política e econômica norte-americana impôs aos geógrafos, partindo da crítica a diferentes teorias e métodos que foram tidos naquele momento como insatisfatórios para responder esses questionamentos e explicar as transformações sociais do período.

No Brasil, durante a década de 1970, essas concepções de renovação da Geografia chegaram através de diversas leituras, o que explicita que no país a renovação crítica se constituiu como um processo de questionamento da Geografia Tradicional. O Brasil, na época, vivia um contexto de ditadura civil-militar desde 1964, que transformou a sociedade, a política e a economia brasileiras. De acordo com Ridenti (2010, p. 32):

> Com o golpe de 1964, reafirmado pelo AI-5 no final de 1968, instaurava-se a modernização conservadora da economia, concentradora de riquezas e considerada pelas classes dirigentes a saída viável para superar a crise vivida em meados da década de 1960. A política econômica adotada tinha como contrapartida necessária a total submissão do trabalho aos ditames do capital, o que implicou a repressão ou o desmantelamento das organizações dos trabalhadores, como sindicatos combativos e partidos clandestinos.

De acordo com o mesmo autor, o AI-5 deu ao governo militar plenos poderes para cassar mandatos e direitos políticos, demitir e aposentar funcionários públicos, por exemplo, caracterizando um terrorismo de Estado (RIDENTI, 2007, p. 37-38) que interferiu pesadamente nos grupos e instituições pensantes e críticas do país – não só os sindicatos e partidos mencionados anteriormente, mas também as Universidades[4].

---

4   A Reforma Universitária de 1969, as aposentadorias compulsórias de diversos professores das universidades federais e estaduais e as perseguições aos alunos e militantes dessas universidades estão bem exemplificadas em O controle ideológico na USP (1964-1978), documento organizado e publicado pela Associação dos Docentes da USP (ADUSP). De acordo com tal documento, na ditadura civil-militar "Reprimia-se assim o desenvolvimento de uma universidade que buscava gerar e difundir autonomamente o saber, base essencial do projeto de desenvolvimento nacional que o país até então abraçava como forma de se constituir soberanamente no cenário mundial." (ADUSP, 2004, p. 7)

Nesse sentido, consideramos que a Associação dos Geógrafos Brasileiros (AGB) apareceu como lugar de encontro fundamental para a reflexão sobre a sociedade brasileira e suas transformações do período. Por não ser uma instituição pública oficial, nem uma entidade profissional, mas sim uma associação de interesses acadêmico-culturais (ESTATUTO, 2014), a AGB se insere nesse contexto como possibilidade de realização da crítica, já efervescente na Geografia brasileira desde o inicio da década de 1970 (MOREIRA, 2000; 2008).

Nesse processo, diversos geógrafos, naquele momento, se posicionaram como pensadores críticos e marxistas. Dentre eles, Antonio Carlos R. Moraes e Wanderley Messias da Costa, em 1979, ao discutirem a valorização do espaço, se empenharam em um esforço de produção teórica ao realizar a distinção entre *valor no espaço* e *valor do espaço*, baseando-se na teoria do valor de Marx:

> Os autores discutem a valorização do espaço, procurando tomar como referência a categoria valor e como base da explicação a categoria trabalho, rejeitando por isso outras formulações. Essa tarefa é empreendida através de uma retomada da Economia Política clássica, por meio do exame de várias teorias aí existentes. Propondo-se o método histórico e a lógica dialética, tomam os raciocínios de MARX sobre a questão do valor-trabalho. (SILVA, 1983, p. 79)

Ana Fani A. Carlos, em sua dissertação de Mestrado, também realiza um esforço de teorização propondo um entendimento alternativo do espaço geográfico e de seu processo de organização pela sociedade. Essa proposta de entendimento alternativo estaria fundamentalmente baseada em uma relação dialética entre a sociedade e o espaço, utilizando-se do materialismo dialético para elaborar suas considerações acerca do tema. Esse trajeto leva Carlos (1979, p. 102) a descobrir um espaço alienado:

> (...) a alienação proveniente do processo de produção capitalista tem como consequência de um lado a redução do trabalho do homem a um simples meio de satisfação de suas necessidades biológicas. Por outro lado a organização espacial, sob as condições do modo de produção capitalista, coloca a sociedade frente a uma organização espacial com a qual não se identifica.

Já Ruy Moreira, no seu texto *A Geografia serve para desvendar máscaras sociais*, publicado em 1979, propõe que se façauma Geografia sobre novas bases: desvendar máscaras sociais seria desvendar as relações de classe que produzem os arranjos espaciais. "É nossa opinião que por detrás de todo arranjo espacial estão relações sociais, que nas condições históricas do presente são relações de classe." (MOREIRA, 1979, p. 4). Ainda neste texto, Moreira (1979) propõe a construção de uma teoria do espaço baseada em três categorias de totalidade: formação espacial, formação econômico-social e modo de produção.

> O estudo mais e mais preciso do conceito e articulação de Formação Econômico-Social e de Modo de Produção, a par do estudo minucioso da Economia Política, das Instituições e da Ideologia, sem a qual não se pode mergulhar fundo na compreensão de uma Formação Econômico-Social, e a convergência de tudo isto no estudo do conceito, forma e processo da Formação Espacial, eis o que nos parece que é necessário para um bom trabalho de construção teórica do espaço. (MOREIRA, 1979, p. 21)

Neste mesmo ano, Ariovaldo Umbelino de Oliveira publica o artigo intitulado *É possível uma Geografia Libertadora ou será necessário partirmos para uma práxis transformadora? Reflexões iniciais.* Segundo Silva (1983), a proposta fundamental deste texto é a superação do modo capitalista de pensar, partindo do compromisso com a transformação da sociedade e questionando a relação entre teoria e prática, como se lê no seguinte trecho de Oliveira (1979, p. 26):

> É, pois, prioritário entendermos que a compreensão e a crítica ideológica supõe e pressupõe uma posição de classe na teoria. E é através do materialismo histórico e do materialismo dialético que podemos compreender, dessa forma, a prática social, pois ela defende o princípio de que a teoria depende da prática, de que a teoria fundamenta-se sobre a prática e, por sua vez, serve à prática.

Em 1980, Carlos Walter Porto-Gonçalves publica, nos anais do Encontro Nacional de Geógrafos daquele ano, um texto intitulado *Notas para uma interpretação não ecologista do problema ecológico*. Neste artigo, o autor desenvolve que o fundamento da apropriação da natureza é o processo de trabalho, sempre colocado em uma relação contraditória com o capital.

> A questão ecológica vem a cada dia ocupando um espaço maior em nossas vidas. (...) Estranho paradoxo este da 'questão ecológica': todos, independentemente da sua posição social, incorporam o discurso do verde, do combate à degradação ambiental, constituindo um verdadeiro modismo. (...) Coloca-se-nos, pois, uma primeira e fundamental preocupação: como abordar esta questão nos quadros de uma relação social contraditória entre o capital e o trabalho? (PORTO-GONÇALVES, 1980, p. 272-273).

Já Milton Santos, no artigo *Para que a Geografia mude sem ficar a mesma coisa*, de 1982, argumenta que as transformações na ciência geográfica devem caminhar no sentido de uma Geografia comprometida com a construção do futuro, que estude as situações concretas das sociedades e as suas condições de manutenção da vida. Santos (1982) defende que esse caminho se dá no "encontro fecundo entre o teórico e o empírico" (SANTOS, 1982, p. 14), trazendo para o debate dessa questão, por dentro do marxismo, a perspectiva existencialista de Jean-Paul Sartre:

A decifração do fenômeno tem de passar por uma metodologia capaz de, na prática, realizar uma importante premissa marxista: a da união dos métodos de dedução e de indução mediante o caminho que leva do fato (como forma e como evento) ao conceito a deste, já sob uma feição teórica, regresse ao fato. Como os eventos, junto com as formas, constituem, em cada momento, a historicização geográfica do Universo, as disciplinas geográficas não podem prescindir desse método. (SANTOS, 1982, p. 16)

E José William Vesentini, no artigo *Geografia Crítica e ensino*, de 1985, discute o conhecimento a ser alcançado no ensino de Geografia a partir de uma perspectiva crítica, que engaja o aluno no conhecimento, tornando-o sujeito da aprendizagem e da política do espaço. Nas palavras do autor,

> trata-se de uma geografia que concebe o espaço geográfico como espaço social, construído, pleno de lutas e conflitos sociais. Ele critica a geografia moderna no sentido dialético do termo *crítica*: superação com subsunção, e compreensão do papel histórico daquilo que é criticado. Essa geografia radical ou crítica coloca-se como ciência social, mas estuda também a natureza enquanto recurso apropriado pelos homens e enquanto uma dimensão da história, da política. (VESENTINI, 1985, p. 57)

Percebemos, através desses trechos, que estes intelectuais estavam trazendo para a Geografia questões sobre as determinações das condições de produção e reprodução material da vida no modo de produção capitalista. Se tratava, a princípio, de questionar a importância do espaço para essas determinações, buscando reelaborar uma ciência parcelar que pudesse responder à essas questões que o movimento da realidade exigia.

Diversos autores, inclusive alguns deles que já mencionamos anteriormente, definiram esse período de renovação crítica da Geografia como um momento de crise. Em uma conferência de 1978, intitulada *A Geografia está em crise. Viva a Geografia!*, Porto-Gonçalves analisa que, naquele momento, a ciência geográfica vivia uma crise frente à sua constituição enquanto saber científico capaz de dar conta dos problemas manifestados no espaço que a realidade colocava para os geógrafos.

> Uma Geografia da Crise. Na medida em que hesitam, não reformulando uma base teórica de há muito envelhecida e não assumem, portanto, uma posição crítica, os geógrafos, em geral, deixam de lado a geografia da crise e são levados de roldão pela crise da Geografia. E isto porque os fatos são teimosos e estão aí a exigir de nós uma compreensão que possa efetivamente nortear uma prática que leve à superação desses problemas. Se as teorias dos geógrafos não explicam e não compreendem os fatos, pior para as teorias! (PORTO--GONÇALVES, 1978, p. 6)

Para Carlos (2011), a Geografia Crítica foi um momento fundamental na história do pensamento geográfico brasileiro justamente porque se questionou, enquanto uma ciência social, qual era a sua capacidade explicativa para a compreensão da realidade capitalista – justamente o questionamento que Porto-Gonçalves (1978) explicitou. Nesse sentido, a crise parte de uma exigência que a realidade coloca para o pensamento, o que leva à diversas – e novas – formas de interpretação.

No entanto, segundo a mesma autora, a Geografia brasileira vive atualmente uma outra crise, que se caracteriza pelo esvaziamento do conteúdo social do espaço, revelando um retrocesso em relação ao movimento de renovação da ciência das décadas anteriores, o qual já descrevemos. Nas palavras de Carlos (2011, p. 18),

> assim o movimento do pensamento geográfico em direção ao esvaziamento do conteúdo social do espaço – num caminho inverso às conquistas da geografia crítica -, revelando-se, prioritariamente, de dois modos. O primeiro refere-se ao movimento do pensamento geográfico que transforma o "espaço" em "meio ambiente" sem maiores debates ou reflexões, promovendo a naturalização dos conteúdos sociais do conceito e realidade espacial.

Esse esvaziamento pode ser entendido como uma separação entre a forma e os conteúdos do espaço. No momento em que se autonomiza a forma, nos deparamos com a transparência do espaço – o segundo problema definido pela autora: "A aparente transparência do espaço, como objeto da Geografia, produziu várias simplificações como uma geografia restrita ao mundo fenomênico, colocando-nos diante de um espaço imediatamente objetivo, em sua materialidade absoluta. Ou em sua pura subjetividade prendendo-se nas particularidades do espaço." (CARLOS, 2011, p. 18).

Seguindo o traçado de Carlos (2011), podemos interpretar que a crise atual da Geografia, que se revela pelo esvaziamento do conteúdo social do espaço, se caracteriza como um retrocesso por ser justamente o movimento de ruptura da Geografia Crítica e da Geografia Radical que imprimiu esse conteúdo social nas leituras geográficas da realidade. O fundamento dessa ruptura com a Geografia Tradicional e com a perspectiva positivista, durante as décadas de 1970 e 1980 no Brasil, pode ser encontrado na construção teórica materialista dialética que os geógrafos se esforçaram para criar, a qual trouxe novos conteúdos para as pesquisas em Geografia, transformando a leitura que a ciência parcelar realiza das formas como o espaço e a sociedade se relacionam. Percebemos, conforme os trechos supracitados, que a questão das classes sociais se tornou um aspecto fundamental da análise espacial, configurando-se assim em um novo conteúdo do discurso geográfico sobre a realidade. Também a leitura do modo de produção capitalista e suas formas de transformar o espaço, produzindo-o para os seus objetivos, é um novo conteúdo do discurso geográfico crítico do período em tela neste ensaio. Portanto, conceitos e categorias outros, diferentes dos utilizados pela Geografia

Tradicional e pela Geografia Quantitativa, entram em cena para reconfigurar a perspectiva da ciência geográfica, transformar interpretações e assim iniciar um novo momento da pratica e do discurso geográfico no Brasil.

Essa ruptura não significa o fim da perspectiva tradicional, nem do método positivista na Geografia brasileira. Compreendemos, apoiados nos autores citados, que o materialismo dialético apareceu como uma superação sem destruição: incorporando o que era feito antes, criticando essas interpretações e propondo outras leituras mais coerentes com a realidade em transformação. Se trata, conforme vimos, de incluir a prática social na interpretação teórica da Geografia.

Percebemos, portanto, que as transformações da ciência superam a dualidade *internalista-externalista*, pois mostram que o movimento do pensamento deve acompanhar o movimento da realidade, se superando constantemente e se desafiando com as transformações e perguntas que a realidade coloca para o pesquisador – no nosso caso, para os geógrafos.

REFERÊNCIAS

ASSOCIAÇÃO DOS DOCENTES DA USP. **O controle ideológico na USP: 1964-1978**. São Paulo: ADUSP, 2004.
ASSOCIAÇÃO DOS GEÓGRAFOS BRASILEIROS. **Estatuto**. 2014. Disponível em: <http://www.agb.org.br/documentos/estatuto.pdf>. Consultado em 05 jan. 2014.
CAPEL, H. **Filosofía y Ciencia en la Geografía Contemporánea**. Barcelona: Barcanova, 2ª ed. 1983.
CARLOS, A. F. A. **A condição espacial**. São Paulo: Contexto, 2011.
CARLOS, A. F. A. Os caminhos da geografia humana no Brasil. São Paulo: **Boletim Paulista de Geografia** n. 71, 1993.
CARLOS, A. F. A. **Reflexões sobre o espaço geográfico**. Dissertação de Mestrado em Geografia Humana, FFLCH/USP, São Paulo, 1979.
CHAUÍ, M. S. **Escritos sobre a universidade**. São Paulo: Editora UNESP, 2001.
CLAVAL, P. Como construir a história da geografia?. **Revista Terra Brasilis** [Online], n.2, 2013. Disponível em: <http://terrabrasilis.revues.org/637>. Acesso em 26 ago. 2013.
CUNHA, L. A. **A universidade reformanda** – o golpe de 1964 e a modernização do ensino superior. Rio de Janeiro: Francisco Alves, 1988.
FERNANDES, F. **Universidade brasileira:** reforma ou revolução? São Paulo: Alfa-Ômega, 1975.
GOMES, P. C. C.; CORREIA, R. L.; CASTRO, I. (Orgs.). **Geografia:** conceitos e temas. Rio de Janeiro: Bertrand Brasil, 1995.
HARVEY, D. **A Justiça social e a cidade**. São Paulo: Hucitec, 1980.
HARVEY, D. **A produção capitalista do espaço**. São Paulo: Annablume, 2005.
LACOSTE, Y. **A geografia:** isso serve, antes de mais nada, para fazer a guerra. Campinas: Papirus, 1988.
LEFEBVRE, H. A pesquisa "marxista" – origem ou fundamento? In: _____. **A respeito do Estado:** o modo de produção estatista. Trad.:OSEKI-DÉPRÉ, I.; NASSER, A. C. A.; ANDRADE, M. M; e OSEKI, J. H. 1978, *no prelo*.
MACHADO, L. O. História do pensamento geográfico no Brasil: elementos para a construção de um programa de pesquisa (entrevista). **Revista Terra Brasilis**, Rio de Janeiro, a. 1, n. 1, jan/jun 2000.
MAMIGONIAN, A. **Estudos de Geografia Econômica e de História do Pensamento Geográfico**. Tese [Livre-Docência]. USP, 2005.
MARX, K. **O Capital, Crítica da Economia Política**. 2 ed. São Paulo: Nova Cultural, 1985. Livro I.
MORAES, A. C. R. Epistemologia e Geografia. São Paulo: **Revista Orientação** n. 6, 1985, p. 75-79

MORAES, A. C. R. Geografia, História e História da Geografia. **Revista Terra Brasilis** [Online], n.2, 2000. Disponível em: <http://terrabrasilis.revues.org/319>. Acesso em 26 ago. 2013.

MORAES, A. C. R.**Geografia**: pequena história crítica. 19ª ed. São Paulo: Annablume, 2003.

MOREIRA, R. A Geografia serve para desvendar as máscaras sociais (ou para repensar a Geografia). **Revista Território Livre**, n. 1, 1979.

MOREIRA, R. Assim se passaram dez anos (a Renovação da Geografia no Brasil no período 1978-1988). **GEO***graphia*, ano II, n. 3, 2000.

MOREIRA, R. **O pensamento geográfico brasileiro**: as matrizes clássicas originárias. São Paulo: Contexto, 2008.

MOREIRA, R. **O pensamento geográfico brasileiro**: as matrizes da renovação. São Paulo: Contexto, 2009.

OLIVEIRA, A. U. É Possível uma Geografia Libertadora ou será necessário partirmos para uma práxis transformadora? São Paulo: **Revista Território Livre**, n. 1, 1979.

OLIVEIRA, A. U. Espaço e Tempo: compreensão materialista dialética. In: SANTOS, M. (Org.). **Novos rumos da Geografia Brasileira**. São Paulo: Hucitec, 1982.

PEET, R. O desenvolvimento da Geografia Radical nos Estados Unidos. In: CHRISTOFOLETTI, A. (Org.). **Perspectivas da Geografia**. São Paulo: Difel, 1982, p. 225-254.

PETRONE, P. História do Pensamento Geográfico. **Borrador**, São Paulo, n.2, 1992.

PORTO-GONÇALVES, C. W. A Geografia está em crise. Viva a Geografia! **Boletim Paulista de Geografia,** São Paulo, n. 55, nov. 1978.

PORTO-GONÇALVES, C. W. Notas para uma interpretação não ecologista do problema ecológico. Rio de Janeiro: **Anais do 4º Encontro Nacional de Geógrafos**, AGB, 1980.

QUAINI, M. **Marxismo e Geografia.** São Paulo: Paz e Terra, 1992.

RIDENTI, M. Esquerdas revolucionárias armadas nos anos 1960-1970. In: FERREIRA, J.; REIS, D. A. (Orgs.) **Revolução e democracia (1964-...).** Rio de Janeiro: Civilização Brasileira, 2007. p. 21-51

RIDENTI, M. **O fantasma da revolução brasileira**. São Paulo: Editora UNESP, 2010.

SANTOS, M. Para que a Geografia mude sem ficar a mesma coisa. São Paulo: **Boletim Paulista de Geografia** n. 59, 1982.

SANTOS, M. **Por uma Geografia Nova.** 6 ed. São Paulo: Edusp, 2004.

SCARIM, P. C. **Coetâneos da crítica:** uma contribuição ao estudo do movimento de renovação da geografia brasileira. Dissertação de Mestrado, FFLCH/USP. São Paulo, 2000.

SILVA, A. C. A renovação geográfica no Brasil – 1976/1983 (as geografias crítica e radical em uma perspectiva teórica). **Boletim Paulista de Geografia**, São Paulo, n. 60, 1983.

SPOSITO, E. S. **Geografia e Filosofia. Contribuição para o ensino do pensamento geográfico**. São Paulo: Editora UNESP, 2004.
TELLES, E.; SAFATLE, V. (Orgs.). **O que resta da ditadura**. São Paulo: Boitempo, 2010.
VESENTINI, J. W. Geografia Crítica e ensino. **Revista Orientação**, São Paulo, n. 6, 1985, p. 53-58.
VESENTINI, J. W. Geografia e discurso crítico (da epistemologia à crítica do conhecimento científico). **Revista do Departamento de Geografia**, São Paulo, v. 1, n. 1, 1990.
VESENTINI, J. W. O método e a práxis (notas polêmicas sobre Geografia Tradicional e Geografia Crítica). **Revista Terra Livre**, São Paulo, n. 2, 1987.

A FORMAÇÃO DA PROPRIEDADE PRIVADA DA TERRA NO BRASIL: elementos para a crítica da concentração fundiária

Gustavo Francisco Teixeira Prieto[5]

1. Os fundamentos da formação da propriedade privada da terra

Compreender a formação da propriedade privada da terra a partir da Geografia Agrária, especialmente àqueles que estudam os processos de reprodução de relações não capitalistas de produção inseridas contraditoriamente no capitalismo[6], envolve fundamentalmente analisá-la como relação social. O estudo da propriedade privada sob tais premissas tem como fundamento a desnaturalização dos processos de concentração e apropriação da terra no sentido de desbravar o debate assaz polêmico da questão agrária, no que tange especialmente à formação da propriedade privada da terra. Essa mirada nos parece essencial visto que os fundamentos da sujeição da renda da terra em países periféricos e de passado colonial, tais como o Brasil, substanciam o caráter rentista do capitalismo que se formou no país, o que repõe necessariamente entre suas contradições principais as formas da apropriação privada da terra (OLIVEIRA, 2007; OLIVEIRA; FARIA, 2009). Isto quer dizer que, no Brasil, a concentração da propriedade privada da terra atua como processo de concentração da riqueza e, portanto, de capital.

O capitalismo está em constante expansão, pois esta é sua forma específica de reprodução crescente e ampliada no tempo e no espaço. Martins (1983) ressalta que a tendência do capital é a expansão progressiva em todos os ramos e em todos os setores da produção no campo e na cidade, na agricultura e na indústria. Essa reprodução só não poderá se realizar se diante dele se levantar um obstáculo que o impeça de circular e dominar livremente. A terra é esse obstáculo, que só é transposto por meio do pagamento do capitalista ao proprietário de terras, ou seja, funciona nos termos de Martins (1983) como uma licença para a exploração capitalista da terra. Apesar de não possuir valor, pois a terra é um bem natural, finito e que não é fruto do trabalho humano e mui-

---

[5] Mestre e Doutorando em Geografia Humana - FFLCH – USP. Graduado em Geografia – UFF.
[6] Há um desenvolvimento desigual do capitalismo que pode ser analisado como uma diversidade de processos produtivos, no qual as relações de produção especificamente capitalistas se desenvolveram mais em algumas regiões, fragmentos do território e setores de produção do que em outros. Tal combinação entre setores (e territórios) capitalistas e setores (e territórios) não-capitalistas de produção, longe de ser uma debilidade do processo de acumulação, pode ser analisada como a forma própria de se realizar da reprodução ampliada do capital, e essa é uma das potência das análises de Rosa Luxemburgo. (TAVARES DOS SANTOS, 1981; MARTINS, 1996; PRIETO, 2013).

to menos de trabalho apropriado pelo capital, a terra é transformada pelo capital em mercadoria podendo assim ser comprada, vendida ou mesmo alugada (MARTINS, 1983). Duas conclusões fundamentais são desenvolvidas por Martins (1983) e que são essenciais para o desenvolvimento de nossa análise: a terra não é capital e há uma contraposição fulcral que antepõe terra e capital. Tais fundamentos pressupõem que a terra funciona como equivalente de capital. Assim, nomeia-se renda ao rendimento que deriva da mera propriedade, ou seja, é rentista todo aquele que tem direito a uma parcela do valor socialmente produzido pelo mero fato de ser proprietário (PAULANI, 2013). Ou seja, há uma modalidade de apropriação de riquezas apropriada por proprietários de terra que produzem nela ou não, mas que recebem tributos sociais pelo domínio da terra nua, a renda da terra.

Parte-se, nesse sentido, da interpretação de que a propriedade fundiária não pode ser entendida como um entrave à expansão das relações capitalistas de produção no campo, conforme argumenta criticamente Oliveira (2010), mas como contradição fundamental do modo capitalista de produção. Sendo assim, a renda da terra é o tributo que o capital tem que pagar, sem o qual não poderá se expandir na agricultura e dominar o trabalho no campo.

O capital expande a produção capitalista no campo, mas gera também o latifúndio e a reprodução dos camponeses. Essa lógica de desenvolvimento é explicitada por uma característica que o capitalismo no Brasil configurou: o predomínio dos latifúndios não é um entrave para o capital (OLIVEIRA, 2010), mas a possibilidade via especulação de se produzir capital fora dos circuitos produtivos, demonstrando peremptoriamente sua faceta rentista. Segundo Oliveira (1994, p. 14)

> (...) é, pois, essa unidade dialética entre a expansão do latifúndio e da unidade camponesa, entre trabalho assalariado e trabalho familiar camponês, e entre a territorialização do monopólio capitalista e a monopolização de frações do território dominado pelos camponeses que marca a estrutura agrária brasileira.

A formação territorial brasileira deriva da forma através da qual o capital submeteu a terra à sua lógica econômica de exploração (OLIVEIRA, 2010). A funcionalidade da propriedade fundiária como ferramenta singular (e originária) de confirmação pela via rentista se explicita. É essa a singularidade do Estado brasileiro que o distingue dos países centrais e que se expressa na aliança terra-capital (MARTINS, 1981). Tal aliança, de acordo com Paulino e Almeida (2010), resulta num deslocamento da potência dinamizadora da economia, da produção para a propriedade privada da terra.

Diante disso, coetâneo à Baldez (2000), nos parece fundamental diferenciar a posse da propriedade. Enquanto a primeira é compreendida pelo autor como uma relação de fato entre o homem e a terra, a segunda é uma relação jurídica criada pelo direito burguês para garantir, à distância, o domínio sobre a terra, ou seja, a titulação para a garantia do monopólio da terra.

Conforme salienta Oliveira (1997; 2007), a terra na sociedade brasileira é uma mercadoria especial que funciona ora como reserva de valor, ora como reserva patrimonial. Ou seja, há no Brasil um monopólio sobre a propriedade privada da terra através primordialmente da grilagem e da venda de terras griladas para realizar a produção de capital. Isto quer dizer que a formação territorial brasileira é consequência do processo através do qual o capital submeteu a terra à sua lógica econômica da exploração (OLIVEIRA; FARIA, 2009) vide, por exemplo, a Lei de Terras de 1850[7], a legalização de posses de qualquer dimensão até 1931 no âmbito do governo de Getúlio Vargas e o Programa Terra Legal[8], (programa de regularização fundiária de terras até 1.500 hectares na Amazônia Legal) de 2009, todos exemplos de legalizações da grilagem de terras no Brasil.

O objetivo central desse artigo que aqui apresentamos é verificar o movimento da primeira grande legalização da grilagem de terras no Brasil: a Lei de Terras de 1850. Para isso, realizamos uma revisão da criação da Lei de Sesmarias em Portugal que data de 1375 e verificamos as condições de sua instituição e seus desdobramentos jurídicos, econômicos e territoriais. Posteriormente, analisamos sua aplicação no Brasil quando transposto o regime sesmarial para a América Portuguesa e a mudança de perspectiva quando estabelecida na colônia. Finalmente, explicamos o fim das sesmarias e a criação da propriedade privada absoluta no Brasil com a instituição da Lei de Terras e a legalização das sesmarias e das grilagens de terra através das múltiplas estratégias desenvolvidas pelos grandes proprietários de terra no século XIX. O que nos move no artigo em tela é demonstrar que os fundamentos da propriedade privada capitalista da terra se consolidam a partir do século XIX, momento em que se consolidam juridicamente as bases do capitalismo rentista. Todavia, as bases ideológicas da grilagem atravessam a história brasileira travestida de propriedade, quando de fato antes de 1850 não são.

2. Geopolítica da formação da propriedade privada da terra

A Europa do século XIV estava envolta em um conjunto de crises econômicas, sociais e políticas materializadas em surtos mortíferos de pestes e fome, guerras, depressões econômicas e monetárias e crise frumentária (PERROY, 1953; MELLO; SOUZA, 1996). Portugal, especificamente, vivia um período de

---

7   Martins (1997) argumenta que a Lei de Terras funde os direitos de posse e domínio. O referido autor afirma que o Estado brasileiro, que dominava todas as terras, abre mão desse direito e literalmente realiza a doação aos proprietários particulares. Tal lei estabelece um regime de propriedade que impede o direito de propriedade da terra a quem não tivesse dinheiro acumulado para comprá-la, mesmo que a terra fosse pública ou devoluta.

8   Para Oliveira (2011), o Programa Terra Legal é o principal instrumento da contrarreforma agrária realizada durante o segundo mandato do governo de Luis Inácio Lula da Silva. As Medidas Provisórias 422 e 458, antecedentes do Programa, já apontavam a ampliação das possibilidades de regularização da grilagem da terra pública rural e urbana na Amazônia Legal, realizando a manutenção jurídica da barbárie capitalista(PRIETO e VERDI, 2009; OLIVEIRA, 2010; OLIVEIRA, 2011). O INCRA, então, não realizou o terceiro plano de reforma agrária e o MDA criou o Programa Terra Legal para regularizar as terras públicas do INCRA, griladas pelo agronegócio colocando em mesmo estatuto jurídico posseiros e grileiros de terra.

profunda crise de abastecimento com despovoamento do campo. Nesse contexto crítico foi promulgada a lei de sesmarias em 1375 pelo rei D. Fernando I, lei que visava estimular a agricultura, obrigando o cultivo em terras abandonadas e, conforme analisa Motta (2012), coagir o proprietário de terras a cultivá-las sob pena de expropriação. Essa lei agrária tinha como foco repor em cultivo terras antes trabalhadas e não se referia às terras virgens e em áreas despovoadas (MOTTA, 2012). Outra característica da lei era a coação de um maior número de indivíduos aos trabalhos na lavoura, fixando inclusive salários máximos a fim de entravar o encarecimento da mão de obra rural (SILVA, 2007).

Silva (2007, p. 44-45) enfatiza que a lei de sesmarias está profundamente articulada aos dois fenômenos típicos da Época Moderna: se por um lado expressa o processo de centralização monárquica, por outro é a consequência da queda dos rendimentos feudais. A autora destaca que as ordens monásticas, os militares e alguns senhores de terra argumentavam que seus rendimentos diminuíam em virtude do abandono das terras por parte dos trabalhadores. Diante disso, Silva (2007) ressalta que Portugal, tal como outros países europeus, encontrava-se em ampla convulsão social, contexto esse que era a tônica da Europa Ocidental no período que se convencionou denominar pela literatura marxista de crise do feudalismo (HOBSBAWN, 1977; ANDERSON, 1998).

A lei de sesmarias seguia a orientação jurídico-econômica do século XIV, que era de coerção e violência e se estruturava em três eixos: a razão econômica de aproveitamento agrário (isto é, doação de sesmarias com a obrigatoriedade da produção agrícola), a razão fiscal no que tange ao benefício de erário régio (o indivíduo ficava sujeito à tributação e à jurisdição da Coroa) e a condicionalidade da concessão de terras (já que havia no mínimo dois proprietários das sesmarias: aquele que é usufrutuário e aquele que possui o domínio eminente, no caso a Coroa Portuguesa)[9] (SILVA, 2007).

A lei constituía um todo complexo objetivando de forma central impedir a desagregação da economia do reino, preservar o domínio produtivo dos senhores do campo, coagir o trabalhador rural e a partir da condicionalidade da doação à produção agrícola com a possível expropriação da terra impedir o latifúndio improdutivo (SILVA, 2007). A lei de sesmarias teve resultado limitado no que tange ao cultivo de terras abandonadas, pois se manteve certa permanência de áreas incultas e a produção de alimentos não se elevou em percentuais tão incisivos. Aventam-se algumas razões para tal quadro: o dinamismo da economia urbana frente à rural em Portugal, o campesinato português que pagava altos tributos e foros à Igreja, à Coroa e aos senhores de terra para a produção agrícola, a con-

---

9   Acerca dessa questão, Jones (1997) compreende que o Estado português, diante de uma situação de crise profunda, reintroduz formalmente no direito de propriedade o instituto do confisco. Apesar de centrada na questão econômica e resolução da crise de abastecimento, de certa maneira, para o autor, a lei de sesmaria introduziu elementos de certo cumprimento da "função social da propriedade". Todavia, segundo Silva (2007), a obrigatoriedade da produção agrícola de modo geral não foi cumprida em Portugal. A autora enfatiza ainda que a lei não foi feita para alterar as relações de propriedade no campo português e sim com a intenção explícita de incentivar o cultivo das terras abandonadas. Assim, as sesmarias eram distribuídas sem modificar o caráter das terras.

siderável diminuição da população e especialmente as oportunidades oferecidas frente à expansão ultramarina[10] (SILVA, 2007; MOTTA, 2012).

Antes de ser utilizado como forma de colonização no ultramar, a Coroa portuguesa usou o modelo sesmarial também, e com bastante êxito econômico, fiscal e fundiário, na colonização das ilhas atlânticas (na Ilha da Madeira e nos Açores), no povoamento de regiões fronteiriças durante a guerra com Castela e também em algumas frações dominadas no território africano, como Moçambique[11].

Pode-se observar que quando o regime de concessão de sesmarias foi transplantado da metrópole para a colônia, baseado na doação gratuitade terras em abundância a quem possuísse os meios para cultivá-la, se estabelece de imediato uma duplicidade na ideia original: enquanto em Portugal o modelo sesmarial é um importante instrumento de concessão de terras com a condicionalidade da efetiva produção agrícola, no Brasil - além dessa premissa efetivamente muito pouco cumprida - ele é utilizado como regulação jurídica, econômica e política de sua relação com a colônia (SILVA, 1997; SILVA, 2008; MOTTA 2012). Destaca-se, assim, a raiz de um conjunto de conflitos fundiários decorrentes dessa lei, pois ocorre a implantação de um instituto jurídico, criado em Portugal para promover o cultivo, que foi utilizado no Brasil para assegurar a colonização (MORAES, 1991; MOTTA, 2008). Nas terras coloniais, a questão não se resumia à necessidade de aproveitamento efetivo das terras, mas implicava fundamentalmente ocupar e explorar estas terras, ou seja, dominá-las como área colonial (MOTTA, 2004). Importante ressaltar ainda que a introdução das sesmarias no Brasil objetivava não só ocupar o território, mas inseri-lo efetivamente dentro do processo internacional de acumulação de capital, garantindo recursos minerais e agrícolas à Portugal (NOVAIS, 1979; FREITAS et al., 2009).

Juridicamente, as terras no Brasil já pertenciam a Portugal desde antes da expedição de Pedro Álvares Cabral em 1500, pois o Tratado de Tordesilhas (Tratado de Repartição do Mar-Oceano) assinado em junho de 1494 definia como linha de demarcação das possessões do Reino de Portugal e do Reino de Castela e Aragão (posteriormente Espanha) o meridiano à 370 léguas a oeste das ilhas de Cabo Verde. Esse meridiano demarcado de polo a polo estabelecia outra dimensão, a primeira oficialmente mundial: a ação de descobrimentos e expedições marítimas (FRIDMAN; RAMOS, 1991; CASTRO, 1995).

---

10   A expansão ultramarina e a formação dos impérios coloniais são contemporâneos do absolutismo, no que se refere ao nível do político e a persistência da sociedade estamental fundada nos privilégios políticos, no que tange ao nível do social. Economicamente, a política mercantilista fomenta o desenvolvimento interno e externo funcionando como elemento desagregador do feudalismo, mesmo que o feudalismo português seja considerado um caso atípico (RAU, 1982; CHAUI, 2007; SILVA, 2007). O mercantilismo é favorecido por um Estado centralizado que funciona para assegurar à nobreza a manutenção de seus privilégios quando esta se vê ameaçada pelo desaparecimento da servidão e pelo conjunto de revoltas camponesas marcantes na Europa. A unificação territorial e a centralização política são um dos fatores centrais para a efetivação de Portugal como um dos Estados líderes do processo de expansão ultramarina nos séculos XV e XVI (CHAUI, 2007).

11   De acordo com Motta (2012, p. 19) não havia uma política consistente por parte de Portugal de ocupação de terras que incentivasse potenciais lavradores interessados em realizar produções agrícolas nas regiões africanas, pois os territórios africanos eram reservatórios de mão de obra para a América (Magalhães, s/d apud Motta, 2012).

No entanto, Moraes (1994) compreende que a colonização é o resultado de uma conquista territorial, entendida como uma relação específica de uma sociedade que se expande e pessoas, recursos e áreas dos lugares onde se exercita essa expansão. Mais do que uma dominação formal e abstrata como normatização jurídica do processo de colonização, a colonização se efetiva com a instalação do conquistador, isto é, com a objetivação real da conquista (MORAES, 1994).

Silva (2007) argumenta que a apropriação do solo colonial foi organizada com base na legislação vigente nas metrópoles, adaptadas aos interesses da colonização, uma vez que as potências europeias não reconheceram aos habitantes do Novo Mundo o direito de propriedade sobre as terras que ocupavam. No processo de colonização as novas terras são designadas para aqueles que chegam, sendo a população autóctone alijada do processo (MORAES, 1991; MORAES, 1994). Estas populações aparecem para os colonizadores como atributos do lugar, ou melhor, componentes da natureza do lugar e a subordinação primeira no processo de dominação colonial é exatamente dos *naturais* (MORAES, 1994). As terras dos povos indígenas que viviam na porção mais atlântica do Brasil foram sendo tomadas pela ocupação colonialista. Esta usurpação não aconteceu sem guerra, que constantemente os indígenas perderam. Constata-se inclusive que um conjunto de indígenas refugiou-se no interior a fim de salvaguardar seu modo comunitário de produção e seu território. Através do processo combinado de tomada das terras indígenas e escravidão ocorreu o desenvolvimento da produção (baseado em vastas extensões de terra) de cana-de-açúcar, mineração e posteriormente o cultivo do café (OLIVEIRA; FARIA, 2009).

Fundamental ressaltar que

> (...) deve-se sucintamente afirmar que a área territorial do país tem suas origens nos modos pelos quais os povos indígenas, através do estabelecimento de relações comunitárias de produção, desenvolveram suas culturas. Dessa forma, o modo de se relacionar com a natureza das populações indígenas contém, simultânea e intrinsecamente, sua conservação e preservação. Trata-se de uma concepção de modo de vida que pressupõe muito mais a natureza como parte da vida, do que apenas a vida como parte da natureza, a natureza aparece como algo intrínseco ao indígena. Nele, portanto, não se separa a natureza da vida. (OLIVEIRA; FARIA, 2009, p. 3)

O violento processo de expropriação dos territórios indígenas e extermínio dessas populações no século XVI foi potencializado pelo regimento do governador geral Tomé de Souza em 1548 que dispunha sobre as diretrizes da empresa colonial. De acordo com Puntoni (1999), esse regimento versava sobre a organização das forças militares envolvidas na conquista e controle dos domínios da Coroa com as atribuições específicas de zelar pela segurança da colônia e do povoamento das novas terras. Além disso, tal regimento normatizava sobre as atribuições militares e de proteção da colônia objetivando garantir o empreendimento econômico e a defesa do território colonial(no contexto de disputas entre as potenciais europeias que se desenhava no Atlântico Sul) o que é evidente pela garantia da fortificação das barras e os portos de acesso às praças de comércio (PUNTONI, 1999). Contudo, uma das atribuições do governador, no que consta tal regimento, é que este deveria castigar as tribos rebeladas ou arredias, assim como impedir os distúrbios imanentes à violenta sociedade escravista em gestação (PUNTONI, 1999). O historiador ressalta ainda que no bojo de tais perseguições, em 1569, se institui o "alvará das armas" que tornava obrigatória aos homens livres a posse de armas de fogo e armas brancas, o que potencializava a violência direta contra os indígenas.

De certo, é fundamental retomar que o território capitalista brasileiro foi produto da conquista e destruição do território indígena. Espaço e tempo do universo cultural das diversas nações indígenas foram sendo moldadas ao espaço e tempo do capital, conforme nos alerta Oliveira (2002).

A colonização das "novas" terras, por meio da ocupação e da organização política, começa se delinear a partir de dezembro de 1530 quando o Rei de Portugal Dom João III, ligado à dinastia burguesa de Avis, institui com a 3ª Carta Régia o regime sesmarial na colônia. Nesse ínterim, a expedição de Martim Afonso de Sousa, que deixou Lisboa em 1531, distribuiu as primeiras sesmarias a colonos portugueses e o seu relatório a D. João III foi um documento fundamental para a implantação das capitanias hereditárias em terras brasileiras.

Entre 1534-1536, Portugal dividiu o território do Brasil em 15 possessões lineares – as capitanias - de 30 a 100 léguas de costa (cada légua tinha aproximadamente 6 quilômetros de extensão) que foram doadas a 12 donatários. Estes gozavam de poderes administrativos, legislativos e jurisdicionais, podendo conceder sesmarias (as concessões deveriam ser de 80% da capitania), fundar vilas, organizar a administração e desempenhar funções judiciais (FREITAS *et. al.*, 2009). Essas Capitanias eram particulares e hereditárias, pois pertenciam aos capitães--donatários e eram transmissíveis por herança aos sucessores legítimos. Assim, nas sesmarias não havia a transferência do domínio das terras abandonadas não cultivadas a particulares, pois o sesmeiro não tinha o domínio da terra entregue a ele pela concessão da sesmaria. Cabia-lhe cultivar a terra e pagar o foro (a sexta parte dos frutos). Dessa forma, o Estado continuava controlando a terra, podendo, inclusive, revogar a sesmaria.

Até 1822 o regime de propriedade no Brasil era o da livre ocupação das terras devolutas, seguido ou precedido do seu reconhecimento formal através do título de sesmaria. O direito de propriedade recaía apenas sobre as benfeitorias. A livre ocupação da terra, todavia, estava fortemente circunscrita (MARTINS, 1997). Sobre tal questão a análise de Martins (1980, p. 71) é fundamental, pois:

> O regime de sesmarias era racialmente seletivo, contemplando os homens de condição e de sangue limpo, mais do que senhores de terras, senhores de escravos. A sesmaria não tinha os atributos da propriedade fundiária de hoje em nosso país. A efetiva ocupação da terra, com trabalho, constituía o requisito da apropriação, revertendo à Coroa o terreno que num certo prazo não fosse

trabalhado. Num país em que a forma legítima de exploração do trabalho era a escravidão, e escravidão negra, os "bastardos", os que não tinham sangue limpo, os mestiços de brancos e índias, estavam destituídos do direito de herança, ao mesmo tempo em que excluídos da economia escravista. Foram esses os primeiros posseiros: eram obrigados a ocupar novos territórios porque não tinham lugar seguro e permanente nos territórios velhos. Eram os marginalizados da ordem escravista que, quando alcançados pelas fazendas e sesmarias dos brancos, transformavam-se em agregados para manter a sua posse enquanto conviesse ao fazendeiro, ou então iam para frente, abrir uma posse nova. A posse no regime de sesmarias tinha um cunho subversivo.

Martins (1980) argumenta ainda que até a extinção do regime de sesmarias, em 1822, a concessão real era o meio reconhecidamente legítimo de ocupação do território. A posse[12], diferente da apropriação de extensas áreas, seja de sesmeiros titulados ou grileiros, era a forma com que os homens livres e pobres tinham de sobreviver na ordem escravocrata e latifundiária do Brasil colonial. Lima (1954) também destacou que a forma de acesso dos pequenos lavradores à terra era através da posse. Essas posses também constituíram a forma de ocupação de escravos fugidos de adquirir liberdade e se apossar da terra: eram os quilombos, território negro livre no seio do latifúndio branco europeu (OLIVEIRA, 2002).

Oliveira e Faria (2009) argumentam que, no período de vigência das sesmarias, as elites agrárias solidificaram em seu imaginário social que a abertura e ocupação de vastas extensões consistia no modo legítimo de obtenção do domínio sobre estas terras ocupadas ilegalmente. A prática da grilagem apresenta sua gênese na colonização brasileira e irá se reproduzir sistematicamente a partir do século XIX através de legislações estatais. As sementes ideológicas da grilagem atravessam, assim, as regulações do direito e à vida privada do período colonial ao republicano.

A abundância relativa de terras e os objetivos da colonização determinaram a forma de adaptação de uma legislação concebida para a metrópole para ser aplicada à colônia e levaram ao estabelecimento de grandes unidades produtivas e grandes latifúndios improdutivos na forma de apropriação de vastas frações do território brasileiro. Apesar da cláusula explícita de cultivo – fornecer à adminis-

---

12 A constatação de Motta (2012) é bastante frutífera para a compreensão do termo posse no Brasil. Segundo a historiadora, os lavradores são aqueles que não podiam se intitular sesmeiros, já que não haviam conseguido um documento de sesmarias (ressalta-se a racialização da concessão de sesmarias de acordo com os argumentos de Martins (1980) para refletirmos sobre as barreiras sociais e limites daqueles que não obtinham o usufruto legal da terra). O termo posseiro, só existente na língua portuguesa falada no Brasil, começa a ser utilizado em meados do século XIX. Tal termo nasce como um contraponto ao vocábulo sesmeiro, sendo posseiro o lavrador sem título, independente da extensão de suas terras. Fundamental ressaltar que durante o século XX (o que permanece no século XXI), o termo posseiro adquire uma politização classista identificado com a busca da reprodução do modo de vida camponês baseado no trabalho familiar e com o uso produtivo da terra. Os posseiros são verdadeiros protagonistas na luta pela terra de trabalho e se identificam com a migração histórica em busca da terra livre. Oliveira (2002) argumenta que esses posseiros negam o rumo da proletarização e ocupam as áreas de fronteira para a manutenção de sua condição como camponeses. Suas terras ocupadas são alvos constantes de processos de grilagem de terras, o que faz com que Oliveira (2002) argumente sobre a característica de migrantes e retirantes em busca da libertação da terra, de si e da família.

tração colonial os poderes de retomar as terras incultas apropriadas –, aparte da legislação que coibia o latifúndio improdutivo nunca foi aplicada (SILVA, 1997). Mota (2012) compreende que, se no momento do requerimento das sesmarias, era exigido o cumprimento de um conjunto de normas, tais como a obrigatoriedade de medir, demarcar e cultivar as terras, com o desenvolvimento econômico da colônia a obrigação moral do cultivo foi perdendo cada vez mais a importância. Para Mota (2012) o que se seguiu, na prática cotidiana, foi a alienabilidade dos domínios logo após as primeiras concessões. Mota (2012) irá sustentar que nesse período se constrói uma "mentalidade proprietária" por parte dos usufrutuários das sesmarias[13] que de fato irá se confirmar juridicamente com a Lei de Terras no século XIX.

A Lei de Terras de 1850 (Lei n° 601 de 18/09/1850), na letra fria da regulação do Direito Agrário, incorre na tentativa de converter situações supostamente fáticas, a ocupação legal e garantida pela carta de sesmaria aos usufrutuários coloniais e as ações de grilagem estabelecidas como posses, em situações juridicamente doutrinadas pela normatização da lei instaurada (algo similar ao que o agronegócio atualmente convencionou denominar de garantia da segurança jurídica). Todavia, esse argumento incorre em imprecisão histórica e carece de aprofundamento e substância jurídica. Nos termos de Marés (2010) pode-se auferir que a modernidade capitalista, através da Lei de Terras, transformou a terra em mercadoria quando a fez propriedade privada individual e transferível a quem não a usa. A Lei de Terras institui, assim, a propriedade privada absoluta no Brasil.

Os objetivos jurídicos da Lei de Terras eram: proibir a investidura de qualquer súdito, ou estrangeiro, ao domínio de terras devolutas, excetuando-se os casos de compra e venda (note-se que este é o artigo 1°); outorgar títulos de domínio aos detentores de sesmarias confirmadas; outorgar títulos de domínio a portadores de quaisquer outros tipos de concessões de terras feitas na forma da lei então em vigor, uma vez comprovado o cumprimento das obrigações assumidas nos respectivos instrumentos; e assegurar a aquisição do domínio de terras devolutas através da legitimação de posse, desde que fosse "mansa e pacífica", anterior e até a vigência da lei[14]. Oliveira e Faria (2009) constatam que a Lei legalizou os títulos

---

13 Segundo Mota (2012, p. 34) "as sesmarias eram concedidas, na América portuguesa, com cláusulas específicas para melhor direcionar o processo mercantil agroexportador, estabelecendo os limites da ocupação territorial, as formas e os meios de produção e os impostos devidos aos cofres públicos (consubstanciados como dízimo ao Mestrado de Cristo ou como foro cobrado pelo Estado a partir da Carta Régia de 27 de dezembro de 1695. Este foro foi reiterado pela Provisão de 20 de janeiro de 1699). Com uma carta de sesmaria em mãos, alguns súditos conseguiam reforçar o seu poder sobre seus adversários políticos frente à influência da elite local. Na prática cotidiana, esses sesmeiros não necessitavam da formalidade de um título para impor a coerção e a violência quando desejavam ampliar os seus domínios territoriais. Mas o prestígio social, advindo da propriedade de terras tituladas e escravos africanos ou indígenas, permitia-lhes ampliar exponencialmente seus poderes numa sociedade fortemente estratificada e regida pelo direito. As sesmarias funcionavam, portanto, como mecanismo de diferenciação social e manutenção do poder dos grandes proprietários rurais".

14 Sobre tal aspecto Oliveira e Faria (2009, p. 4) argumentam que "todos os títulos de sesmarias concedidos ou os grilos das terras reais e ou imperiais, eufemisticamente chamadas de "posses mansas e pacíficas" puderam ser legalizadas por aqueles que as grilaram, porém, após a lei, isto não era mais possível, pois, somente a Coroa Imperial podia vender as terras devolutas em hasta pública".

de sesmarias e as posses quaisquer que fossem suas extensões, mas que tivessem cultivos, desde que medidas e levadas a registro em livros próprios nas freguesias (artigos 4º, 5º, 7º e 8º). A Lei de Terras foi regulamentada pelo Decreto nº 1.318 em 30/01/1854 através Registro Paroquial ou do Vigário:

> Art. 97. Os Vigários de cada uma das Freguesias do Império são os encarregados de receber as declarações para o registro das terras, e os incumbidos de proceder a esse registro dentro de suas Freguesias, fazendo-o por si, ou por escreventes, que poderão nomear, o Ter sob sua responsabilidade (BRASIL, 1854).

Martins (1996) argumenta que os possuidores de títulos de sesmaria e os ocupantes de terra ficaram sujeitos à legislação de seus direitos, o que foi feito através do registro paroquial supracitado. Tal registro validava ou revalidava a ocupação da terra até essa data. Isso não impediu o surgimento de uma verdadeira indústria de falsificação de títulos de propriedades, sempre datadas de época anterior ao registro do vigário e registrados em cartórios oficiais mediante suborno aos escrivães e notários. Essa prática irá revelar as diferenças de classe no século XIX, pois nos termos de Covolan e Gonzalez (2008) os grandes proprietários de terras encontraram formas de exercer a dominação do sistema jurídico, enviando inclusive seus filhos para estudarem em Coimbra e lá aprenderem as técnicas legais, que passam a ser usadas de forma a apropriarem-se de vastas extensões de terras. Enquanto que para o escravo e para o migrante o desconhecimento de praxes jurídicas escusas ou a falta de recursos financeiros para cobrir despesas judiciais e de suborno das autoridades (MARTINS, 1996) levavam a expulsão, ao extermínio, à migração para outras áreas onde pudesse realizar a posse ou à condição de agregado fundamentado na lógica do favor e do trato nas propriedades dos fazendeiros, aspecto analisado densamente por Franco (1997).

De acordo com artigo 8º da Lei de Terras todos aqueles possuidores de terras que deixassem de proceder a medição nos prazos marcados pelo Império foram

> reputados caídos em comisso, e perderão por isso o direito que tenham a serem preenchidas das terras concedidas por seus títulos, ou por favor da presente Lei, conservando-o somente para serem mantidos na posse do terreno que ocuparem com efetiva cultura, havendo-se por devoluto o que se achar inculto (BRASIL, 1850).

Diante disso, Motta (2004), Silva (2008) e Martins (1996; 1997) constatam que a maioria das concessões de sesmarias não foi acompanhada dos procedimentos para sua regularização. Neste sentido, ao longo do século XIX, era fato que as sesmarias estavam majoritariamente em com isso, pois os sesmeiros não haviam cumprido a determinação legal de medir e demarcar sua terra[15]. Motta (2004) verificou, entretanto, ao analisar litígios em torno da propriedade privada da terra nos oitocentos, que o documento de concessão de sesmarias era utilizado como marco zero de sua ocupação.A autora observou que tais documentos eram recorrentemente apresentados como se eles expressassem, inequivocamente, a verdade absoluta sobre a área ocupada.

Essa constatação fundamental de Motta (2004), no que se refere à utilização de documentos de sesmarias como marco zero da propriedade privada no Brasil, revela a interpretação turva e utilitarista que os latifundiários brasileiros fazem sobre a legislação agrária brasileira. O regime de propriedade absoluta no Brasil é posterior a 1850 e não tem quatrocentos (ou quinhentos) anos. Cabe retomar que no regime sesmarial a terra não era propriedade do fazendeiro, mas era apenas uma concessão territorial (MARTINS, 1997; MARTINS, 1980; MOTTA, 2012; OLIVEIRA; FARIA, 2009 SILVA, 2008). O rei estabelecia que caso não fosse realizado um uso produtivo num prazo determinado, a concessão prescrevia e as terras caíam em com isso, isto é, retornavam ao domínio da Coroa (MARTINS, 1997). Assim, o rei poderia conceder para outrem as terras, não existindo nenhum direito territorial específico ou inalienável ao primeiro ocupante.

Motta (2004) constata também que quando o Estado, através do judiciário e do sistema cartorial, aceita a carta de sesmaria como ponto zero da propriedade e regula a favor do usufrutuário, demonstra-nos que não era fundamental o cumprimento dos procedimentos legais para regularizar a ocupação, posto que a carta por si só traduziria simbolicamente a expressão do poder do sesmeiro. Um dos pontos problemáticos centrais para Silva (2008) era o fato de que a iniciativa primeira que desencadearia todo o processo de demarcação de terras estava nas mãos dos particulares, especificamente dos fazendeiros. As relações entre grilagem, poder e propriedade da terra estão, dessa forma, vivamente imbricadas. Assim,

> Entende-se (...) como e porque os fazendeiros continuaram a utilizar o documento de sesmarias após o fim de sua concessão em 1822, e mesmo após a Lei de Terras de 1850 e seu regulamento, em 1854. Em muitos casos, os fazendeiros utilizaram-se das cartas de sesmarias, ignorando inclusive a obrigatoriedade do Registro Paroquial de 1854/56, este último documento criado pelo citado regulamento. A utilização reiterada da carta como prova documental da "verdadeira" história - expressão de uma ocupação imemorial – é por si só emblemática (MOTTA, 2004, p. 3).

---

15   Silva (2008) argumenta que o decreto nº 1318 de 30 de janeiro de 1854 definiu os prazos para medição e demarcação das propriedades a serem reguladas. "Os prazos seriam marcados pelos presidentes de província e podiam ser prorrogados por eles. Um aviso editado em 1857 pelo governo imperial estipulou que o prazo não poderia exceder a um ano. Na realidade esses prazos foram sendo prorrogados durante todo o período imperial e depois dele, enquanto durou a vigência da Lei de Terras" (SILVA, 2008, p. 184).

Verifica-se, coetâneo a Oliveira (2010) e Silva (2008), que a Lei de Terras é um marco jurídico (e de certo originário) da legalização da grilagem de terras no Brasil. A partir dela foi possível garantir a força de trabalho abundante e barata para as lavouras, a despeito da abolição eminente e inclusive da lei de proibição do tráfico de escravos também de 1850, pois tanto os imigrantes quanto os escravos libertos não teriam como acessá-la se não pela efetivação da compra da propriedade.

Martins (1996, p. 59) argumenta que

> a Lei de Terras de 1850 e a legislação subsequente codificaram os interesses combinados de fazendeiros e comerciantes, instituindo as garantias legais e judiciais de continuidade da exploração da força de trabalho, mesmo que o cativeiro entrasse em colapso. Na iminência de transformações nas condições do regime escravista, que poderiam comprometer a sujeição do trabalhador, criavam as condições que garantissem, ao menos, a sujeição do trabalho. Importava menos a garantia de um monopólio de classe sobre a terra, do que a garantia de uma oferta compulsória de força de trabalho à grande lavoura. De fato, porém independentemente das intenções envolvidas, a criação de um instrumento legal e jurídico para efetivar esse monopólio, pondo o peso do Estado do lado do grande fazendeiro, dificultava o acesso à terra aos trabalhadores sem recurso.

Martins (1997) ressalta ainda dois elementos fundamentais para compreender a base do direito de propriedade do Brasil, que permanece até hoje e que apresenta seus fundamentos na Lei de Terras: o primeiro como já ressaltado é que as terras devolutas não poderiam ser ocupadas por outro meio que não fosse através da compra. Conjuntamente, o Estado abria mão de seus direitos como proprietário eminente das terras particulares, ou seja, do domínio, em favor do particular, juntando num único direito de propriedade a posse e o domínio.

De modo coetâneo a Lei de Terras funcionou na formação econômico-social brasileira como umregulador central damanutenção da ordem social e política baseada na economia colonial, na dependência externa e nos interesses dos grandes latifundiários[16]. Martins (1980, p. 73) constatou que

> concretamente, a implantação da legislação territorial representou uma vitória dos grandes fazendeiros, já que essa não era a única categoria social a preocupar-se com a questão fundiária. De outro lado, havia os que advogavam um regime de terras livres que desse lugar, no Brasil, ao aparecimento de uma classe média de camponeses livres que quebrasse a estrutura social escravista e descaracterizasse os fazendeiros como senhores de escravos e terras, para

---

16   Destaca-se também que a Lei de Terra funciona como uma intervenção estatal na economia e que tal processo ocorre em outras ex-colônias europeias que se tornam independentes fundamentalmente nas primeiras décadas do século XIX, e que tal intervenção substancia a formação de um mercado de terras nestes novos países e deve ser entendida como fazendo parte do processo de formação do mercado mundial de terras e de produtos agrícolas. Para mais informações consultar Silva e Secreto (1999).

fazê-los fundamentalmente burgueses e empresários. A fórmula consagrada na lei tinha, porém, o seu sentido naquela circunstância histórica. No mesmo ano de 1850 cessava o tráfico negreiro da África para o Brasil. A escravidão e o trabalho escravo estavam comprometidos. A própria Lei de Terras já define critérios para o estabelecimento regular de correntes migratórias de trabalhadores estrangeiros livres que, com o correr do tempo, substituíssem os escravos. Se, porém, as terras do país fossem livres, o estabelecimento de correntes migratórias de homens igualmente livres levaria, necessariamente, a que esses homens se estabelecessem como colonos nos territórios ainda não ocupados pelas grandes fazendas. Ao mesmo tempo, as fazendas ficariam despovoadas, sem possibilidade de expansão e de reposição de mão de obra. Por isso, a classe dominante instituiu no Brasil o cativeiro da terra, como forma de subjugar o trabalho dos homens livres que fossem atraídos para o país.

Silva (1997) argumenta que os grileiros de terra foram protegidos pela aplicação perversa da cláusula da Lei de Terras que garantia as "posses" (cultura efetiva e morada habitual). Diante disso, os grilos se multiplicaram e continuou o processo de passagem das terras devolutas para o domínio privado, com o consentimento, mesmo que indireto dos poderes públicos, e sem que estes manifestassem grande preocupação com o uso antissocial das terras apropriadas.

O que Silva (2008) constata é que as modificações que ocorreram na Lei de Terras beneficiam os grandes proprietários e a legalização da grilagem ao longo da segunda metade do século XIX à medida que a data de validade das posses foi prorrogada até pelo menos as primeiras décadas do século XX, e que houve constantes alterações dos prazos para as revalidações de sesmarias e legitimações de "posses".

O processo de incentivo à grilagem ganha novo fôlego quando ocorre a passagem das terras devolutas para o domínio dos estados, no âmago da Constituição de 1891. A partir desse fato levou-se para o âmbito estadual a decisão à respeito das terras brasileiras para o poder local. Silva (2008) constata que havia uma clara benevolência dos estados em relação aos grileiros, o que fez com que não ocorresse um processo de democratização da terra, incentivando o coronelismo e manutenção da lógica do favor e do paternalismo. O processo de passagem das terras devolutas para o domínio privado permanece, então, como política no período republicano e se associa diretamente com os interesses dos latifundiários e/ou grileiros ao longo do século XX-XXI. Os processos de legalização da grilagem permanecem como traço de uma reprodução jurídica da barbárie, violência e estrutura fundiária concentrada no campo. Mas esses são processos que exigem uma investigação mais longa e minuciosa e fogem ao escopo desse artigo.

3. Conclusão, ou novamente as ideias fora do lugar

O Brasil do século XIX é compreendido por Schwarz (2012) como um país agrário e independente, dividido em latifúndios, cuja produção dependia do trabalho escravo e do mercado externo[17]. O país insere-se antagonicamente no universo do capital (que não chegou a tomar forma clássica no Brasil) gerando uma combinação desvantajosa, porém bastante complexa. Esse panorama do lugar evidencia as singularidades da formação social brasileira, em que a presença de pressupostos liberais como o raciocínio econômico burguês, a propriedade privada absoluta e a Independência, se chocam ideologicamente com a escravidão e com a legalização da grilagem e seus defensores em diversos níveis e escalas (SCHWARZ, 2012).

Diante disso, há um confronto de princípios antagônicos: no campo das ideias, adotava-se sofregamente o discurso da burguesia europeia contra arbítrios e a escravidão, mas na prática (sustentada pelo latifúndio) a mediação do favor, que prevalecia nas relações entre proprietários e homens livres, porém dependentes, reafirmava a dependência da pessoa, a exceção à regra, a cultura interessada, a remuneração e serviços pessoais. Em outras palavras, o fato "impolítico e abominável" da escravidão desmente as ideias liberais; mais insidiosamente o favor as absorve e desloca, originando um padrão particular[18]. Tais antagonismos foram se desfazendo, e os dualismos entre sociedade e ideias se aproximando e se recompondo ao ponto de Schwarz (2012) perceber que há uma "coexistência estabilizada" no Brasil. Desse modo, o liberalismo tornou-se "penhor institucional" de uma variedade de prestígios e o favor racionalizado e reelaborado estruturalmente. Ressalta-se, porém, que esse quiproquó facilmente se degenera devido a natureza do favor, as relações escravocratas e os antagonismos de classe que se efetivam a partir do monopólio da terra.

Assim, a legalização da grilagem de terras é um traço característico e constitutivo da formação da propriedade privada da terra no Brasil. Compreendê-la pelo enfoque da Geografia Agrária suscita identificar os fundamentos articulados entre as questões econômicas e agrárias a partir do método marxiano do movimento progressivo-regressivo, mirando a colonização e a política de sesmaria como base da grilagem (que permanece como traço constitutivo da concentração fundiária brasileira) e o contexto social da legalização dessa estratégia no contexto do Brasil Imperial. Todavia, nosso enfoque, fundamentado no materialismo histórico, busca mirar o passado para compreender o presente, pois Martins (1997) já afirmava que o tempo da questão agrária brasileira é longo e contraditório.

---

[17] No Brasil há um desacordo entre a representação e o contexto baseado na combinação econômica de latifúndio e trabalho compulsório que determinou o ritmo de nossa vida ideológica, além da dependência do país resultado das relações sociais engendradas pelo colonialismo e a produção de ideologias capitalistas.

[18] Schwarz (2012) analisa a originalidade nacional a partir da colonização em seu conjunto que é internacional e as modificações das ideias do liberalismo e do favor no âmbito do lugar.

REFERÊNCIAS

ANDERSON, P. **Linhagens do Estado Absolutista**. 3. ed. São Paulo: Brasiliense. 1998.
BALDEZ, M. A terra no campo: a questão agrária In: MOLINA,M. et al. (orgs.) **Introdução crítica ao Direito Agrário**. Brasília: UNB, 2002, p. 95-106.
BRASIL. Decreto nº 601 de 18 de setembro de 1850. Dispõe sobre as terras devolutas no Império. In: In: CAZZETTA, L. C. **Legislação Imobiliária da União**. Brasília: Ministério do Planejamento, Orçamento e Gestão, 2002, p. 202-208.
BRASIL. Decreto nº 1.318 de 30 de janeiro de 1854. Manda executar a Lei no 601, de 18 de setembro de 1850. In: CAZZETTA, L. C. **Legislação Imobiliária da União**. Brasília: Ministério do Planejamento, Orçamento e Gestão, 2002, p. 209-232.
CASTRO, T. Do infante a Tordesilhas - Sistemática Geopolítica. **Revista do Instituto Geográfico Histórico Militar do Brasil**, Rio de Janeiro, nº 81, 1995.
CHAUI, M. **Brasil** – mito fundador e sociedade autoritária. 1ª ed. São Paulo: Perseu Abramos, 2007.
COSTA, E. V. Introdução ao estudo da emancipação política. In: MOTA, C. G. (org.). **Brasil em perspectiva**. São Paulo: DIFEL, 1969, p. 64-125.
COVOLAN, F. C.; GONZALEZ, E. T. Q.Sesmarias, Lei de Terras de 1850 e a cidadania - sistema legal x sistema social. In: **Anais do XVII Congresso Nacional do Conselho de Pesquisa e Pós-Graduação em Direito**. Florianópolis: Fundação Boiteux, 2008.
FRANCO, M. S. C. **Homens livres na ordem escravocrata**. 4ª ed. São Paulo: Editora Unesp, 1997.
FREITAS, L. et. al. A ocupação territorial brasileira como imperativo da expansão do capital comercial português e como consequência das contradições intermercantilistas: O caso do regime sesmarial brasileiro e a função do direito na sociedade do Brasil-colônia. In: **Anais do VI Encontro Internacional Marx-Engels, 2009**, Campinas: CEMARX, 2009, p. 1-7.
FRIDMAN, F.; RAMOS, C. A. F. A história da propriedade da terra no Brasil. **Cadernos IPPUR/UFRJ**, Rio de Janeiro, v. 1, n.5, p. 63-74, 1991.
HOBSBAWN, E. Do feudalismo para o capitalismo. In: SWEEZY, P. et al. **A transição do feudalismo para o capitalismo**. Rio de Janeiro: Paz e Terra, 1977, p. 201-208.
HOLANDA, Sérgio Buarque de. As etapas dos descobrimentos portugueses. In: _____. (org.). **História Geral da Civilização Brasileira** - A Época Colonial. 5ª edição, São Paulo, Difel, 1976. p. 26-34.
JONES, A. S. **A Política Fundiária do Regime Militar**: Legitimação Privilegiada e Grilagem Especializada (Do Instituto de Sesmarias ao Estatuto da Terra). Tese. Doutorado em Sociologia. FFLCH, USP, São Paulo. 1997.
LUXEMBURG, R. **A acumulação de capital**. SP: Nova Cultural, 1985.

MARÉS, C. F.Função Social da Propriedade. In: SONDA, C.; TRAUCZYNSKI, S. C. (org.). **Reforma Agrária e Meio Ambiente**. 1. ed. Curitiba: ITCG, 2010, p. 181-198.
MARTINS, J. S. **Camponeses e a política no Brasil**. Petrópolis: Vozes, 1983.
_____.**Expropriação e Violência** (A questão política no campo). 1ª ed. São Paulo, Hucitec, 1980.
_____.**O cativeiro da Terra**.6ª ed. São Paulo, Hucitec, 1996.
_____. **Exclusão social e a nova desigualdade**. 1ª ed. São Paulo: Paulus, 1997.
MELLO E SOUZA, L. Notas sobre as revoltas e as revoluções da Europa Moderna. **Revista de História**, (USP), São Paulo, v. 1, p. 9-17, 1996.
MORAES, A. C. R. **Bases da formação territorial do Brasil**: o território colonial no "longo" século XVI. Tese. Doutorado em Geografia Humana. FFLCH – USP. 1991.
_____. Dimensão territorial nas formações latino-americanas. **Revista do Departamento de Geografia**, Universidade de São Paulo, São Paulo, v. 7, p. 81-86, 1994.
MOTA, M. S. Sesmarias e propriedade titulada da terra: o individualismo agrário na América Portuguesa. **Saeculum** (UFPB), v. 1, p. 29-44, 2012.
MOTTA, M. M. M. Sesmarias e o mito da primeira ocupação. **Justiça & História**, Rio Grande do Sul, v. 4, n.7, p. 61-83, 2004.
_____. **Nas Fronteiras do Poder**. Conflito e direito a terra no Brasil do século XIX. 2ª ed. Niterói: EDUFF, 2008.
_____. **Direito à Terra no Brasil**. A gestação do conflito (1795/1824). 1ª ed. São Paulo: Alameda, 2009.
NOVAIS, Fernando A. **Portugal e Brasil na crise do Antigo Sistema Colonial (1777-1808)**.São Paulo: Hucitec, 1979.
OLIVEIRA, A. U. O campo brasileiro no final dos anos 80. In: STÉDILE, J. P. (org). **A questão agrária na década de 80**. 2ª ed. Porto Alegre: UFRGS, 1994, p. 45-68.
_____. **A fronteira amazônica mato-grossense:** grilagem, corrupção e violência. 1997. 2v. Tese (Livre Docência) - Faculdade de Filosofia, Letras e Ciências Humanas, Universidade de São Paulo, São Paulo, 1979.
_____. **Geografia das lutas no campo**.11ª ed. São Paulo: Contexto, 2002.
_____.Barbárie e Modernidade: as transformações no campo e o agronegócio no Brasil. In: **Terra Livre** nº 21, AGB, São Paulo, jul/dez 2003,p. 113-156.
_____. **Modo capitalista de produção, Agricultura e Reforma Agrária**. 1ª Ed. São Paulo: FFLCH/LABUR Edições, 2007.
_____. A questão da aquisição de terras por estrangeiros no Brasil – um retorno aos dossiês. **AGRÁRIA,** São Paulo, nº. 12, p. 3-113, 2010.
_____. Os posseiros voltam a assumir o protagonismo da luta camponesa pela terra no Brasil. In: Comissão Pastoral da Terra - CPT. (org.). **Conflitos no Campo Brasil - 2010**. Goiânia: CPT, 2011, v. 1, p. 55-62.

OLIVEIRA, A. U.; FARIAS, C. S. O processo de constituição da propriedade privada da terra no Brasil. In: **Anais do XII Encuentro de Geógrafos de América Latina**, 2009, Montevidéo. Caminando en una América Latina en Transformación. Montevidéo: Universidad de La República, 2009, p. 01-15.

PAULANI, L. M. Acumulação Sistêmica, Poupança Externa e Rentismo: observações sobre o caso brasileiro. **Estudos Avançados** (USP), São Paulo. v. 77, p. 25-39, 2013.

PAULINO E.; ALMEIDA, R. **Terra e território:** a questão camponesa no capitalismo.São Paulo: Expressão Popular, 2010.

PERROY, E. As crises do século XIV – As origens duma economia contraída. **Revista de História** (USP), v. 7, n. 16, 1953.

PRIETO, G. F. T. Rosa Luxemburg e a questão agrária: notas introdutórias sobre território, política e economia. In: **Anais do X Encontro Nacional da Associação Nacional de Pós-Graduação e Pesquisa em Geografia.** Dourados - MS: Editora UFGD, 2013. v. 1. p. 5416-5428.

PRIETO, G. F. T.; VERDI, E. F. A manutenção constitucional da barbárie: uma contribuição a análise da MP-458. In: **Anais do IV Simpósio Internacional de Geografia Agrária** / V Simpósio Nacional de Geografia Agrária, 2009, Niterói – RJ: UFF, 2009, p. 01-12.

PUNTONI, P. A Arte da Guerra no Brasil: Tecnologia e estratégia militar na expansão da fronteira da América portuguesa, 1550-1700. **Novos Estudos.** CEBRAP, São Paulo, v. 52, p. 189-204, 1999.

RAU, Virgínia. **Sesmarias medievais portuguesas.**Lisboa: Editorial Presença, 1982.

SILVA, L. O. As Leis Agrárias e o Latifúndio Improdutivo. **São Paulo em Perspectiva**, São Paulo, v. 11, n.2, p. 15-25, 1997.

_____. Feudalismo, capital mercantil, colonização. In: QUARTIM DE MORAES, J; DEL ROIO, M. (Org.). História do Marxismo no Brasil – Visões do Brasil. Campinas: Editora da Unicamp, 2007, v. IV, p. 11-67.

_____.**Terras Devolutas e Latifúndio: efeitos da lei de 1850.** 2ª ed. Campinas: Editora da Unicamp, 2008.

SILVA, L. O.; SECRETO, M. V. Terras Públicas, ocupação privada: elementos para a história comparada da apropriação territorial na Argentina e no Brasil. **Economia e Sociedade** (UNICAMP), Campinas, SP, v. n.12, 1999,p. 109-141.

SCHWARZ, R. **Ao vencedor as batatas**: forma literária e processo social nos inícios do romance brasileiro. 6ª ed. São Paulo: Duas Cidades; Editora 34, 2012.

TAVARES DOS SANTOS, J. V. A reprodução subordinada do campesinato. **Ensaios FEE**, Porto Alegre, 2(2) 109-117, 1981.

A REGIONALIZAÇÃO DO ESPAÇO MUNDIAL NO ENSINO DE GEOGRAFIA

Wagner da Silva Dias[19]

1. Introdução

Normalmente, o ensino de Geografia utiliza a divisão Geografia do Brasil e "Geografia Geral" como forma de encadeamento de conteúdos. Acerca do que se conhece por Geografia Geral, equivocamente o que se trabalha é tudo aquilo que não é o Brasil, por mais relacionados que possam ser certos temas. Além disso, há uma forte ligação do atual ensino da regionalização do espaço mundial com o ensino tradicional da Geografia, que apela para os aspectos descritivos - apesar dos esforços para as "reflexões" acerca dos conteúdos - e para o padrão "natureza--homem-economia", presentes nas publicações didáticas.

Além disso, no ensino de Geografia, os conceitos científicos e as categorias de análise dialogam com conceitos cotidianos num processo que geralmente é marcado por desencontros. Lugar, paisagem, região, território, por exemplo, que são cruciais para a pesquisa e ensino em Geografia, convivem com a perspectiva do senso comum e com os significados de outras áreas do conhecimento. A partir desta reflexão, nos dedicaremos e explorar o conceito de região e seus desdobramentos no ensino de Geografia, pois julgamos que a apropriação deste conceito e seu uso adequado é fundamental para a compreensão do espaço mundial, estabelecendo certos recortes de um fenômeno ou processo, e construindo a autonomia dos alunos para a leitura crítica do mundo pautados pelo conhecimento geográfico.

Diante disso, o presente trabalho visa questionar certos modelos da regionalização do espaço mundial, cuja origem remete em parte aos manuais de meados do século XX, e discutir novas possibilidades para o ensino do espaço mundial. A escolha dos livros didáticos, para discutirmos as questões envolvidas no ensino de geografia, se justifica pelo fato de que eles se constituem, em inúmeras instituições de ensino pelo Brasil afora, como única fonte confiável acessível para professores e alunos, e seus conteúdos são tratados como verdades. Apoiamo-nos em Castellar e Vilhena (2011, p. 137) quando ressaltam a onipresença das coleções didáticas: "em tempos de multimídia, computadores,

---

19 Mestre em Geografia Humana pela Universidade de São Paulo (2009); Possui graduação em Bacharelado em Geografia(2005) e Licenciatura em Geografia (2006), ambos pela Universidade de São Paulo; Atualmente é professor assistente do Departamento de Geografia da Universidade Federal de Roraima e integrante do grupo de pesquisa Educação e Didática da Geografia: Práticas Interdisciplinares (Faculdade de Educação/USP).

ensino à distância e outras inovações tecnológicas na educação, o livro didático ainda continua sendo um dos suportes mais importantes no cotidiano escolar e é, sem dúvida, o mais utilizado e solicitado".

Mais adiante, as autoras alertam para o fato de que muitas vezes os livros didáticos são utilizados como *fim*, e não como um *meio*, no processo de aprendizagem, ou melhor, "um mero compêndio de informações". Desta forma, o professor abre mão de sua autonomia para elaboração do curso, pois é muito comum que seu planejamento e encadeamento de conteúdos sejam aqueles definidos pelo sumário dos livros. Le Sann (2011, p. 167) vai além ao afirmar que esta lógica "leva o professor a ser adotado pelo livro, uma vez que perde sua legítima autonomia". Assim, preocupa-nos particularmente o uso limitador do livro didático e seu papel no cotidiano escolar como "modelo-padrão de conteúdo" o que acarreta também na modelagem dos discursos dos professores e na aprendizagem dos alunos (Rua, 1992).

2. Os livros didáticos e a regionalização do mundo: sempre o mais do mesmo

Atualmente, os livros didáticos de geografia usam regionalizações do espaço mundial muito semelhantes entre si. Numa visão geral, dá-nos a impressão de que há algum "decreto" ou regionalização oficial imposta. Ao tratar da regionalização do espaço brasileiro, as coincidências são compreensíveis, pois nos baseamos principalmente nas macrorregiões do IBGE (Norte, Nordeste, Centro-Oeste, Sudeste, Sul) e nas regiões geoeconômicas (Amazônia, Nordeste e Centro-Sul), que fomentam, mesmo com algumas contradições, os debates e as perspectivas das estatísticas e da ocupação econômica do território brasileiro, sobretudo do ponto de vista didático, mas, além disso, são divisões regionais, entre outras, que são de uso corrente nos estudos sobre o espaço brasileiro. Raramente, mas também compreensível, há o uso pelos livros didáticos de outra regionalização, que por vezes são debatidas muito restritamente no âmbito acadêmico ou nas dependências da burocracia do governo federal. O que ocorre então na regionalização do espaço mundial nos livros didáticos de geografia? De onde vem a opção por uniformizar uma visão regional do mundo apesar dos inúmeros recortes possíveis?

Realizando uma leitura das coleções didáticas existentes no mercado, tanto do ensino fundamental quanto do ensino médio, pudemos perceber alguns "padrões":

- O mundo permanece dividido entre norte rico x sul pobre, dicotomia que orienta a elaboração dos livros do oitavo e nono ano, por exemplo;
- A geografia regional do mundo através de seus continentes, ou uma "geografia continental" da distinção entre massas d'água e terras emersas, invariavelmente elaborando outros recortes regionais internos. Aqui se aplica, por exemplo, a divisão América Latina e Anglo-Saxônica, Leste Europeu e Europa Ocidental, países europeus nórdicos e

mediterrâneos, Oriente Médio, Ásia de Monções e suas variantes (sudeste ou sul asiático), extremo oriente e CEI (ou ex-URSS), polinésia, micronésia e melanésia, entre outros. Nesta perspectiva temos também os blocos econômicos com conteúdos relacionados aos continentes ao qual pertencem;
- Uma geografia dos "países importantes" que não se desagrega dos tópicos acima. Assim, dentro da Europa destacamos Reino Unido, Itália, Alemanha e França e no extremo oriente China e Japão. No mundo subdesenvolvido ou em desenvolvimento, o destaque fica com a China, os Tigres Asiáticos e África do Sul como países relevantes, entre outros, na ordem mundial atual;
- A ausência das discussões sobre o Brasil e suas relações com as outras partes do mundo, ou seja, o "mundo" destas publicações não contém o Brasil. Este país possui parte da coleção didática só para ele e a consequência é que temos uma geografia empobrecida do ponto de vista de entender o mundo a partir do Brasil, tanto nos livros dedicados ao país quanto nos outros que o excluem.

Não é novidade que certos conteúdos permaneçam incompreensíveis sob o ponto de vista desta geografia. No primeiro caso, quando delimitamos o mundo entre norte rico x sul pobre, criamos muitas situações controversas. Na Europa todos os países são ricos? No sul subdesenvolvido todos os países poderiam ser considerados pobres? No que toca ao conceito de norte como ponto cardeal, que estranheza causa a ideia de inserir Austrália e Nova Zelândia num "norte" socioeconômico? Aqui permanece uma visão elaborada quando o fim da Guerra Fria e do bloco socialista era recente. O fim da bipolaridade e o advento da Nova Ordem Mundial trouxeram consigo a ideia da multipolaridade, a intensificação das organizações econômicas supranacionais, as zonas de influência periféricas centradas nos três polos econômicos – Estados Unidos, Comunidade Econômica Europeia e Japão – e o triunfo da globalização. Nesta transição entre ordens mundiais, esta regionalização fazia muito sentido, porém pouco a pouco passa a se tornar superada já ao longo dos anos 2000, sobretudo pela emergência de novos atores e novos contextos.

No segundo caso, da geografia dos continentes, temos a reprodução perpétua de manuais escolares publicados a partir de meados do século XX, em que os continentes são apresentados, com poucas variações, pelo formado N-H-E (natureza, homem, economia), optando basicamente pela descrição e pelo caráter marcadamente conteudista. A despeito do viés marxista encontrado em várias coleções, os recortes regionais dentro dos continentes são feitos de forma a isolá-los do resto do mundo, ainda com base numa geografia regional tradicional com enfoque na diferenciação de áreas. Assim, a região esgota-se em si mesma e é dotada de características – naturais, sociais, econômicas – únicas na superfície da Terra, pois as relações com países de seu próprio continente e de outros são sumariamente excluídas das reflexões. Como exemplo, citamos o Oriente Médio, onde os conteúdos se encarregam de esmiuçar os "principais" conflitos sem sequer encontrar algum paralelo com diversas interferências de países de outras partes do planeta nestes territórios, deixando a cargo exclusivo do mundo árabe-muçulmano as responsabilidades pela própria barbárie, reforçando um estereótipo de "povo belicoso". O exemplo também poderá se aplicar às inúmeras situações em outros continentes, de guerras civis na África – onde também aparece a "vocação" para os conflitos étnicos – às ditaduras militares na América ou na Ásia.

O terceiro caso, da geografia dos países importantes, um punhado de países em cada continente, em cada bloco supranacional, em cada região, é elencado como principal. Da mesma forma que isolar uma região do resto do mundo, isolar um país de seu contexto é renunciar à pergunta que deve ser feita: por que este país é importante? Ou, o que faz dele um país importante? Há muitos pontos de vista envolvidos que podem responder esta pergunta. Sabemos que o critério socioeconômico, ou melhor, econômico é o que separa os países importantes, dos menos importantes e dos nada importantes (ou ainda, dos importantes de tão pobres). Utilizando-se outros critérios, poderíamos chegar a uma interpretação menos economicista do mundo e que desse conta da pluralidade de uma boa análise regional.

No último caso relacionado, o Brasil não costuma ocupar o mesmo mundo dos outros países. Este é mais um produto da confusão entre Geografia Geral e Geografia Regional, que "evolui" para a dicotomia Geografia Geral e Geografia do Brasil presentes em diversos currículos de geografia das escolas. Assim, a Geografia Geral é composta pelo resto do mundo, excluindo-se o Brasil. Por outro lado a Geografia do Brasil é um universo a parte no mundo e possui tratamento exclusivo nas coleções didáticas. O efeito perverso desta lógica é que as questões envolvidas no ensino de geografia do Brasil são tratadas fora de seus contextos, do quadro natural às relações comerciais e econômicas.

Pontuando os padrões acima, reconhecemos que esta geografia escolar, quando trata da questão regional do mundo, tem suas bases nos manuais escolares do início do século XX. Parte das críticas expostas aqui poderia ser feitas, caso os contextos fossem os mesmos, aos livros didáticos de Tancredo do Amaral, Aroldo de Azevedo e Zoraide Beltrame[20], com uma geografia basicamente descritiva e de cunho pedagógico conteudista. Quando afirmamos isso, não procuramos estabelecer paralelos entre conteúdos, mas consideramos os critérios em que são feitas certas regionalizações. Ocorre que a geografia é outra, os contextos são outros e certas transformações ainda são pouco discutidas nas coleções didáticas. Quando consultamos as coleções didáticas publicadas no contexto da Guerra Fria, encontramos não a divisão entre norte rico e sul pobre, mas o primeiro, segundo e terceiro

---

20   Segundo Ferracini (2012), estes autores são centrais na compreensão da publicação de livros didáticos de geografia ao longo do século XX. Em sua tese de doutorado, o autor definiu quatro períodos, representados por Tancredo do Amaral (1890-1930), Aroldo de Azevedo (1930-1978), Zoraide Beltrame (1975-1990) e José Vesentini e Vânia Vlach (1990-2003). "A escolha dos três primeiros se deram em função de serem as principais obras em cada período significativo" (Ferracini, op. cit., p. 24).

mundos, com divisões regionais muito próximas das que temos hoje, ou seja, na América o primeiro mundo é hoje a América Anglo-Saxônica e o terceiro mundo é chamado apenas de América Latina. O sul pobre, o terceiro mundo, apenas mudou de nome como se o mundo não tivesse mudado junto com as nomenclaturas.

Portanto, a regionalização do espaço mundial presente nos livros didáticos pouco estabelecem critérios para regionalização e pouco explicam, desta forma, o espaço mundial. Afinal, por que dividir o mundo em regiões é fundamental para o ensino de geografia do espaço mundial? O que buscamos com a regionalização do mundo na sala de aula?

3. Por uma regionalização do espaço mundial do século XXI

Gostaríamos de abrir afirmando que alguns modelos não explicam ou não ajudam mais a explicar o mundo atual. Certas questões ainda envolvem aspectos da Guerra Fria e sua herança, outras questões são marcadas na história pelo advento da Nova Ordem Mundial. Os livros didáticos limitam aí sua compreensão de mundo e os critérios para a sua regionalização. É preciso perceber que, se não estamos numa outra ordem mundial, estamos numa situação em que as características fundadoras da Nova Ordem Mundial pouco a pouco vão deixando de explicar o mundo contemporâneo. Assim, o risco é que trabalhemos conteúdos que permanecem no passado e usamo-los para explicar o momento presente, e assim pouco explicaremos de fato. Haesbaert e Porto-Gonçalves (2006, p. 131) questionam se uma nova regionalização é possível:

> Nosso raciocínio foi construído [...] sob o pressuposto de que a ordem (territorial) mundial é na verdade, sempre, uma des-ordem, ou seja, caminha dialeticamente num processo concomitante de destruição e reconstrução de territórios – ou seja, num processo de desrreterritorialização.

Os autores, que na obra citada trabalham com a ideia de *des-ordem mundial* justamente por defenderem que "toda regionalização é historicamente datada [...], tem uma vigência temporalmente limitada" (HAESBAERT; PORTO-GONÇALVES, 2006, p. 135), fundamentam dessa forma esta relação de destruição e reconstrução[21]. Ao concordar com os autores, é necessário nos remetermos aos livros didáticos e percebermos que sua regionalização do espaço mundial explica um mundo que não existe mais.

Mais do que zonas de influência e critérios unicamente econômicos para uma nova regionalização do espaço mundial, é preciso considerar que atualmente o planeta "é um emaranhado de zonas, redes e 'aglomerados', espaços hegemônicos e contra hegemônicos que se cruzam de forma complexa" (HAESBAERT;

---

21   Os autores (des)constroem novos cenários econômicos, políticos, culturais e ambientais do século atual, considerando, entre outras coisas, a emergência de outros atores como os movimentos sociais, organizações não governamentais e outras territorialidades negadas, que alçam suas reivindicações ao plano mundial.

PORTO-GONÇALVES, 2006, p. 134). Da mesma forma, como afirma o geógrafo Douglas Santos, "a Geografia mundial e sua regionalização atualmente se faz em redes multitemáticas e menos em contiguidades territoriais e continentais". É com estas afirmações em mente que desenvolvemos o texto a seguir.

4. Uma proposta de abordagem da regionalização do espaço mundial

Apresentamos aqui uma possibilidade de reconsiderar algumas das características da Nova Ordem Mundial. Elencaremos diversos elementos que poderão auxiliar o leitor em novas leituras regionais do mundo, porém, antes de tudo, convém esclarecer qual o caminho a seguir. Como definir as problemáticas e os fenômenos sociais mais específicos que produzem a diversidade geográfica do mundo? E como regionalizá-las?

Para Haesbaert e Porto-Gonçalves (2006, p. 134) "a definição mais simples do que significa regionalização [...] é a mesma que afirma que regionalização consiste em encontrar partes num conjunto ou num todo"[22]. Os autores afirmam que há dois caminhos:

> Por um critério geral, instrumento a *priori* estabelecido pelo pesquisador e que atende aos objetivos de seu recorte temático [...]; geralmente, são privilegiados os sujeitos hegemônicos que exercem maior poder de influência sobre a organização regional [...];
> Por critérios forjados ao longo do trabalho empírico e que levam em conta, sobretudo, a percepção [...] e a ação "regionalizadora" concreta da multiplicidade de sujeitos que efetivamente constroem os espaços regionais (idem).

Desta forma, podemos identificar duas possibilidades de identificação de uma parcela relativamente coerente/coesa de um todo: uma "de cima", ligadas aos blocos internacionais, sejam geopolíticos ou econômicos; outra "de baixo", ligadas à percepção e ao espaço vivido que constroem espaços regionais. Com base neste entendimento, apresentamos alguns pontos de vista para refletirmos sobre outra regionalização do espaço mundial.

---

22 Aprofundando os conceitos de região e regionalização, nos apropriamos da discussão de Haesbaert (1999, p. 17): "(...) admitimos que regionalização é um processo amplo, instrumento de análise para o geógrafo em sua busca dos recortes mais coerentes que deem conta das diferenciações no espaço. Por outro lado, região, como conceito, envolve um rigor teórico que restringe seu significado, mas aprofunda seu poder explicativo". Assim, a região seria o conceito, a categoria de análise, enquanto que regionalização é o processo de identificação/construção de regiões.

4.1. Considerações sobre multipolaridade e policentrismo

A ideia de polos hegemônicos entrou pelo século XX marcado pelo contexto da Guerra Fria, no caso uma ordem mundial bipolar formada pelo bloco comunista, pelos países centrais capitalistas e sua periferia dependente. No entanto, em séculos anteriores, é possível identificar outras ordens mundiais com suas respectivas polaridades e centralidades. Se tomarmos, por exemplo, a ordem mundial definida pelo Tratado de Tordesilhas no século XV, perceberemos não apenas a partilha da América, mas de todo o mundo entre as duas potências da época: Portugal e Espanha. Entre os séculos XIX e início do XX, notamos a fase em que o Ocidente (leia--se potências europeias e Estados Unidos) atinge paulatinamente o ápice do plano imperialista, motivado sobretudo pelas revoluções industriais do período.

Apenas após as duas guerras mundiais o rearranjo das potências mundiais desemboca no período da Guerra Fria (1945-1989), em que se confundem rivalidades bélicas, sistemas socioeconômicos, motivações ideológicas e produção de tecnologia de ponta. Com o fim da Guerra Fria, num conjunto de processos históricos que tem como principais marcos a eleição de Gorbatchev e o lançamento da Glasnost e Perestroika na União Soviética, em 1985; a assinatura do Tratado de Forças Nucleares de Alcance Intermediário (INF), entre Reagan (EUA) e Gorbatchev (URSS), em 1987; a queda do Muro de Berlim – tomado simbolicamente com o fim da Guerra Fria – e não interferência soviética na Alemanha Oriental, em 1989, o mundo pode vislumbrar o que ficou conhecido como Nova Ordem Mundial. Somados aos eventos citados, apresentamos outros que, para a época, ajudaram a entender que o mundo estava em transição de uma ordem mundial para a outra: a Guerra do Golfo, em 1991, e a independência dos países bálticos (Estônia, Letônia e Lituânia) e a criação da Comunidade dos Estados Independentes (CEI), ambos em 1991, que tornavam o desmembramento da URSS inevitável. Com isso, acreditamos que o fim da bipolaridade se deu já em 1985, com mudanças de atitudes da superpotência socialista em relação à sua área de influência, mas principalmente nas relações exteriores com a superpotência rival.

Assim, entramos no período conhecido como Nova Ordem Mundial, normalmente apresentada como uma ordem multipolar, em que os critérios econômicos se tornam preponderantes, diferente da "velha" ordem mundial, em que as ideologias eram a principal motivação para a atuação no mundo. A cartografia deste período, reproduzida na quase totalidade dos livros didáticos de geografia, nos ensinava a nova composição regional do mundo: uma tríade de potências hegemônicas, formada pelos EUA, União Europeia e Japão, e suas respectivas áreas de influência, formadas pela América Latina, África e sul e sudeste asiático. É importante ressaltar a permanência dos EUA como a única superpotência, configurando de fato um mundo unimultipolar: uma superpotência hegemônica que mantém seu poder estratégico em escola global e as potências econômicas supracitadas que, apesar da influência em outras regiões do mundo, consolidam-se como centros de controle e domínio e não, como se tentou propagar, como centros irradiadores de desenvolvimento e "progresso".

4.2. A emergência de novas potências

Houve o tempo em que o G7[23] constituía um grupo cujas pretensões era dirigir assuntos globais. Formando uma aliança entre as potências mais ricas do planeta, o grupo se viu na necessidade de convidar a Rússia para preencher uma das cadeiras nas reuniões. A ex-república soviética é a herdeira do arsenal desenvolvido pela URSS durante a corrida armamentista da Guerra Fria e também do posto de membro permanente do Conselho de Segurança da ONU. Estrategicamente, e menos economicamente, a Rússia forçou a mudança de nomenclatura para G7 + Rússia, quando este país era apenas um observador, e depois definitivamente para G8.

O núcleo original do G8, diante de novas configurações de poder no mundo, entre elas a emergência de potências regionais e dos novos significados que estes novos atores impunham na globalização econômica, foi um dos primeiros a romper com a ideia de norte rico *versus* sul pobre. Atualmente, além dos países já citados, participam no grupo como países convidados: África do Sul, Arábia Saudita, Argentina, Austrália, Brasil, China, Coreia do Sul, Espanha, Índia, Indonésia, México, Países Baixos e Turquia.

A nova composição do G8 reflete claramente o aumento da importância de países do antigo terceiro mundo nas questões globais contemporâneas. Mesmo que se questione a efetividade da participação destes novos países, é inegável que a presença deles, ou mesmo a própria indicação de seus nomes, representem uma mudança de entendimento das novas questões mundiais, bastante marcadas pelas crises do capitalismo global, e que parte dos países do "norte".

Da mesma forma, o nome BRIC – as iniciais de Brasil, Rússia, Índia e China – que surgiu como um "apelido" para este grupo de países emergentes com forte crescimento econômico, busca se consolidar como um bloco ou uma aliança, institucionalizado ou não, que busca reorientar parte das decisões no âmbito mundial no que toca às trocas comerciais, influência monetária e outras questões estratégicas para a economia mundial. Recentemente, a sigla conta com um novo integrante: trata-se da África do Sul, que acrescenta a letra "S" (South Africa) aos BRICS, e faz jus à polarização e influência que este país possui na porção meridional do continente africano, sobretudo devido à sua condição de país economicamente mais desenvolvido do continente.

Reafirmamos que a presença cada vez maior desses países, tanto dos BRICS quando dos convidados ao G8, nas questões decisórias na escala mundial representam uma nova configuração e certa relativização do poder historicamente concentrado no "norte rico".

---

23 O G7 foi formado originalmente por Alemanha Ocidental (depois Alemanha), Canadá, Estados Unidos, Itália, França, Japão e Reino Unido.

4.3. Os questionamentos da periferia do sistema na Organização Mundial do Comércio (OMC)

A Organização Mundial do Comércio (OMC), criada em 1995, busca a intensificação das trocas comerciais e a regulação do setor no plano internacional. Na globalização neoliberal, as discussões nas rodadas de negociação buscavam associar desenvolvimento e livre comércio, o que a partir da rodada Doha, lançada em 2001, provou-se outra realidade.

Baseados no dogma de que as barreiras que dificultam as trocas comerciais também freiam o desenvolvimento, inúmeras instituições de apoio à globalização passaram a exigir de países endividados, sobretudo produtores agrícolas, que abrissem seus mercados para o capital internacional e praticassem o livre mercado. A grande questão era que este discurso se dirigia aos países mais pobres e/ou grandes produtores agrícolas, sem que os países industrializados pudessem oferecer alguma contrapartida, como o fim dos subsídios aos seus próprios agricultores, a eliminação de taxas aduaneiras e das cotas de importação para produtos agrícolas de países em desenvolvimento.

Durante a rodada Doha, cujo discurso oficial era o de promover o desenvolvimento para os países com expressiva exportação de produtos agrícolas, Estados Unidos e União Europeia ofereceram o fim dos subsídios agrícolas desde que os países em desenvolvimento facilitassem a entrada de seus produtos industrializados. Para os países que dependem das exportações de produtos agrícolas esta proposta torna-se inviável, pois além de sacrificar sua produção industrial interna, a troca é desigual uma vez que na economia do conjunto da União Europeia e na dos Estados Unidos a produção agrícola apresenta pouca relevância no PIB. Para os mais pobres, as exportações agrícolas representam a possibilidade de continuar existindo soberanamente.

Diante deste impasse, cuja desigualdade de condições nas negociações é gritante, diversos grupos de países se formam para contestar a associação entre livre comércio e desenvolvimento pregado pelos países ricos, em que os próprios se recusam a praticar. Assim, neste campo de batalha das alianças comerciais, apresentamos abaixo alguns grupos e o que defendem[24]:

- G90: aliança entre grupos de países menos avançados economicamente, incluindo os países africanos, caribenhos, do sudeste asiático e da Oceania, que temem perder acesso preferencial de seus produtos nos países desenvolvidos, como decorrência de uma queda muito acentuada das tarifas agrícolas;
- Grupo do algodão: formado por quatro países africanos produtores de algodão – Chade, Mali, Burkina Faso e Benin –luta contra o algodão subsidiado dos Estados Unidos;
- G20: formado por países exportadores de produtos alimentícios que propõe limites aos direitos de aduana máximos e sua flexibilização. Participam deste grupo a maior parte dos países da América do Sul, México, África do Sul, Nigéria, Egito, China, Indonésia, Índia, entre outros;

---

24 Informações organizadas a partir de Gresh (2011, p. 20-21).

- G33: formado por países em vias de desenvolvimento que defendem uma proteção da importação de produtos essenciais para a segurança alimentar e de mecanismos de salvaguardas especiais no caso de baixa dos preços de exportação ou altas na importação. Participam deste grupo principalmente países asiáticos, incluindo China e Índia, países africanos e sul-americanos, como Venezuela, Peru e Bolívia, entre outros;
- G11: países que resistem à uma diminuição das tarifas de importação de produtos industriais. Participam deste grupo países como Brasil, Argentina, Venezuela, Índia, Filipinas, Indonésia, Egito, Tunísia e África do Sul;
- Grupo de Cairns: países exportadores de produtos agrícolas que pretendem quebrar o protecionismo dos Estados Unidos e da União Europeia ao mesmo tempo em que buscam frear uma proteção exagerada de países em desenvolvimento. Países da América do Sul, entre eles Brasil, Argentina e Colômbia, Austrália e Nova Zelândia na Oceania, Indonésia, Paquistão e Tailândia na Ásia, além da África do Sul, integram este grupo.

Refletindo sobre o papel destes grupos no plano internacional, antes do papel contestatório visando interesses próprios, há uma significativa representatividade vinda dos países considerados periféricos. Do ponto de vista da regionalização do espaço mundial, poderíamos repensar a divisão internacional do trabalho sob a emergência de novos atores no jogo de forças das relações comerciais.

Não há dúvida quanto aos esforços de países ricos importadores de produtos alimentícios, além de Estados Unidos e União Europeia, que possuem altos níveis de subsídios agrícolas e são contra qualquer tipo de alterações neste plano. É o caso de Israel, Islândia, Suíça, Japão, Coreia do Sul, entre outros. No entanto, o que temos assistido nas discussões na OMC, independente do sucesso da empreitada e das afinidades, é a voz cada vez mais organizada de países que há pouco eram considerados passivos das decisões do centro do sistema.

4.4. Zonas de influência monetária e financiamentos alternativos

Nos momentos finais da Segunda Guerra Mundial, surge a ordem monetária internacional de Bretton Woods[25] que, dentre outras coisas, fora motivada pela necessidade de recuperação do capitalismo mundial. Então, em 1944, após a assinatura do acordo[26] pelos 44 países envolvidos nas conferências do local supracitado, criou-se uma série de regulamentações, procedimentos e instituições (dentre as quais o Fundo Monetário Internacional – FMI – e o Banco Internacional para a Reconstrução e Desenvolvimento – BIRD, de onde mais tarde surgiria o Banco Mundial).

---

25 O nome tem como referência o local da realização da conferência que visava o gerenciamento econômico internacional, sobretudo entre os países mais industrializados do mundo. Assim, a Conferência de Bretton Woods, ocorrida no estado norte-americano de New Hampshire e que teve a presença de 44 países, marcou a definição de regras para regular a política econômica internacional.

26 Bretton Woods Agreement.

As principais deliberações do Acordo de Bretton Woods promoviam o dólar estadunidense como o principal índice para as outras moedas, ou seja, obrigando-as a manter uma taxa de câmbio num determinado valor indexado ao dólar, que por sua vez mantinha sua convertibilidade em ouro. Assim se deu a consolidação do dólar estadunidense na escala mundial, sustentada por instituições financeiras e pelos 44 países signatários do acordo.

O sistema monetário de Bretton Woods chegou ao fim quando, na década de 1970, o governo dos Estados Unidos da América anulou unilateralmente a convertibilidade do dólar em ouro. De qualquer forma, o dólar já havia se consolidado como a moeda "padrão" de trocas comerciais e transações financeiras.

Alguma novidade no plano monetário internacional se dá com a criação e introdução do euro, no ano de 1999[27], tornando-se a moeda oficial de 11 países membros da União Europeia. Atualmente, é a moeda oficial de 17 países e conta com outros em vias de adentrar como membro da zona do euro. Além de elevar a integração europeia a outro patamar, o euro passa a rivalizar com o dólar e se torna a segunda moeda internacional mais importante. Diversos países reorientaram suas reservas de câmbio para o euro, em detrimento do dólar, porém sem abandoná-lo. Acrescentamos que em diversos países sua moeda oficial é indexada ao euro: este é o caso de países da costa oeste africana e do Golfo da Guiné, além daqueles que estão fora da zona do euro, porém ele pode ser usado em todas as transações (Andorra, Mônaco, San Marino e Vaticano).

A exemplo do euro, mas ainda sem a retaguarda de uma longa história como a da União Europeia, diversas iniciativas tem surgido no mundo possibilitando novos alinhamentos monetários. Apresentamos a seguir os principais grupos de interesses econômicos convergentes e que ambicionam uma moeda comum[28]:

- MERCOSUL: Mercado Comum do Sul;
- CEDEAO: Comunidade Econômica de Estados da África Ocidental[29];
- COMESA: Mercado Comum para a África Oriental e Austral;
- ANSEA: Associação de Nações do Sudeste Asiático.

Este fortalecimento regional, via unificação monetária, demonstra um novo entendimento em relação à supremacia do dólar ou do euro. Não é surpreendente que estas iniciativas tenham partido do "sul", pois neste caso a discussão está associada à autonomia frente às decisões internas das moedas de envergadura nacional. É preciso deixar claro que tratamos da autonomia regional na escala mundial, porém sabemos que na escala regional cada país cederá sua autonomia monetária – no sentido de soberania – tendo em vista a viabilização do bloco supranacional.

---

27 A implantação do Euro se deu em duas etapas. Após a adoção da moeda única pelo Tratado de Maastricht, em 1992, o Euro passou a substituir as moedas nacionais em 1999, porém passou a circular fisicamente apenas em 1º de janeiro de 2002.
28 Dados organizados por GRESH (op. cit.).
29 Sete membros desta comunidade possuem uma união monetária em que a moeda oficial é o Franco CFA (Comunidade Financeira Africana). Fonte: <http://www.ecowas.int/>. Acessado em 8 de maio de 2014.

Também acrescentamos neste tópico as possibilidades de financiamentos alternativos. Seguindo a lógica de supremacia dos países ricos e instituições sob seu controle, como o FMI e o Banco Mundial, os países pobres ou em desenvolvimento estariam inevitavelmente recorrendo às linhas de financiamento que ampliam suas dívidas, ao mesmo tempo em que favorece os grandes credores.

Podemos afirmar, hoje, que o Consenso de Washington[30] tende a ser abandonado, junto com sua ideologia neoliberal, como a solução para os países em desenvolvimento. Diversos críticos encontraram outro consenso: as reformas efetuadas sob as orientações/imposições do Consenso de Washington não alcançaram os resultados desejados, tanto na América Latina quando na Ásia.

Assim, diversos países buscaram outras soluções para que, numa nova crise do capitalismo, não voltassem a recorrer ao FMI e aos preceitos neoliberais vinculados aos empréstimos. Grupos de países, com nítidas guinadas à esquerda política, passam a questionar e se opor ao Consenso de Washington e ao FMI, além que criar acordos que permitem a colaboração entre si. A prosperidade divulgada pela ideologia neoliberal não chegou aos países que adotaram as recomendações do FMI, pelo menos para as classes mais pobres.

Da mesma forma que temos apresentado ao longo deste texto, novamente são os países do "sul" que se levantam e propõe soluções negociadas sem a interferência dos países e ricos e, em alguns casos, contra estes. Listamos abaixo algumas iniciativas[31]:

- ALBA – Aliança Bolivariana para os Povos de Nossa América: formado em dezembro de 2004, trata-se de um acordo de cooperação econômica, social e científica. Inicialmente formado por Venezuela, Cuba e Bolívia, outros 5 países aderiram ao bloco, a maioria da América Central;
- Banco do Sul: formado em dezembro de 2007, surgiu como um banco de empréstimos e ajuda mútua como opção alternativa às instituições tradicionais como o FMI e o Banco Mundial. Há a predominância de países da América do Sul;
- Petrocaribe: formado em junho de 2005, é uma aliança entre a Venezuela e países caribenhos que permite a compra de petróleo a preços inferiores aos de mercado;
- Acordos de Chiang Mai: desde fevereiro de 2003 permite a colaboração financeira entre bancos centrais em casos de crises do capitalismo mundial. Inclui países do extremo oriente e do sudeste asiático.

---

30 Na década de 1990, o FMI passou a orientar os países em desenvolvimento a seguir regras de ajustamento macroeconômico como meio de acelerar o desenvolvimento. Dentre elas, citamos a privatização das estatais, a redução dos gastos públicos, a abertura comercial e a desregulamentação da economia e das leis trabalhistas.
31 Dados organizados por Gresch (op. cit., p. 32-33).

Ao apontar estas iniciativas, por mais ambiciosas que possam parecer, percebemos algumas mudanças nas regras do jogo. O fortalecimento dos países do "sul", intra e extra regionalmente, parece abandonar a ideia de um domínio eterno dos países ricos e a passividade e submissão inevitáveis dos países pobres e em desenvolvimento. Assim, um novo mapa regional do mundo poderá ser construído, que abandone velhos argumentos e considere estas novas realidades do século XXI.

5. Considerações finais

A gestação do novo, na história, dá-se, frequentemente, de modo quase imperceptível para os contemporâneos, já que suas sementes começam a se impor quando ainda o velho é quantitativamente dominante. É exatamente por isso que a 'qualidade' do novo pode passar despercebida. Mas a história se caracteriza como uma sucessão ininterrupta de épocas. Essa ideia de movimento e mudança é inerente à evolução da humanidade. É dessa forma que os períodos nascem, amadurecem e morrem.(SANTOS,2009, p. 141)

Retomando as questões elaboradas no início do texto, perguntamos novamente: afinal, por que dividir o mundo em regiões é fundamental para o ensino de geografia do espaço mundial? O que buscamos com a regionalização do mundo na sala de aula?

Em resposta, acreditamos que, primeiro, são conteúdos fascinantes do ensino de geografia e, segundo, que pensar o mundo oferece desafios teóricos e práticos para professores e alunos. Criar vínculos com diversos lugares do planeta por meio do ensino de geografia e assim ampliar a concepção de mundo, inclusive o próprio, por si só estabelece a importância destes conteúdos. Os desafios de relacionar estes conteúdos com o cotidiano dos alunos é fundamental para que eles estabeleçam relações com o mundo e com partes dele. A partir do estudo da regionalização do espaço mundial, há o convite para pensar as diferentes escalas de análise e os temas que organizam geograficamente o mundo. Assim, compreender que não há conflitos, processos, fenômenos, etc., sem seu devido contexto é fundamental para a leitura de mundo. E realizar uma leitura crítica do mundo, apesar da tarefa árdua, trará a gratificante recompensa de decidirmos conscientemente nossos planos para o futuro que queremos, tomando as rédeas do destino coletivo da sociedade, não importa em qual escala.

Neste ínterim, a regionalização do espaço mundial é um dos caminhos a seguir, entendo os diversos contextos e escalas que se entrecruzam e nos ajudam a entender a realidade. Para tanto, o que precisamos é que o ensino de geografia traga mais controvérsias, ou seja, gere mais perguntas que respostas, e que estas perguntas possam incentivar as mentes curiosas pela busca do conhecimento e para pensar geograficamente o mundo.

Daí vem a principal crítica aos livros didáticos de geografia, pois como escreve Choppin (2004, p. 557): "toda controvérsia é deliberadamente eliminada da literatura escolar". Ao concordar com Castellar e Vilhena (2011), entendemos que os livros didáticos deveriam ser um meio para o processo de ensino-aprendizagem e um recurso didático dentre outros possíveis. Quando o planejamento do professor é necessariamente pautado pelas coleções didáticas, nossa crítica também se estende a este profissional. Para ilustrar, parafraseamos Dias (2009, p. 14),

> Os livros didáticos constituem-se como divulgadores de conteúdos com longo raio de alcance, sendo que seus autores assumem como verdade aquilo que nem sempre está claro ou que possui diferentes formas de tratamento e fontes diversas. É evidente que não se busca a verdade como sinônimo de imparcialidade, mas a carência de criticidade no tratamento de determinados conteúdos, ou pelo menos do levantamento de uma discussão mais aprofundada, é patente. Dessa forma, os livros dão a impressão de que algumas coisas "são e sempre foram assim", principalmente para a massa de professores e alunos que têm acesso a eles.

Para o tema em questão – regionalização do espaço mundial – a ideia de que as coisas "sempre foram assim" é duplamente perigosa. Primeiro porque não se forma o cidadão crítico, sujeito de sua própria história e que se organizará politicamente para reivindicar um mundo melhor. Segundo, os livros pouco dialogam com as questões locais e do cotidiano do aluno, o que é compreensível porque as publicações didáticas possuem alcance nacional, e assim é preciso que o professor seja o principal elo que construirá esta ponte, porém, quando o que vale é o que está no livro didático apenas, descartamos as chances de uma formação que se deseja, citada na primeira parte deste parágrafo. Quando o que está em jogo é se posicionar no mundo e entender os diversos discursos que explica quem somos e onde estamos, o ensino de geografia poderá contribuir sobremaneira para o sucesso da empreitada. Vejamos.

Durante muito tempo, a dependência política e econômica obscureceu outros caminhos para os países da periferia do sistema capitalista. A interferência em assuntos internos, as pressões econômicas e comerciais, a possibilidade de ações militares ou o patrocínio de golpes de estado para a implantação de ditaduras, sempre assombraram os governos que tendiam a se opor ao presépio montado pelas potências mundiais. O discurso é tão bem montado e os argumentos são tão convincentes que aderimos sem muita crítica ao "fim da história". Como dissemos, é o perigo de acreditar que outro mundo *não* é possível. Santos (2009, p. 153-154) pontua esta questão:

> Uma coisa parece certa: as mudanças a serem introduzidas, no sentido de alcançarmos um outra globalização, não virão do centro do sistema, como em outras fases de ruptura na marcha do capitalismo. As mudanças sairão dos países subdesenvolvidos. É previsível que o sistemismo sobre o qual trabalha

> a globalização atual erga-se como um obstáculo e torne difícil a manifestação da vontade de desengajamento. Mas não impedirá que cada país elabore, a partir de características próprias, modelos alternativos, nem tampouco proibirá que associações de tipo horizontal se deem entre países vizinhos igualmente hegemonizados, atribuindo nova feição aos blocos regionais e ultrapassando a etapa das relações meramente comerciais para alcançar um estágio mais elevado de cooperação. Então, uma globalização constituída de baixo para cima, em que a busca de classificação entre potências deixe de ser uma meta, poderá permitir que preocupações de ordem social, cultural e moral possam prevalecer.

Esta longa citação tem sua razão de ser neste momento. Ela norteou todo nosso entendimento acerca das argumentações para uma regionalização do espaço mundial para o século XXI. Assim foi quando apontamos a emergência de novas potências e a reconfiguração do que se entende por multipolaridade, acarretando na inclusão de países do mundo em desenvolvimento em grupos de poder decisório nas questões mundiais, ou a formação, por eles próprios, de alianças independentes dos países "centrais". O mesmo se deu quando destacamos diversos grupos de países que regionalmente lutam contra as injustiças no comércio internacional, como os subsídios agrícolas de países ricos, e que ano após ano inviabilizam o desfecho da rodada Doha da OMC. Encontramos as argumentações de Milton Santos quando observamos a decadência do Consenso de Washington e as alternativas de financiamento e a criação (ou a intenção) de unidades monetárias regionais.

Desta forma, buscamos uma revisão do padrão regional do mundo, típico da Nova Ordem Mundial, ressaltando os esforços dos países do "sul" em integrar-se regionalmente e favorecer as relações sul-sul. Com a tomada de consciência de que os contextos mundiais são outros, pouco a pouco poderemos apresentar outra regionalização do mundo, na qual os países em desenvolvimento não apareçam tão subordinados e vítimas das elites dos países desenvolvidos.

REFERÊNCIAS

CASTELLAR, Sonia M. V.; VILHENA, Jerusa. **Ensino de Geografia**. São Paulo: Cengage Learning, 2011.

CHOPPIN, Alain. **História dos livros e das edições didáticas**: sobre o estado daarte. São Paulo: Educação e Pesquisa, v. 30, nº 3, 2004.

DIAS, Wagner da Silva. **A ideia de América Latina nos livros didáticos de geografia**. Dissertação (Mestrado em Geografia Humana) – Faculdade de Filosofia, Letras e Ciências Humanas, Universidade de São Paulo, São Paulo, 2009.

FERRACINI, Rosemberg Aparecido Lopes. **A África e suas representações no(s) livro(s) escolar(es) de Geografia no Brasil - 1890-2003. 2012**. Tese (Doutorado em Geografia Humana) - Faculdade de Filosofia, Letras e Ciências Humanas, Universidade de São Paulo, São Paulo, 2012.

GRESH, Alain et all. **El Atlas de Le Monde Diplomatique III**. Buenos Aires: Capital Intelectual, 2011.

HAESBAERT, Rogerio. **O mito da desterritorialização**: do "fim dos territórios" à multiterritorialidade. Rio de Janeiro: Bertrand Brasil, 1999.

HAESBAERT, Rogerio; PORTO-GONÇALVES, Carlos W. **A nova des-ordem mundial**. São Paulo: Editora UNESP, 2006.

LE SANN, J. **A geografia no ensino fundamental I:** o papel da cartografia e das novas linguagens. In: CAVALCANTI, L. S; BUENO, M. A.; SOUZA, V. C. (orgs). Produção doconhecimento e pesquisa no ensino de geografia. Goiânia: Ed. da PUC Goiás, 2011.

RUA, João. **Em busca da autonomia e da construção do conhecimento:** o professor de geografia e o livro didático. Dissertação de mestrado, São Paulo,FFLCH/USP, 1992.

SANTOS, Milton. **Por uma outra globalização**: do pensamento único à consciência universal. Rio de Janeiro: Record, 2009.

BRASIL E ÁFRICA:
na Geografia Regional Escolar

Rosemberg Ferracini[32]

Para Catarina

Aos núbios e aos egípcios, como civilizações que contribuíram decisivamente para o desenvolvimento da humanidade; – às civilizações e organizações políticas pré-coloniais, como **os reinos do Mali, do Congo e do Zimbabwe**; – ao **tráfico e à escravidão do ponto de vista dos escravizados**; – ao papel de europeus, de asiáticos e também de africanos no tráfico; – **à ocupação colonial na perspectiva dos africanos**; – às lutas pela independência política dos países africanos; – às ações em prol da união africana em nossos dias, bem como o papel da União Africana, para tanto; – às relações entre as culturas e as histórias dos povos do continente africano e os da diáspora; – à formação compulsória da diáspora, vida e existência cultural e histórica dos africanos e seus descendentes fora da África; – à diversidade da diáspora, hoje, nas Américas, Caribe, Europa, Ásia; – **aos acordos políticos, econômicos, educacionais e culturais entre África, Brasil e outros países da diáspora** (MEC/SEPPIR, 2004, p. 22, grifo nosso).

Introdução

Inspirado no fragmento da Lei nº 10.639/03, promovida pelo Ministério da Educação e Cultura do Brasil (MEC) e pela Secretaria Especial de Políticas de Promoção de Igualdade Racial (SEPPIR), nosso artigo buscará trazer algumas possibilidades de abordagens da presença da África na Geografia escolar, dentro do processo de ensino e aprendizagem. Pois foi baseado no documento do (SEPPIR) que assumimos e defendemos a importância desse debate, a África na Geografia escolar, Ferracini (2012). Pois compete a nós discutirmos essa temática na formação de professores de Geografia.

Para esse exercício iniciamos nosso diálogo com o leitor com algumas perguntas: Qual é o papel da China no desenvolvimento de infraestruturas na África? Como vem sendo estabelecidas as relações políticas, econômicas e culturas China-África para a integração regional da SADC? Qual é o papel do Brasil com as novas relações comerciais, políticas e culturais?

---

32 Professor universitário de Metodologia e Pratica de Ensino em Geografia e Pedagogia. Recebeu em 1ª lugar no Fórum África 2012, promovido pelo Centro de Estudos Africano -CEA- Universidade de São Paulo / USP, recebendo o Prêmio Kabengele Munanga, com o trabalho "A África na Geografia Escolar."

Percebe-se que os temas acima possuem diretrizes, princípios e desdobramentos que podem vir a ser tratados por diferentes disciplinas escolares, o que não nos convida a propor e desenvolver uma leitura geográfica a respeito. Escolhemos e sublinhamos em negrito algumas partes do fragmento citado acima pelo MEC/SEPPIR (2004, p. 22), em que podemos fazer diferentes exercícios na Geografia escolar quando escrevemos a respeito da população, da paisagem, escravidão, sobre acordos diplomáticos, de fronteiras, de diásporas e de independências políticas, nos remetendo a uma Geografia de leitura nacional ou pós-colonial. Considerando que existem outras possibilidades além daquelas em negrito, buscaremos nos ater nesses elementos postos em evidência em nossa abordagem. Para tal, começaremos em uma análise das 'relações políticas, econômicas e culturais do Brasil-África nos últimos 10 anos', que se comunica com o fortalecimento do "Bloco Econômico SADC", *Comunidade para o Desenvolvimento da África Austral* a qual foi fruto do "Nacionalismo Africano". Acreditamos que os tópicos anteriormente mencionados ajudam a compreender melhor outros conteúdos como os "Movimentos Nacionalistas Africanos", que se relaciona com o que estamos chamando do fortalecimento de uma nova geografia regional entre Brasil, alguns países do Continente Africano e China. Tema a ser discutido em sala de aula, a respeito desse processo de ensino e aprendizagem nos cursos de formação e na grade curricular das licenciaturas.

1. África, Brasil e as Reaproximações

As (re)aproximações entre o Brasil e o Continente Africano podem ser tratadas na disciplina escolar da Geografia pelo viés da política com as 'políticas territoriais', da economia via 'transações econômicas', e pela cultura com as trocas humanas 'África'-Brasil'. Três diferentes interpretações geográficas que nos conduzem à necessidade de reformular e pensar o processo de ensino e aprendizagem a respeito desse continente.

Nos últimos dez anos ocorreram mudanças internas e externas ao território brasileiro e ao Continente Africano e que tiveram como objetivos ampliar as relações entre o Brasil e a África. A primeira delas se deu no campo da educação, quando em 10 de janeiro de 2003 o governo federal sancionou a Lei nº 10.639/03-MEC, que altera a LDB (Lei de Diretrizes e Bases), e estabelecendo as Diretrizes Curriculares para a implementação da obrigatoriedade do ensino da História da África e dos africanos no currículo escolar do ensino fundamental e médio. Posteriormente, em 21 de março do mesmo ano, criou-se a Secretaria Especial de Políticas de Promoção de Igualdade Racial (SEPPIR). Outro exemplo foi a inauguração do Museu Afro-Brasil em São Paulo, no dia 23 de outubro de 2004. Opinamos que a Lei nº 10.639/03-MEC/SEPPIR, presente no processo de ensino e aprendizagem escolar, faz parte de um plano maior que chamamos de um *Projeto Político Pedagógico - PPP -*. Essa PPP se compõe de um conjunto de metas, uma das quais é a que nos interessa aqui, a saber, desconstruir as categorizações impostas historicamente a respeito da África, seja do seu território como de seu conjunto humano, a população autóctone. Estamos considerando como *Projeto Político Pedagógico* aquele que Veiga (1998) chama de organização do trabalho pedagógico que esteja vinculado a uma nova visão de mundo daqueles que nos rodeiam. A proposta do MEC/SEPPIR vem para contribuir para demais ações no campo do ensino, seja pelos materiais escolares, dos paradidáticos ou das mídias tecnológicas que possibilitem mudar o olhar não só da África no Brasil, mas de repensarmos o lugar da África no mundo. Como já escrevi anteriormente, Ferracini (2012), entendemos que esses conjuntos de ações vieram para fortalecer a política de valorização da cultura África-Brasil até então ausente nos manuais escolares, nos cursos de formação de professores e nas salas de aulas das escolas.

A nosso ver, seguindo essa proposta geopolítica educacional foi que demais ações governamentais entraram em cena. Assim, as estratégias geoeconômicas que ocorreram nesses últimos dez anos, o *"Projeto de cooperação Sul-Sul"*, por exemplo, formando uma integração regional entre o Brasil e países africanos. Em discurso presidencial o governo brasileiro afirmou que sua proposta era criar uma "nova geografia política e econômica mundial", com objetivo de reatar a aliança política e econômica, reforçando os antigos laços históricos e culturais com as duas margens continentais do Atlântico. Uma identidade histórica e geográfica que não pode ficar ausente das conversas em sala de aula e que fortalece o ensino e aprendizagem a respeito do Brasil e do Continente Africano.

Nos últimos 10 anos, as proximidades entre Brasil e África cresceram em diferentes aspectos, como por exemplo, a abertura de novas representações diplomáticas, sendo o Brasil o país latino-americano com o maior número de embaixadas na África. Até o ano de 2002, o Brasil tinha 16 delas na África, nas cidades de Pretória, Luanda, Argel, Praia, Abidjan, Libreville, Acra, Bissau, Trípoli, Rabat, Maputo, Lagos, Nairóbi, Dacar, Túnis e Harare. Foram 33 viagens presidenciais ao continente, com a criação de 19 outras embaixadas. Hoje, no total, são 38 representações brasileiras na África, ficando atrás apenas da China, Estados Unidos e Rússia, havendo projetos de cooperação técnica em 40 países do continente. A implantação de representações brasileiras no Continente Africano pode vir a ser analisada articuladamente buscando aprofundar as possibilidades de laços políticos, empresariais e educacionais, como veremos *a posteriori*.

Diversas outras políticas territoriais foram implementadas na África e no Brasil seja de caráter econômico, técnico, cultural, científico e tecnológico com os países africanos, bem como nas trocas comerciais, e demais acordos[33]. Por exemplo, a criação da Cúpula América do Sul-África (ASA); a instalação de um escritório da Empresa Brasileira de Pesquisa Agropecuária (EMBRAPA) em Gana, sendo 18 projetos na África Ocidental, 18 projetos na África Oriental e 03

---

33 No ano de 2003 foi realizado o "Fórum Brasil-África: Política, Cooperação e Comércio", que teve como objetivo criar um espaço para a discussão de temas relevantes para a aproximação das relações do Brasil com o continente africano, com ênfase em três áreas: política e questões sociais; economia e comércio; e educação e cultura.

na África Central[34]; na área da saúde foram firmados 53 atos bilaterais de cooperação com 22 países; a implementação do projeto "Fortalecimento das Ações de combate ao HIV/AIDS" que foi firmado com Quênia, São Tomé e Príncipe, Botsuana e Zâmbia. Um elemento de grande importância foi construção do Escritório Regional para África da Fundação Oswaldo Cruz (FIOCRUZ) em Maputo, com a presença da fábrica de antirretrovirais em Moçambique e de demais Centros de Formação Profissional nos países de língua portuguesa; de uma fazenda-modelo para a produção de algodão no Mali. Um exemplo no campo da educação formal foi a Universidade da Integração Internacional da Lusofonia Afro-Brasileira (UNILAB), sendo esta com metade das vagas para alunos africanos, com sua sede em Redenção, Ceará, e a abertura do leitorado de língua e literatura brasileira no Camarões (que facilitou para que o mesmo se realizasse no Mali e Zâmbia).

Entre outras iniciativas políticas houve a participação do Brasil em diversas atividades que envolvesse o continente africano como a presença do ministro da Cultura em 2004 na I Conferência de Intelectuais da África e da Diáspora (CIAD), que teve como foco discutir os problemas contemporâneos e a relação África--Brasil. Como resultado ficou o compromisso do governo brasileiro de criar o "Centro Internacional da África e da Diáspora", e promover as trocas culturais afro-latino, através de iniciativas como o "Observatório Afro-Latino" e o I e II "Encontro Ibero-americano de Ministros da Cultura para a Agenda Afrodescendente nas Américas". Essas discussões acadêmicas deram origem à "Declaração de Cartagena" - agenda afro-descendente nas Américas. Em julho de 2009 na Líbia, a representação brasileira foi a primeira a discursar como orador convidado em uma cúpula africana, na abertura da XIII Cúpula de Chefes de Estado e de Governo da União Africana (UA), onde foram assinados três acordos complementares à Cooperação Técnica entre o Brasil e a União Africana, para a realização de projetos nas áreas de desenvolvimento sustentável da cadeia do algodão nos países da África e desenvolvimento social, agricultura e pesca. Percebe-se que a presença presidencial estava ligada ao fortalecimento dos laços econômicos como também em fortalecer traços da cultura africana reconstruída no Brasil.

Outro exemplo, unindo interesses econômicos com estratégias geopolíticas no campo da educação, foram os acordos econômicos firmando a colaboração do Brasil com a África na área científica. Em 2004, em coordenação com o Ministério das Relações Exteriores,o Ministério da Ciência e Tecnologia fez o lançamento do "Programa de Cooperação Temática em Matéria de Ciência e Tecnologia" (PROÁFRICA) para financiamento de pesquisas conjuntas com pesquisadores africanos, a parceria com o Conselho Nacional de Desenvolvimento Científico e Tecnológico (CNPq) e a Coordenação de Aperfeiçoamento de Pessoal de Nível Superior (CAPES), para o financiamento do Programa de Estudantes-Convênio

---

34   A Embrapa possui projetos cooperativos em agricultura visando a capacitação e realização de ações conjuntas com países africanos, com foco na transferência de tecnologias, mediante o compartilhamento de conhecimentos e de experiências no campo do desenvolvimento tecnológico da agropecuária, agrofloresta e meio ambiente junto a Angola, Argélia, Cabo Verde, Camarões, Guiné-Bissau, Moçambique, São Tomé e Príncipe,Senegal, Tanzânia e Tunísia.

de Pós-Graduação, fornecendo bolsas de estudo de pós-graduação (mestrado e doutorado) para estudantes africanos.

Também podemos citar a data 25 de maio de 2013, quando o Brasil esteve em Adis Adeba, na Etiópia, onde participou das comemorações do aniversário de 50 anos da União Africana que reúne 54 países. O tema dos 50 anos é o Pan-africanismo e o Renascimento africano. A delegação brasileira foi a única a levar um Chefe de Estado nas celebrações dentre os países da América Latina. A presidente teve reuniões de caráter político, econômico e cultural com o primeiro-ministro da Etiópia, Hailemariam Desalegn, que tem interesse nos programas de desenvolvimento agrícola, de transferência de renda e de educação implementados no Brasil.

Em pronunciamento, o Brasil declarou que irá perdoar ou rever a dívida de 12 países africanos: Costa do Marfim, Gabão, Guiné, Guiné Bissau, Mauritânia, República Democrática do Congo, Congo, São Tomé e Príncipe, Senegal, Sudão, Tanzânia e Zâmbia. Seguramente, o indulto brasileiro tem como projeto a aproximação das empresas brasileiras em novas relações comerciais, realçando os antigos laços políticos com países de décadas passadas, mas também seguramente visando a geopolítica educacional.

Recentemente, no último dia 30 de junho e 1º de julho de 2013, ocorreu na sede da União Africana encontro de alto nível, *"Novos enfoques unificados para acabar a fome na África"*, organizado pela UA e FAO, onde o Brasil defendeu que a presença brasileira no continente africano seja diferente daquela adotada pelos chineses, europeus e americanos colonialistas. A reunião teve como objetivo debater a segurança alimentar, a erradicação da fome e a desnutrição na África. Para os chefes africanos foi necessário saber as estratégias utilizadas pelo o governo do Brasil no combate à fome e acesso à educação. Diretrizes que podem nortear projetos similares em andamento nos países africanos. Com esse fim, foram discutidos um conjunto de medidas, princípios e políticas com foco em estratégias que subsidiassem os planos nacionais e regionais de investimento do programa 'Introduzindo o Programa Compreensivo para o Desenvolvimento da Agricultura em África' – CAADP. Sua meta é propor estratégias específicas sobre o tema de segurança alimentar e do desenvolvimento social, visando apoiar os países africanos a implementar novas experiências bem-sucedidas no Brasil. Vejamos outros exemplos da construção regional africana no próximo tópico.

2. A SADC nos dia de hoje

No dia 10 agosto de 2012 ocorreu em Maputo, capital de Moçambique, uma Conferência para pensar a atuação geopolítica da SADC e seu desenvolvimento estratégico. Na pauta tratada, alguns pontos foram ressaltados: Política, Defesa e Segurança; Integração Econômica, Recursos naturais e Meio Ambiente; O desenvolvimento Social e Humano e Áreas transversais como gênero, HIV/Aids e Meio Ambiente.

No tange às questões de *Integração Econômica* da SADC, foi levantado alguns pontos, como um Mercado Comum em 2015; uma União Monetária em 2016; a União Africana, para criar uma zona de comércio livre continental até 2017; e a introdução de uma Moeda Única em 2018. Esse plano completaria o processo da criação da União Econômica da SADC.

Os membros da SADC iniciaram negociações juntamente com os demais Estados da Comunidade da África Oriental (EAC) e do Mercado Comum da África Oriental e Austral (COMESA), no sentido de criar uma Zona de Comércio Livre Tripartida (T-FTA). Para com os compromissos relativos à Integração Econômica, a SADC estabeleceu a meta de criar uma Zona de Comércio que se enquadre nas regras da Organização Econômica Mundial do Comércio, a fim de atender o mercado interno, como o tema das barreiras internas, a liberalização do comércio intrarregional, de bens e serviços, ao alcance das normas de qualidade, e as diferentes estruturas industriais, além e buscar uma integração global. O ideal seria usar o mercado regional para alcançar o mercado mundial, permitindo que as empresas locais cresçam e se desenvolvam. Para alcançar a soberania e os interesses nacionais dos Estados envolvidos, foi proposta a criação de instituições políticas conjuntas. Esse desenvolvimento é um dos temas elencados a respeito das relações África e China.

No caso da China, desde 2000 a política chinesa de 'tornar-se global' aumentou investimentos e o comércio na África através das Empresas Estatais Chinesas (SOEs) que operam no continente. Em 2011, as relações comerciais entre a China e África atingiram US$ 160 bilhões. Em julho de 2012, ocorreu o V Fórum de Cooperação China-África (FOCAC) em Pequim, criado em outubro de 2000, que constitui uma plataforma para os dirigentes Africanos e Chineses fortalecerem as relações da China com os países Africanos. O FOCAC é continuidade da agenda política do governo central da China para África, que visa solidificar os laços econômicos, políticos e diplomáticos. A agenda foi fortemente estruturada através dos ministérios (Ministério dos Negócios Estrangeiros e Ministério do Comércio,) e instituições financeiras (China Exim Bank, Banco de Desenvolvimento da China e o Fundo de Desenvolvimento China-África), com vista a incrementar o comércio, investimentos e assistência. A China hoje é o maior parceiro comercial da África. Mais de 2.000 empresas chinesas (SOEs, empresas mistas, empresas privadas e pequenas e médias empresas) estabeleceram negócios no continente africano. A respeito dessa relação econômica podemos levantar algumas questões como: Qual é o papel da China no desenvolvimento de infraestruturas na África? Que implicações terão os investimentos chineses no comércio regional na agricultura, emprego e transferência de conhecimentos? Perguntas que levam a novas inquietações. Acreditamos que a SADC tem um forte papel na integração regional via população, e não apenas governos. Ela necessita, portanto, de um processo totalmente participativo, que envolva todos os cidadãos. Isso não significa negar o papel dos governos, ao contrário esses são cruciais para garantir a liderança e a dinâmica política para seus habitantes.

No que diz respeito a *Paz, Segurança e Boa Governança*,foi discutido a cooperação entre os Estados-membros da SADC para tratarem a respeito dos desafios de segurança, sobretudo de pirataria marítima (nos Estados costeiros e insulares); crime organizado; e as questões de como melhor utilizar os recursos econômicos recém-descobertos em benefício da população, evitando a divisão ou monopólios ocorridos recentemente em algumas regiões da África.

Essa segurança e os interesses locais podem gerar conflito com as partes envolvidas, como, por exemplo, com a África do Sul,que é considerada como uma potência hegemônica devido às suas relações de interdependência assimétrica com o restante dos países. Essa superioridade pode ser considerada uma potencial ameaça à segurança de outro. A África do Sul controla a região em várias áreas de interação, incluindo a economia (tamanho; comércio e investimento; infraestruturas), e militar. Vejamos alguns dados a respeito da África do Sul:

A África do Sul tem investido cada vez mais nos países pertencente à SADC. Isso se deve ao fato de possuir uma economia três vezes maior que o restante da região no seu todo e 12 vezes maior que a segunda maior economia da região.

Joanesburgo é uma cidade internacional com um aeroporto de grande nível. Gauteng, o coração da economia do país, possui uma infraestrutura de quem sediou o Campeonato Mundial de Futebol da FIFA em 2010. A África do Sul possui aproximadamente metade das vias rodoviárias asfaltadas e ferroviárias, os 7 maiores portos dos 19 existentes na região, e quase um monopólio de telefones e computadores ou servidores centrais naregião, sendo a 25º no mundo.

A África do Sul possui a 2º maior força militar na região e é capaz de investir quase o mesmo no seu exército que o restante da região junto. Para além de uma grande capacidade de industrial de armamento. Entre os anos de 2002 e 2009, adquiriu uma grande frota de jatos, helicópteros, embarcações e submarinos.

No caso da Saúde, alguns fatores devem ser levados em consideração, como os índices mortalidade infantil,que registraram um declínio na maioria dos Estados Membros da SADC entre 1980 e 2005, e as taxas de alfabetização de adultos aumentaram em todos eles, além de que a esperança da vida decresceu na maioria dos países, à exceção de Angola, devido ao impacto do HIV/Aids. O índice do desenvolvimento humano e o índice do desenvolvimento humano na perspectiva do gênero aumentaram em alguns Estados-membros.

Um dos principais desafios que levam a mortalidade de crianças é a falta de recursos financeiros e materiais suficientes, como a falta de profissionais capacitados,a má alimentação, o acesso inadequado à água potável e ao saneamento. Os conflitos civis e a epidemia do HIV/Aids dificultaram também a redução suficientemente dessas taxas. Os países membros da SADC deverão tomar medidas para aumentar os recursos relacionados às atividades da saúde infantil, a capacitação de novos profissionais da saúde, ao combate à propagação de doenças, a melhoria da nutrição, na redução da pobreza e melhor acesso à água potável e ao saneamento básico.

Tais desafios também se colocam em relação à saúde da mulher que não possui condições para fazerem partos seguros devido à falta de recursos humanos e estruturais. Tal carência acarreta as altas taxas de mortalidade feminina. O combate à mortalidade materna exige o aumento do número de profissionais da saúde qualificados, através de formação e da criação de centros de saúde. A luta contra a mortalidade materna deve também estar ligada à prevenção da infecção do HIV.

Em se tratando da temática Ambiental, a maioria dos Estados-membros da SADC aumentaram a proporção da sua população com acesso a uma fonte de água e saneamento melhorados. Os desafios são: o fim da degradação dos recursos hídricos; cobertura inadequada de serviços; facilidade de acesso à água, que faz parte da explosão demográfica; políticas para higiene e saneamento; o tema das alterações climáticas; desenvolver um sistema de controle da poluição; melhorar o acesso sustentável ao abastecimento da água e saneamento nas zonas urbanas, nas periferias e zonas rurais através da criação de sistemas de abastecimento da água e saneamento e demais medidas que levem ao bem-estar econômico e humano. Resumidamente apresentamos a função econômica de alguns países membros da SADC:

África do Sul: Finanças e investimentos;
Angola: Comissão de Energia;
Botsuana: Investigação Agrária e produção animal e controle de doenças de animais;
Lesoto: Conservação da água e solo e utilização da terra e turismo;
Malauí: Pesca, área florestal e vida selvagem;
Moçambique: Cultura, informação, esportes, comissão de transportes e comunicação;
Namíbia: Pesca;
Suazilândia: Desenvolvimento de Recursos Humanos;
Tanzânia: Indústria e comércio;
Zâmbia: Emprego, trabalho e mineração;
Zimbábue: Produção agrícola, alimentação, recursos agrícolas e naturais.

Vejamos no mapa abaixo os membros da SADC

ÁFRICA

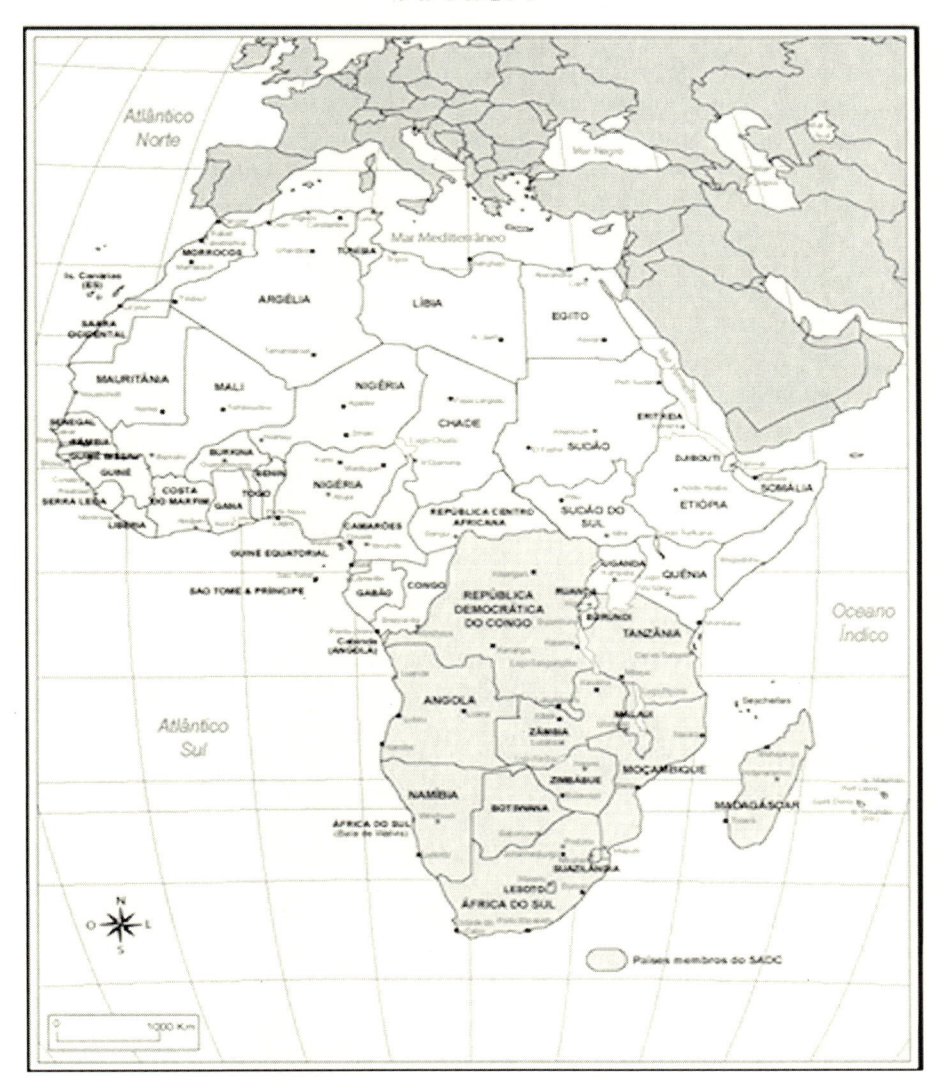

3. Por Uma Geografia Regional Escolar

A criação da SADC no Continente Africano faz parte de um processo ao qual estamos denominando de uma nova Geografia Regional. A SADC é fruto de uma construção da união de um conjunto de organizações políticas, estudantis e dos novos líderes africanos. O objetivo era unir o continente ao sistema internacional, por meio de uma integração e cooperação dos estados, via projetos de interesses econômicos e políticos em comum. Destacamos alguns pontos nessa construção geopolítica e que a nosso ver não podem continuar ausentes dos textos didáticos e debates escolares e dos bancos das salas de aula.

O objetivo dos novos líderes africanos era de unir o continente ao sistema internacional, por meio da organização regional dos estados, via projetos de integração. Foram diversos os projetos que buscavam organizar o pensamento da população africana, tendo como enfoque o passado e, nele, as raízes de uma identidade territorial dispersada, negada e roída pelo colonialismo.

O especialista em historiografia da África, Fage (2010, p. 20-21) escreveu que a revista *Présence Africaine* teve como meta difundir teorias e temas da África descolonizada, além da desmistificação dos mitos e preconceitos, obtendo para isso a ajuda da UNESCO e realizando simpósios para debater com pesquisadores africanos e não africanos o tema dos povos e o continente africano. E foi com passar dos anos que se deu a fundação de centros universitários na Costa do Ouro e na Nigéria, a transformação do Gordon College de Cartum e do Makerere College de Kampala, a Universidade. Também foram fundadas a Universidade de Letras em Dacar, Lovanium, no Congo, a Universidade de Dar-Es-Salam (Tanzânia) e Universidade de Nairobi (Quênia). E outras Universidades na África do Sul. No início, seus professores eram de Universidades europeias, mas com o tempo os estudantes africanos foram progressivamente ocupando seus espaços no mundo acadêmico.

Em 1955 ocorreu, então, a Conferência de Bandung na Indonésia, que teve o não alinhamento e o não envolvimento na bipolarização dos EUA-URSS gerando a designação Terceiro Mundo[35]. Na Conferência foi destacado que o colonialismo era um mal e devia ser extirpado.

Posteriormente, foi fundada a primeira organização multinacional africana com vocação múltipla em abril de 1958.Tratava-se da Comissão Econômica para a África (CEA) da ONU. Não por acaso, nesse mesmo ano, 1958, temos dois acontecimentos que vêm contribuir para a nova organização territorial do continente africano. O primeiro, em Accra, quando ocorre a Conferência dos Povos da África, onde posteriormente o novo dirigente de Gana, Kwame Nkrumah, se apresenta como um dos secretários do Congresso de Manchester. Cinco anos mais tarde, a Organização para a Unidade Africana (OUA) era fundada. Posteriormente, outras entidades foram fundadas, como a Comunidade dos Estados da África Central (ECCAS), a Comunidade do Leste, a Zona de Comércio Preferencial da África Oriental e Austral e a União Aduaneira dos Estados da África Central (UA-EAC). Os objetivos desses órgãos era promover o desenvolvimento econômico no território africano, e também criar eventos para discutir problemas trazidos da África com o término das Guerras Mundiais. Essas lutas tiveram frutos em 25

---

35 A Conferência de Bandung teve como princípios fundamentais: ativar a cooperação e a boa vontade entre as nações afro-asiáticas e promover os interesses comuns, resolver os problemas econômicos, sociais e culturais e a discriminação racial dos países africanos.

países, que se tornaram independentes, sendo que apenas em 1960 foram 16.

A integração pós-independência ganhou força com a Organização da Unidade Africana (OUA) fundada em Adis Abeba em 22 a 25 de maio de 1963. Ela visava fortalecer os objetivos e a unidade dos estados africanos independentes, assim também coordenar e criar esforços para melhores condições de vida para a população da África, defender a soberania e terminar com toda e qualquer forma de colonização no continente africano. Segundo a Carta das Nações Unidas e a Declaração dos Direitos do Homem, a igualdade é soberana para todos aqueles Estados-membros, assim como a integridade territorial de cada Estado pertencente, tendo uma política de afirmação para África. Alguns países se tornaram membro após fim da dominação colonial, como Angola, Moçambique e Guiné-Bissau.

Com o passar dos anos, surgem outras organizações africanas, como a Conferência para Coordenação do Desenvolvimento da África Austral (SADCC), em 1978. Seus objetivos eram coordenar o desenvolvimento econômico da região da África Austral e conseguir a independência de alguns países colonizados. Fizerem para dessa fundação os Estados de Angola, Moçambique, Zâmbia, Tanzânia, Botsuana, Suazilândia, Lesoto, África do Sul e Malaui, integrando-se posteriormente Namíbia e o Zimbábue. Até que em 1992, em substituição a Confederação, é fundada a Comunidade para o Desenvolvimento da África Austral (SADC), com sede em Botsuana, composta por 15 países; agora com Ilhas Maurício, República Democrática do Congo, Seychelles e Madagáscar (suspenso em março de 2009 por um golpe de estado). A SADC tem como meta promover a paz, a segurança, o crescimento econômico, buscar diminuir a pobreza, melhorando a qualidade de vida da população autóctone, gerar emprego e riquezas através da integração regional e fortalecer os laços sociais, políticos e culturais existentes em cada região do continente e sua população.

4. Guisa de Conclusão

Lemos nos tópicos anteriores temas que consideramos importantes a respeito da África que podem fazer parte do *Projeto Político Pedagógico* das escolas, dos debates nas salas de aula, nos cursos de formação de professores e das grades curriculares dos cursos de licenciatura de Geografia. Tais abordagens passam pelo exercício debate da "transposição didática"[36], por uma releitura, por diálogos e discussões sobre como inserir o Continente Africano, por exemplo, no manual escolar, nos documentos curriculares e no processo de aprendizagem em sala de aula. Para tanto temos que estar atentos para uma nova proposta de trabalho no ensino.

Como demonstramos anteriormente Ferracini (2012) existem pontos que precisam ser ressaltados nessa abordagem escolar, como, por exemplo, o posicio-

---

36 A expressão "transposição didática" foi introduzida por Yves Chevallard (1985), especialista em didática da matemática. Sua proposta possibilita explicar e estabelecer relação entre saber erudito ou científico com o construído, ou seja, o diálogo ente o saber acadêmico e o saber escolar. Essa expressão serviu de base para o entendimento e o desenvolvimento de nossas pesquisas.

namento econômico do Brasil enquanto hegemonia econômica, política e cultural perante a África. Ressaltamos também o desenvolvimento africano com a ajuda da China. Em ambos os casos, as relações da África com o Brasil ou a China passam por interesses capitalistas de produção, seja pela exploração da mão de obra africana, na exploração do mineral, vegetal, como da exportação de matérias primas para o mercado chinês e brasileiro.

Ao tratarmos da economia do Continente Africano em sala de aula é importante lembrarmos alguns dos seus blocos econômicos, acordos e demais transações econômicas estabelecidas pelos países desse continente[37]. No caso da SADC, essa faz parte de uma nova Geografia Regional que precisa ser atualizada e pensada nos manuais didáticos e nos debates escolares para que se desmistifique o olhar sobre o continente. Bloco econômico que passa pela construção de uma regionalização africana perante o mundo, e é oposta aos estereótipos até então presentes nos cursos de formação de professores. Uma 'Geografia Regional' que foi organizada por líderes estudantis, universidades, gerando blocos econômicos e a criação da União Africana – UA – que completou 50 anos em 2013. A União Africana, fruto dos movimentos populacionais. O pan-arabismo e pan-africanismo refletem hoje a organização dos estados nacionais, que geraram grupos econômicos, sociais e culturais, muitas vezes omissos nos discursos geográficos escolares. Movimentos esses que nasceram pelo desejo de dar fim ao colonialismo europeu e de (re)pensar um continente que vinha sendo roído desde o século XV e que se faz presente no debate da atualidade. Contudo, comumente estes fatos quando tratados pelos professores são abordados isoladamente, descontextualizados e sem embasamentos teóricos a respeito do tema. Frisamos a necessidade de articular o regionalismo africano com os movimentos organizados, blocos econômicos e a UA.

Nota-se que o *"Projeto de cooperação Sul-Sul"* ultrapassa os limites territoriais políticos, econômicos e culturais, sendo um marco para as futuras gerações no campo do ensino e aprendizagem no Brasil como na África. Espera-se que a cultura escolar brasileira ao tratar da África seja diferente daquela do olhar colonizador. Uma ação política que vem ganhando força pela cobrança dos diferentes movimentos sociais, das organizações civis e que pode ser refletida nas ações educativas da cultura escolar. Portanto, sugerimos

algumas questões que merecem ser investigadas, tais como: a conceituação de que a África é um continente formado por "territórios sobrepostos" e "histórias entrelaçadas", que geraram Geografias particulares em suas diversas partes. Ao professor falar a respeito do Continente Africano é preciso explicitar em sua aula a respeito de uma homogeneidade e uma heterogeneidade, desde as variadas populações, suas religiões, as formas políticas e os distintos sistemas econômicos. A respeito ao conjunto de fatos relembramos as perguntas:

---

37 Comunidade Econômica e Monetária da África Central (CEMAC); Comunidade Econômica dos Estados da África do Oeste (CEDEAO); União Econômica e Monetária do Oeste Africano (UEMOA), União do Magreb Árabe (UMA); Southern Africa Development Community (SADC – Comunidade para oDesenvolvimento da África Austral).

Que implicações terão os investimentos chineses no comércio regional na agricultura, emprego e transferência de conhecimentos?

Haverá uma forma construtiva das relações China-África para a integração regional da SADC?

Qual é o papel do Brasil com as novas relações comerciais, políticas e culturais?

Acreditamos que as respostas fazem parte de uma construção conjunta em sala de aula, nessa resgatando o passado para ler o presente.

REFERÊNCIAS

CARVALHO, Delgado. **África:** geografia social, econômica e política. Rio de Janeiro: CNG, 1963, 223 p.
CHEVALLARD, Yves. **La transposition didactique:** du savoir savant au savoir enseigné. Grenoble: La Penseé Sauvage, 1985, 126 p.
DIOP, Cheikh A. **A origem dos egípcios.** In: MOKHTAR, G. História geral da África: a África antiga, II. São Paulo: Ática/Unesco, 1980, 39-70 p.
DJAIT, H. **As fontes escritas anteriores ao século XV.** In: KI-ZERBO Joseph (Org.) História Geral da África:metodologia e pré-história da África, vol. I. São Paulo: Ática/ Paris: Unesco, 1982, 105-128 p.
FAGE, John. A evolução da historiografia africana. In. KI-ZERBO, Joseph (Org.) **História Geral da África:** metodologia e pré-história da África. São Paulo: Ática/ Paris: Unesco, 1982, v. I, 43-49 p.
FERRACINI, Rosemberg. **A África e suas representações no(s) livro(s) escolares de Geografia no Brasil:** de 1890 a 2003. Tese de Doutorado, Faculdade de Filosofia Letras e Ciências Humanas, USP, 2012. 229 p.
<http://www.teses.usp. br/teses/disponiveis/8/8136/tde-30102012-111718/es.php>
_____. A África na obra de Tancredo do Amaral. In: **Maneiras de ler:** geografia e cultura [recurso eletrônico] / Álvaro Luiz Heidrich, Benhur Pinós da Costa, Cláudia Luisa Zeferino Pires (organizadores). – Porto Alegre : Imprensa Livre: Compasso Lugar Cultura, 2013, 124-135 p.
_____. "Dialogando Geografia Acadêmica e Geografia Escolar: o caso do Continente Africano." ln: **Revista Geo'textos'** -Revista da Pós-Graduação em Geografia da Universidade Federal da Bahia, 2012, n. 2,v. 8, 165-182 p.
_____. **A África nos livros didáticos de geografia de 1890 a 2004.** Revista Geografia e Pesquisa Unesp, Ourinhos, 2010, v. 4, nº 2, p. 69-92.
IBRAHIM, Hassan Ahmed. Iniciativas e resistência africanas no nordeste da África. In: BOAHEN, A. Adu (Org.) **História Geral da África VII:** A África sob dominação colonial, 1880-1935. São Paulo: Ática; Unesco, 1985, 73-98 p.
KOUASSI, Edmond Kwame. **A África e a Organização das Nações Unidas.** In: MAZRUI, Ali A.; WONDJI, Christophe (Ed.). **História geral da África, VIII:** África desde 1935. Brasília: Unesco, 1993, 1052-1094 p.
MINISTÉRIO DA EDUCAÇÃO; SECRETARIA ESPECIAL DE POLÍTICAS DE PROMOÇÃO DA IGUALDADE RACIAL. Diretrizes Curriculares Nacionais para a Educação das Relações Étnico-Raciais e para o Ensino de História e Cultura Afro-Brasileira e Africana. Brasília: MEC, 2004.
MONIÉ, Frédéric. A inserção da África Subsaariana no "sistema mundo": permanências e rupturas. In: EMERSON DOS SANTOS, Renato. **Diversidade, espaço e relações étnico-raciais**: o negro na geografia no Brasil Belo Horizonte: Autêntica, 2007.

UZOIGWE, Godfrey N. Partilha europeia e conquista da África: apanhado geral". In BOAHEN, A. Adu. (Org.) **História Geral da África VII**: A África sob dominação colonial, 1880-1935. São Paulo: Ática/ Unesco, 1985, 21-50 p.

VEIGA, Ilma Passos da. **Projeto político-pedagógico da escola:** uma construção coletiva. In: VEIGA, Ilma Passos da (org.). **Projeto político-pedagógico da escola:** uma construção possível. Campinas: Papirus, 1998. p. 11-35.

FORMAÇÃO DE PROFESSORES

OS LUGARES DA ESCOLA NA SOCIEDADE E O PROCESSO DE ENSINO E APRENDIZAGEM

Sonia Maria Vanzella Castellar[38]
Jerusa Vilhena de Moraes[39]
Ana Paula Gomes Seferian[40]

"Redigindo este ensaio, eu me coloquei decididamente do ponto de vista dos vencidos do sistema, dos que não são ouvidos muito porque o fracasso escolar é tão pesado para ser assumido, que eles são levados a uma culpabilidade silenciosa ou à violência. Aqui, a coragem consiste em compreender como os princípios de justiça se misturam com interesses culturais e sociais extremamente densos. Porque a injustiça apresenta sempre uma dupla face. Para uns, ela é uma forma de desprezo e um handicap. Para outros, ela é uma dignidade e uma vantagem relativa fácil de dissimular sob a defesa do mérito puro, da grande cultura e da utilidade coletiva da seleção. É então tentador deixar de agir, seja, sob o pretexto de complexidade e de riscos políticos, seja, com mais frequência ainda, sob o pretexto de que seria preciso primeiramente mudar tudo, a sociedade, os alunos, os professores, os pais.... antes mesmo de imaginar agir deliberadamente no mundo escolar." François Dubet (2008, p.16).

Introdução

A ideia que está presente nesse excerto coloca-nos a responsabilidade do papel que temos quando estamos envolvidos com a escola e o processo de ensino e de aprendizagem. Como professores, não nos cabe esperar mudar tudo para depois agir.

Não ignoramos o peso de decisões governamentais acerca dos limites estabelecidos nas políticas públicas educacionais, muito menos o peso que outras instâncias acabam por exercer na escola, como a mídia, a família e a economia. No entanto, nosso intuito está em promover (na teoria e prática) uma concepção que qualificamos menos fatalista e que, de certa forma, instiga a promoção de uma maior autonomia de quem atua no espaço escolar. Cabe, portanto, compreender o papel da escola e do professor, entendendo, a partir de DUBET, os princípios da justiça e como eles estão ou não presentes na escola. Essa concepção apresen-

---

38 Profa. Livre Docente da Universidade de São Paulo (USP). Faculdade de Educação (FE). Departamento de Metodologia do Ensino e Educação Comparada (EDM).
39 Profa. Adjunto da Universidade Federal de São Paulo (UNIFESP). Escola de Filosofia Letras e Ciências Humanas (EFLCH). Departamento de Pedagogia.
40 Doutoranda do Programa de Pós Graduação em Educação da FE-USP. Geógrafa, professora da rede particular de ensino.

tada anteriormente guiará as discussões aqui presentes. Neste artigo, guiaremos as discussões a partir da concepção anteriormente apresentada com o intuito de analisar o papel da escola e das práticas docentes na perspectiva da justiça social, da inclusão da cultura e da aprendizagem na escola.

Ao se pensar sobre os problemas que estão presentes no contexto escolar, há vários aspectos que precisam ser constantemente estudados para que haja mudanças, as quais vão desde o que e como se ensina, até aquelas de ordem mais político-administrativa, que dizem respeito à gestão escolar. Neste artigo, a análise que traremos se relaciona a uma dimensão sociocultural e outra metodológica ou da didática específica com o objetivo de analisar como se ensinam os conteúdos de Geografia para a educação básica e se contribui para melhorar a inclusão dos alunos na perspectiva da justiça social.

Assim, o nosso entendimento é que há necessidade de trabalhar os conteúdos de Geografia de forma que o aluno perceba a relação desses conhecimentos com seu cotidiano e se perceba no processo de aprendizagem. Para que isso seja possível, como afirma DUBET, é preciso coragem. Coragem, para que o professor desempenhe o papel de mediador entre o aluno e o conhecimento, criando e propiciando situações de aprendizagem nas quais o aluno construa o seu conhecimento e seja capaz de articulá-lo de maneira cada vez mais complexa a fim de contribuir para a formação cidadã. Coragem para investir em uma formação que permita, por um lado, identificar situações que muitas das vezes estão aquém de suas possibilidades de solução diante de um conflito que acontece no espaço escolar e, por outro, articular- junto aos demais integrantes da escola, como professores, coordenador e diretor- possíveis soluções, que vão além de 'encaminhar' problemas. Reforçamos que nosso foco, neste artigo, está em tentar compreender aquilo que está ao alcance imediato do professor e que acreditamos ser essencial para que mudanças estruturais também aconteçam: a reflexão acerca do papel da didática e metodologia de ensino, apresentando o que foi desenvolvido com um grupo de professores durante quatro anos de pesquisa da FAPESP (modalidade Ensino Público, de 2008 a 2010 e de 2011 a 2013).

No projeto de pesquisa de 2008 a 2010 participaram 15 professores da rede estadual de São Paulo com formações das áreas de Letras, Biologia, Geografia, História, Matemática, Educação Física e Pedagogia. De 2011 a 2013 participaram 12 professores da rede municipal e estadual de São Paulo também com as formações anteriormente descritas.

1. O contexto da escola: contribuição para o sentido da formação continuada

As ideias existentes na cultura escolar, às vezes presentes nas entrelinhas dos vários discursos dos atores sociais que atuam na escola, caracterizam-se na perspectiva de quem está falando. É possível perceber que alguns dos discursos reforçam uma concepção de fracasso escolar, em um contexto que geralmente não se tem clareza do significado do sentido de ser vencido, mas com o olhar de quem pensa que vence: um olhar é o dos professores – os alunos são impossíveis, não se interessam e são preguiçosos –; outro o da direção – os professores não respeitam os alunos, faltam, não preparam aula, são preguiçosos; e o dos alunos- os professores não vem à aula e nem ensinam. Esse cenário é recorrente e quando pensamos o contexto da escola entendemos que as frustrações são grandes e que essa compreensão da realidade é relativa, muitas vezes constituindo senso comum de um discurso incorporado na sociedade, sem respeito e dignidade à profissão de educador e a de aluno. Diante desse quadro todos são vencidos e há um sentimento que nada pode ser feito para alterar este quadro. Entretanto, consideramos que os desafios são muitos para que haja as mudanças significativas no processo de ensino e de aprendizagem.

Ouvimos ainda um discurso – às vezes implícito –, de que a escola não é mais a mesma desde a universalização e democratização do ensino fundamental; ela teria piorado, os alunos chegam sem base e não têm educação. Esse é o retrato que pode ser encontrado em muitas escolas; segundo os professores, esse é um discurso que exclui todos os atores da escola, inclusive eles mesmos. Talvez, a falta de consciência do papel do professor e da escola, ajuda a propagar essa cultura tão presente em muitos discursos sobre a questão escolar.

Na dimensão da justiça social na escola, podemos questionar se essa não seria uma visão elitista, na medida em que a afirmação reforça a ideia de que uma educação para os mais desfavorecidos é um problema. Normalmente, a resposta dos que atuam na escola é que não se trata de ser elitista. Mas do modo como a instituição escolar está configurada permite-nos deparar com problemas que muitas vezes não sabemos lidar, e ao mesmo tempo, os alunos não querem aprender além de boa parte deles chegar sem saber ler e escrever. Diante disso, como atuar na sala de aula com a intenção de ensinar para que os alunos se apropriem de conhecimentos que contribuirão para o que entendemos como formação cidadã, ou seja, na dimensão da inclusão do conhecimento?

Para Chamlian (2004), esse processo pelo qual passou a educação básica revelou um desconhecimento, por parte da escola e de seus profissionais, quanto ao modo como as desigualdades sociais e outras manifestações da diversidade (como a de gênero e raça), interferem nas relações que se dão no espaço pedagógico da escola.

Alguns educadores mantêm uma representação conservadora da sociedade, não reconhecendo mudanças pelas quais ela passou. É um conservadorismo revelado na afirmação de que a escola ficou pior do que era nos anos 1970 (que alguns não vivenciaram como professores, outros nem como alunos), reforçando a ideia de que uma escola elitista e pouco democrática era melhor, pois, embora pública, atendia aos filhos da classe média e da elite. Trata-se de uma visão elitista, pois supõe que a escola não tem qualidade devido à origem dos alunos nas camadas populares, que chegam à escola com uma menor bagagem cultural. Para Azanha (2004, p. 344), esse é um debate equivocado, pois

> Consiste em supor que o ajuizamento acerca da qualidade do ensino seja feito a partir de considerações exclusivamente pedagógicas, como se o legado rebaixamento pudesse ser aferido numa perspectiva meramente técnica. Contudo, essa suposição é ilusória e apenas disfarça interesses de uma classe sob uma perspectiva técnico-pedagógica. É obvio, pois, que o rebaixamento da qualidade do ensino, decorrente da sua ampliação, somente ocorre por referência a uma classe social privilegiada (...)

Compreender a dimensão do processo de democratização do ensino significa aceitar a política de expansão do ensino público e o impacto que ela teve na sociedade brasileira do ponto de vista econômico e social. Assim, a perspectiva não é apenas técnica, mas tem uma dimensão política de democratização da sociedade.

Promover uma mudança nessa visão elitista da escola e estimular outros olhares e pensamentos sobre esse espaço é tornar todos os gestores, professores e coordenadores uma equipe que trabalha em conjunto, buscando alternativas e soluções concretas para uma proposta voltada à construção do conhecimento e à formação de sujeitos que compreendam criticamente a realidade social. Para que de fato isso aconteça, é necessário alterar as propostas de trabalho pedagógico, evitando aquelas que marginalizam alguns estudantes, focando apenas nos melhores alunos; também é preciso assumir a existência das desigualdades sociais e culturais e lidar com elas, na medida em que fazem parte da realidade escolar. Essa ideia está presente ainda na fala de alguns educadores e gestores, com a seguinte ressalva: os professores estão tão precarizados que não percebem ou não sabem qual é o papel da escola e o que fazer em sala de aula. Podemos afirmar que há dificuldade por parte de alguns docentes em tomar consciência do seu papel social. Essa tomada de consciência é política e, por isso, difícil de ser assumida.

Entendemos a escola como um espaço vital para o aprendizado de ser cidadão. Nesse sentido, como afirma Chamlian (2004), ela está comprometida com a formação da pessoa, do ser individual, indicando que há uma singularidade dos sujeitos, cada um com sua cultura e seus valores. Ao abafar-se essa singularidade, pode-se desencadear a violência na sala de aula e na escola – violência que nem sempre é física, mas pode estar implícita em ações e falas. Ela também se manifesta na falta de motivação do professor e dos alunos. Uma escola que não reconhece o aluno como sujeito em processo de formação e não valoriza seus conhecimentos está destinada a ser irrelevante para ele.

Geralmente, o que ocorre no cotidiano escolar é a manutenção da desigualdade no trato com os alunos, inclusive na dinâmica das aulas, por exemplo, quando aqueles que sabem são tratados de forma diferente dos que não sabem. Outro problema, no campo da gestão escolar, é não permitir a convivência do aluno no ambiente escolar – interditando usufruir de espaços como a biblioteca, o teatro e a sala de informática, restringindo o uso no horário de aula. Democratizando-se o espaço da escola, os alunos sentem-se acolhidos por ela e melhora a convivência. Essa falta de tratamento democrático, em sentido amplo, manifesta-se também, na escola, em atividades de sala de aula que não têm significado para o aluno ou em reuniões de pais nas quais muitas vezes se afirma que os filhos não são capazes de aprender, ampliando as frustrações dos filhos e pais em relação à escola.

Repensar o papel da escola e a prática docente à luz da didática pode contribuir para mudanças que visam ao sucesso do aluno na escola, diminuindo a violência e a exclusão provocadas pela dinâmica do cotidiano escolar. Nessa perspectiva, Martínez (2001, p. 14) afirma que

> la escuela es un lugar en el que ha de ser posible que los que aprenden se expresen en sus diferentes formas y fondos, que se sientan aceptados como son y en el que sea posible que aprandan a autorregular sus comportamientos y de forma autónoma a construir sistemas de valores con los que guiar sus vidas y ser capaces de convivir felizmente en una sociedad multicultural y compleja como la nuestra.
> La escuela, además de un lugar donde preparar para la vida, también es un lugar donde preparar para la actividad laboral. (...) mas no debe entenderse especializada y orientada a un puesto de trabajo. (...)

No momento em que se compreende a dimensão do papel da escola e o lugar que ela ocupa na sociedade, a equidade e a qualidade passam a fazer parte das intenções de seus gestores. Porém, para que isso se torne realidade, é imprescindível que os gestores e professores construam suas representações e concepções sobre a escola, percebendo de fato qual é o seu lugar em uma sociedade na qual se tem acesso a muitas informações. Deve-se considerar que, na sociedade atual, a escola é o lugar onde se deve preparar para a vida e para o trabalho, além de desenvolver as capacidades de apropriação dos conhecimentos científicos e oferecer uma formação humana integral.

Esses objetivos só poderão ser alcançados se o professor reelaborar seu discurso, despindo-o de uma visão conservadora em relação às práticas docentes e aos conteúdos ensinados – visão que percebemos na fala dos professores do grupo com o qual desenvolvemos o projeto, no início de nossa pesquisa.

A partir da discussão sobre o papel da escola e dos professores podemos incorporar uma prática mais significativa em sala de aula. Iniciando, por exemplo, com perguntas aos alunos sobre o que pensam ou sabem sobre o assunto a ser estudado. Dessa forma, introduziriam momentos de diálogos nas aulas, visto que a gestão da diversidade na escola baseia-se no pressuposto de que os espaços de criação são espaços para o encontro entre o professor, o aluno e o objeto de saber (BIARNÉS, 1999).

A escola é um lugar privilegiado onde os alunos aprendem a viver e fixam experiências que podem ajudá-los a elevar sua autoestima. Ter clareza desse princípio pode ser importante para todos aqueles que atuam na educação, já que a escola é o lugar onde se aprende a conviver, respeitar, querer e construir a identidade individual e coletiva, além, é claro, de ser o lugar onde podem se apropriar do conhecimento escolar.

No contexto da justiça social é preciso entender que a eliminação contínua dos alunos desfavorecidos pode ser determinada pela maneira como eles são inseridos nas aulas: as respostas dadas a suas perguntas, a falta de desafios, ou a apresentação de desafios sem orientação adequada para que o aluno possa enfrentá-los. Normalmente, os professores esperam uma sala de aula em silêncio, com alunos copiando alguma coisa e com pouca troca de opiniões. O resultado dessa postura é um aluno com dificuldade de pensar, raciocinar, mas com habilidade em copiar.

Quando a escola não cumpre seu papel, ela não contribui para a formação de seus alunos, ou seja, exclui os jovens do acesso ao conhecimento e, consequentemente, reforça-se como fator eficaz de conservação e manutenção da desigualdade social. Para compreender o papel da escola na sociedade, é necessário reconhecer a realidade e o contexto em que ela está inserida. A escola deve, portanto, reconhecer que em seu interior há diferentes maneiras de entender o mundo, seja por alunos, professores ou funcionários.

Martínez (2001, p. 59) contribui para entendermos o papel da escola na sociedade:

> La pobreza y la exclusión en nuestra sociedad no son generadas sólo por dificultades económicas o limitaciones en el disfrute de los derechos humanos más básicos; también son generadas por carecer de condiciones y habilidades para un adecuado acceso a la información y a los conocimientos, carencia que genera falta de confianza y desesperación.

Para que os professores entendam como podemos educar os jovens em uma sociedade da informação, é necessário conhecer a realidade da comunidade escolar e seus referenciais culturais. Por exemplo: como percebem e concebem os lugares de vivências; que músicas ouvem; o que gostam de ler; o que fazem em seus momentos de lazer. O desconhecimento da realidade cultural da comunidade escolar fragiliza a escola e reforça as marcas autoritárias provocadas por ele. Tudo isso implica condutas que não estão voltadas para o êxito escolar, mas reforçam o fracasso social do aluno.

Ao adotar uma estratégia exclusivamente de transmissão verbal dos conteúdos disciplinares, sem considerar o que o aluno sabe, suas crenças e visão de mundo – prática bastante recorrente na escola –, o professor assume e/ou acredita que está ocorrendo aprendizagem e que, se o aluno não aprende, é por falta de estudo ou em função de seu grau de inteligência.

A compreensão desse contexto escolar se faz relevante na medida em que tomamos como referência um cenário real para atuar na formação continuada e na perspectiva de uma aprendizagem significativa que inclua os alunos. Neste sentido, concordamos com Pierre Merte (2002) quando analisa o contexto escolar dos estudantes de baixa renda e considera que há uma *'democratização segregativa'* pois esse grupo tem acesso aos bens escolares menos rentáveis e habilitações mais curtas. O que reforça, segundo o autor, um sistema escolar que funciona como um processo de destilação fracionado durante o qual os alunos mais fracos, que são também os menos favorecidos socialmente, são levados para as habilitações relegadas, de baixo prestígio e de pouca rentabilidade (DUBET, 2008, p. 27-28). Entendemos que dessa maneira não há acesso por parte dos alunos ao conhecimento escolar, mantendo-os na condição de fracassados, sem inclusão social.

Na escola, em um cenário plural de valores e cultura, identifica-se uma rede de relações que precisam ser compreendidas para se poder traçar a estratégia correta do trabalho escolar. Além disso, atualmente a escola ainda tem o papel de suprir a educação familiar, pois temos observado que certas famílias não têm subsídios para abordar adequadamente determinadas temáticas, como saúde e cultura, ou resolver conflitos e estabelecer regras de convivência. Assim, a escola passa a ter uma dimensão mais complexa: a de atuar também nessas temáticas, inclusive com a família.

Estamos diante de uma complexidade que passa não somente pelo entendimento que o professor tem de sua função, mas pela compreensão de quais são as representações sociais que o aluno tem da escola, qual o conceito que ele construiu sobre liberdade e cidadania; enfim, uma cultura política que está presente na escola e sobre a qual pouco sabemos. Nessa perspectiva, entende-se que para o aluno sentir-se cidadão é importante que ele sinta-se pertencente ao lugar onde vive – e a escola é um desses lugares, sendo o território o lugar onde ele pode criar vínculos e aprender as regras de convivência.

2. A dimensão da formação continuada

O cenário sobre o contexto escolar e o processo de ensino e de aprendizagem que foi apresentado nos faz pensar em uma ação nos cursos de formação continuada que valoriza o conhecimento escolar e ao mesmo tempo a dimensão sociocultural dos alunos.

Essa visão procura superar a ideia que normalmente se tem de que o conhecimento escolar é apenas uma simplificação do conhecimento disciplinar e científico e de que os conteúdos são absolutos e verdadeiros. Ela também ajuda a configurar a cultura do pensamento espontâneo do professor, ou seja, para desempenhar adequadamente sua função, basta tempo de escola e vivência do professor, mesmo que lhe faltem fundamentos teóricos. Isso reforça a separação que os professores fazem entre as práticas e as bases teóricas: segundo eles, as concepções desenvolvidas por estudos sobre ensino e aprendizagem não servem, são um modismo estimulado pela universidade. Ainda nessa visão, na realidade, os alunos não aprendem porque não querem estudar e porque sua família é ausente.

O pensamento espontâneo é um obstáculo, na medida em que não movimenta o aluno para aprender. Nas palavras de Bachelard (1996), para se aprender ciências há que colocar o espírito em estado de mobilização permanente, o que significa não aceitar nada dado por certo ou como verdade absoluta. Essa é uma concepção que nos auxilia a pensar percursos mais desafiadores para os alunos, que considerem:

- o conhecimento prévio do aluno, além das revelações imediatas do real. No sentido dado por Bachelard (1996), o real nunca é o que se poderia achar, mas é sempre o que se deveria ter pensado, e o saber não é fechado e estático, mas aberto e dinâmico, passível de mudança;
- a necessidade de introduzir problematizações, de o conhecimento ser construído a partir de situações mais simples em direção a outras mais complexas, fortalecendo a capacidade de o aluno saber fazer e não só de saber. Em relação à problematização, Bachelard (1996) afirma que não há experiência nem aprendizagem se não houver formulação prévia de um problema. Um ensino desprovido de problema desconhece o sentido real do espírito científico. Isso significa que a escola e a sala de aula só farão sentido para o aluno se houver mudança na concepção teórica e metodológica que marca tradicionalmente o sistema de ensino, a qual mantém uma prática superficial, memorística e autoritária.

Para ocorrer aprendizagem, é importante que se construa em sala de aula uma relação estimuladora da crítica, mediada por outros saberes anteriormente construídos; que nas discussões sejam incorporadas as representações que os alunos têm da realidade na qual vivem; e que seja possível colocar em jogo as várias concepções dos objetos em estudo, oferecendo explicações coerentes e mais profundas sobre os objetos e fenômenos. Por meio de metodologias inovadoras e ativas, que provocam surpresas quando há descobertas e que estimulam a elaboração de outros questionamentos, esses podem ser momentos de superação dos obstáculos de aprendizagem. Mas certamente não se resolve o problema de não aprender com medidas imediatistas e avaliações classificatórias que respondem apenas a uma expectativa estatística e não à qualidade da aprendizagem.

A valorização do professor passa por sua formação e pela consciência de seu papel na escola. É desejável que ele tenha uma postura mais aberta, disposta a incorporar as novas mudanças da sociedade que influenciam a escola. Além disso, uma escola homogênea e que não leva em consideração as diferenças e a pluralidade da comunidade, do lugar onde se localiza e dos referenciais socioculturais, parece fadada a não ser um lugar onde se aprende a ser cidadão, em uma sociedade plural.

Nesse cenário proposto, podemos encontrar oportunidades para que o professor passe a ser valorizado por mérito, ou seja, pela maneira como pensa e constrói o percurso educativo, em uma escola melhor ou não estruturada e com condições de trabalho adequadas ou não, com uma gestão do currículo, nada servindo como justificativa para o fato de o aluno não aprender. Mais uma vez, ressaltamos que não desconsideramos o peso que as condições de trabalho impõe ao cotidiano do professor, mas sugerimos, neste artigo, um outro olhar que fuja da concepção fatalista e que reproduz as desigualdades encontradas na escola, tal como apresentado no início deste artigo e que refutamos.

O trabalho que foi realizado com os professores durante a formação continuada entre os anos de 2012 e 2013 ocorreu no sentido de diminuir a distância entre teoria e prática. Dessa forma, poderiam desenvolver estratégias com base em pressupostos teóricos que permitissem tornar a aula diferente, com dinâmicas que envolvessem o aluno e estimulassem as descobertas por meio de problematizações.

Além disso, era preciso que o professor se conscientizasse de seu papel de mediador em sala de aula. Entende-se que durante a mediação deve-se procurar tentativas de resolução de conflitos a partir de atividades, colocando o aluno em situações de aprendizagem, gerando situações de desafio, estimulando-o a estabelecer relações com a realidade.

Para sentir-se mediadores e ter consciência do seu trabalho, os professores precisam sentir-se autores de suas aulas e projetos educativos, não meros transmissores oficiais de conteúdos. Essas ações também teriam o objetivo de auxiliar o professor a romper com as desigualdades sociais e com a exclusão social em relação à apreensão do conhecimento.

Para romper com a exclusão social na escola, tornando o conhecimento um bem que ajudará a diminuir as desigualdades, temos de enfrentar vários desafios. Nos dias de hoje, um dos desafios colocados para os professores é superar os vícios de uma educação estática, inerte e ineficaz, investindo em uma educação com mais qualidade e criatividade, com base em temas mais relevantes e com mais sentido social. Dizemos isso porque, para estimular a mudança conceitual e atitudinal do professor, ele precisa, antes de qualquer coisa, acreditar no que faz, ver sentido em sua profissão e no papel da escola. Esse sentimento é pouco perceptível, na medida em que o professor não se considera um mediador, nem um autor de suas aulas e avaliações. E esse é um dos desafios apresentados no excerto de DUBET (2008).

Estruturar um currículo escolar com a dimensão que estamos tratando requer autonomia do professor para elaborar suas aulas, individualmente ou em conjunto com a equipe escolar. Nesse sentido, Rué (2009, p. 175) contribui com a seguinte análise sobre a autonomia na aprendizagem:

> adentra o terreno da organização de contextos e processos de aprendizado, nos quais os alunos terão, em suas diferentes fases e condições, um importante papel nas dimensões de autocontrole e de autorregulação. Sobretudo os professores devem criar condições para que o trabalho incorpore situações didáticas que favoreçam a aprendizagem profunda, como as pesquisas científicas.

Para que isso se torne uma prática efetiva e faça diferença, discutimos com os professores da escola que fizeram parte da pesquisa a necessidade de estabelecer percursos de aprendizagem, levando em conta as características socioculturais da comunidade escolar. Nos dois anos que realizamos a pesquisa[41] (2012 a 2014) procuramos desenvolver a ideia que era preciso que o professor elaborasse suas aulas

---

41 Trata-se de uma pesquisa realizada com subsídio da FAPESP, modalidade Ensino Público.

cuidadosamente, deixando claros seus objetivos e procedimentos. Era preciso ainda traçar estratégias para atender às necessidades dos alunos. Além de estruturar o conteúdo, a clareza da essência do que está sendo ensinado e como está sendo ensinado, ou seja, compreender a importância pedagógica da didática foi também nosso foco.

Mas sabemos que mudanças didáticas não são fáceis. Para Carvalho (2004, p. 11),

> Se o objetivo é propor uma mudança conceitual, atitudinal e metodológica nas aulas para que, através dessas mesmas aulas, os professores consigam que seus alunos construam um conhecimento científico que não seja somente a lembrança de uma série de conceitos prontos, mas abranja as dimensões atitudinais e processuais, temos que aproveitar essas atividades metacognitivas para, pelo menos, alcançarmos três condições:
> - Problematizar a influência no ensino das concepções de Ciências, de Educação e de Ensino de Ciências que os professores levam para a sala de aula;
> - Favorecer a vivência de propostas inovadoras e a reflexão crítica explícita das atividades de sala de aula;
> - Introduzir os professores na investigação dos problemas de ensino e aprendizagem de Ciências, tendo em vista superar o distanciamento entre contribuições da pesquisa educacional e a sua adoção.

Esse excerto da professora Anna Maria Pessoa de Carvalho vem ao encontro do que acreditamos e do que observamos durante a nossa atuação na pesquisa. A pertinência dessa discussão está em ter possibilitado a compreensão da dinâmica escolar, mas do ponto de vista da totalidade e não da parte.

Concordamos com as três condições propostas pela autora para desenvolver as atividades de aprendizagem, e percebemos que elas podem ser aplicadas para quaisquer áreas do conhecimento escolar – poderíamos, onde se lê "Ciências", ler o nome de qualquer disciplina.

Por um lado, percebemos que algumas investigações desenvolvidas nas universidades brasileiras e internacionais parecem ser realizadas sem levar em conta o contexto da escola, o que acaba por não refletir a realidade. Por outro lado, é possível ver também que muitas pesquisas realizadas nas escolas, em parceria com os professores, revelam que há necessidade de alterações nas posturas e nas concepções de organização das aulas, criando-se condições para os alunos aprenderem. A escola assume então uma postura de negar as investigações, e continua vivenciando uma prática que reforça a cultura de senso comum: "sempre fiz assim e deu certo", "isso é modismo". Esses dados são importantes para destacar a necessidade de incorporar uma boa intervenção teórica no contexto escolar. É nesse momento que fica concretizada a parceria entre Universidade Pública e Escola Pública, que há compreensão de ambas as partes sobre a necessidade de uma cumplicidade entre a teoria e prática e entre os diferentes olhares sobre o processo de ensino e de aprendizagem.

O trabalho docente não alcança qualidade se o profissional não tiver formação teórico-metodológica e cultural sólida. Uma formação precária prejudica a ação docente na escola e torna os professores incapazes de argumentar, interpretar e explicar o mundo. Uma formação inadequada implica, por exemplo, falta de compreensão do papel do currículo na formação do aluno, gerando muita confusão no campo da ciência e no da metodologia do ensino. E assim o processo de ensino e aprendizagem fica comprometido entre o professor e o aluno.

Nesse sentido, no que diz respeito à formação docente, é importante superar a dicotomia entre a teoria e a prática, em que a teoria é vista como algo que contribui para entender a realidade e a prática é sua aplicação. Como afirma Cavalcanti (2008, p. 86),

> (...) consolidou-se o pensamento de que a teoria tem a ver com o conhecimento científico, que supera as manifestações particulares da prática. A ideia predominante é a de que a teoria é a dimensão própria da ciência e dos cursos de formação superior e a prática, a dimensão das escolas e dos professores (...).

Superando-se essa dicotomia, o futuro professor terá compreensão conceitual, tanto na dimensão epistemológica quanto na pedagógica, para poder estabelecer de fato o diálogo entre a didática e o conhecimento específico, rompendo com uma prática tradicional.

Essa ideia pôde ser comprovada durante o encaminhamento da pesquisa realizada em uma escola pública do município de São Paulo (projeto FAPESP, iniciado em 2008 e encerrado em 2010), onde foi possível notar que os professores de matemática, por exemplo, tinham uma boa formação e, por isso, mais clareza dos encaminhamentos metodológicos voltados para a aprendizagem significativa. Eles ajudavam o grupo a pensar atividades mais integradoras e eram mais críticos em relação às propostas. Entre os professores que tinham uma formação mais frágil, havia dificuldade para estabelecer relações de pensamento simples, como comparar ou relacionar elementos da realidade com a teoria ou compreender textos teóricos. Isso ficou muito evidente nas reuniões com o grupo e pode ser verificado na tese de livre docência (CASTELLAR, 2010).

No entanto, mesmo havendo resistência dos professores por razões diversas, as nossas propostas traziam problematizações a partir do cotidiano. Os alunos participavam das atividades contemplando metodologias diferenciadas e os resultados indicaram que houve melhora na aprendizagem, ainda que aparentemente modesta. Tudo isso reforça a ideia de que é preciso desenvolver atividades que estimulem as descobertas, desafiem os alunos e tenham sentido no que diz respeito à realidade em que vivem os alunos.

Uma parte significativa da discussão que permeou as ações no projeto anteriormente relatado (2008- 2010) como no que deu sequência a ele (2012-2014), passava por entender que, apesar de todas as contradições materiais da vida de ser professor (salário, condição de trabalho, deslocamento, tempo para estudar e preparar aula), era preciso considerar a necessidade de organizar a aula, de planejá-la. Outra análise interessante foi concernente às políticas educacionais: para os professores do grupo, elas exigem mudanças da cultura pedagógica dominante, incorporando aspectos do construtivismo, mas reforçam a burocratização, o formalismo, o individualismo, em um contexto escolar que favorece pouco a liderança pedagógica do professor.

As tentativas de mudança de padrões nas práticas escolares demonstram a complexidade das questões envolvidas no cotidiano escolar. Percebemos que deve-se fomentar a realização de algumas tarefas pelo professor, como registro sobre as aulas e os alunos; planejamento das atividades de aprendizagem e organização da aula, a fim de compreender as dinâmicas estabelecidas. No entanto, verificamos também que o professor deve se sentir respeitado e que lhe sejam oferecidas oportunidades de formação profissional adequadas.

Ao mesmo tempo, devem ser proporcionados recursos pedagógicos e materiais que tornem a escola um espaço de trabalho e de vida, viabilizando ações pedagógicas mais significativas, com construção de conhecimento, formação do caráter e da cidadania. É exatamente nesse ponto que acreditamos que devem ser analisadas com profundidade a relação ensino e aprendizagem.

Assim, podemos dizer que aprender é uma atividade muito delicada. É uma tarefa que supõe assimilar novas informações, readquirir seus próprios esquemas e, para que esse processo aconteça, as propostas didáticas devem ser pensadas levando em consideração as características dos alunos e a mudança nas estratégias, se necessário. Enfim, a aprendizagem precisa envolver descobertas, surpresas e desafios, partindo do que o aluno sabe.

Os propósitos significativos para a organização da dinâmica da aula – como favorecer o desenvolvimento de atitudes que possibilitem a aprendizagem; favorecer a autoimagem positiva dos alunos; aprender a estabelecer uma relação entre as aprendizagens formuladas na teoria e as aprendizagens de caráter pessoal e experiencial – são fundamentais para o surgimento de modelos didáticos pedagógicos que favoreçam o desenvolvimento efetivo da aprendizagem. Tudo isso, porém, depende das decisões e da postura do professor, ou seja, do que se chama de cultura docente. Contudo, como comenta Rué (2001, p. 107),

> La gestión de los procesos de enseñanza en el aula abarca un campo muy amplio de situaciones docentes. La misma noción de gestión nos remite a la ideia de que, en función de propósitos y objetivos diferentes, las situaciones de enseñanza y aprendizaje generados pueden ser muy distintas en su conducción y en sus efectos, como pueden ser distintas en razón del tipo de alumnos, sea por la edad o por sus especificidades socioculturales, o por el tramo educativo en el que se desarrolle una situación dada, en función, en suma, de los diferentes requerimientos de cada situación educativo.

Essas questões não podem ser deixadas de lado quando se analisa a formação dos professores e a ação docente, na medida em que atuam diretamente na construção de conhecimentos que os estudantes precisam ter. Há a necessidade de se efetivar uma formação voltada para a cidadania, sólida do ponto de vista do conhecimento das ciências e que abra caminhos para a vida.

Talvez esse momento seja importante para enfrentarmos os problemas relativos à dinâmica da escola e à formação dos professores. Pensamos que, ao assumir um modelo de escola plural, no qual se valoriza a formação autônoma do aluno, recuperaremos as três condições de ensino e aprendizagem.

Para que esses desafios não se convertam em obstáculos e consigamos chegar efetivamente à qualidade, é preciso o apoio de uma fundamentação pedagógica, a clareza dos novos papéis na sociedade do conhecimento, a utilização de diferentes espaços e linguagens para a aprendizagem, e a valorização social e cultural da comunidade escolar. Uma formação que estimule a autonomia do professor, possibilitando outros entendimentos e propiciando as mudanças didático-pedagógicas necessárias para estimular a formação cognitiva, ética, estética dos professores, considerando vários contextos socioculturais. Mas para isso a educação deve ser entendida como um bem para formar cidadãos, com uma base sólida – portanto com o Estado assumindo, também, que a educação de qualidade é um direito do cidadão.

Um modelo de educação com essa base teórica e plural requer uma maior preparação e dedicação dos professores, além de um maior investimento público na educação básica. Um modelo que é, segundo Martínez (2001, p. 85),

> (...) pedagogicamente más complejo y su éxito no puede ser analizado aplicando sólo criterios de evaluación de producto y/o económicos; su correcta evaluación está relacionada con los indicadores de progreso y de bienestar social que sociedades como las nuestras procuran, y que hacen referencia también a los de convivencia democrática (...) y, en definitiva, acceso equitativo al bienestar individual y colectivo.

Nesse sentido, podemos afirmar que, durante a formação inicial e continuada de professores, é necessário reforçar temas que contribuam para mudanças na compreensão já incorporada sobre o papel da escola. Deve-se reforçar a ideia de que o professor necessita compreender a realidade social, ampliar seu repertório cultural e científico, para participar dos projetos educativos escolares.

Assim espera-se provocar uma profunda reflexão sobre a importância social da escola, o papel do currículo escolar e do processo de ensino e aprendizagem, na medida em que, de maneira organizada ou não, os professores e gestores serão obrigados a abordar questões importantes, como qual é o modelo pedagógico adequado para a escola em que atuam. Um exemplo que pode ser apresentado é que, apesar do caráter construtivista do processo ensino e aprendizagem, observamos que as disciplinas ainda são organizadas de maneira tradicional e há muito a se fazer para que esta visão e este entendimento acerca não só da escola como do processo de formação do indivíduo seja mudada.

Nesse contexto da superação de desigualdades, acrescentamos: qual a função social da escola obrigatória? Qual o papel das disciplinas na formação básica dos jovens? Que jovens são esses que constituem essa comunidade? Qual a sequência de atividades que promove melhor a aprendizagem? Essas perguntas podem contribuir para estruturar o currículo escolar.

Nossa análise permite afirmar que, apesar de a ciência da educação ter sofrido muitas mudanças, as escolas permanecem com as mesmas concepções de outrora. Destacamos essa questão, que é óbvia e muitos pesquisadores já estudaram, mas que a escola não considera quando elabora as ações pedagógicas: ela caminha em sentido oposto ao da ciência da educação.

A cultura escolar continua considerando todos os alunos da mesma idade em igual condição de aprender, seguindo o mesmo currículo e o mesmo tipo de aula, sem notar as diferenças. As escolas continuam abordando os temas com um único referencial científico e adotando a mesma avaliação para todos os alunos de uma mesma série, sem levar em consideração que os processos são individuais, apesar de acontecerem coletivamente. Mesmo percebendo que as salas de aula são heterogêneas, elaboram uma única avaliação, um modelo único de verificação da aprendizagem- desconsiderando outras formas de avaliação- e um mesmo plano de aula. Os professores acabam, assim, trabalhando mais em sala de aula do que os alunos, que normalmente não executam nenhuma atividade ou não querem se envolver pelo fato de não se sentirem incluídos nem no processo de ensino nem de aprendizagem.

Para alcançar uma aprendizagem real, primeiro é preciso que o aluno queira aprender (dimensão da metacognição), depois é necessário que ele perceba que é capaz disso e, por fim, que reflita sobre a relevância da escola para sua vida. Para isso, é importante que as aulas trabalhem a conscientização da aprendizagem no sentido de levar os alunos a refletirem sobre os temas tratados, estabelecendo conexões com o dia a dia.

Entender essa articulação significa compreender a função da escola, sua dinâmica e a complexidade do cotidiano. Ao conceber a escola como lócus da aprendizagem, não de uma maneira utópica, mas realista, com suas dimensões cognitiva, afetiva e cultural, tem-se a clareza de que o processo de ensino e aprendizagem é parte integrante da prática social historicamente constituída. Portanto é necessário fazer alguns questionamentos em torno da atividade do professor: *como ele pensa a organização de sua aula? Como organiza o tempo da aula? Quais referenciais culturais dos alunos são levados em consideração na hora de preparar suas aulas?*

Para responder a esses questionamentos de forma a assegurar uma aprendizagem significativa, devemos considerar um perfil de professor sustentado nas concepções progressistas, culturais e democráticas. Além desses referenciais, o professor deve ter uma formação que articule a base teórica (específica e pedagógica) com a cultura escolar, mediante processos de reflexão coletiva que emergem de problemas práticos.

Colaborando com as sugestões para melhorar a qualidade do ensino e da aprendizagem na escola pública, a pesquisadora em educação Tomlinson (2001, p. 45) apresenta a seguinte ideia, reforçando nossas análises sobre a aprendizagem suscitadas a partir de nossa investigação na escola.

> Através de la creciente comprensión que nos proporcionan la psicología y los estudios sobre el cerebro, sabemos ahora que los individuos aprenden mejor cuando se hallan en un contexto que les proporciona desafíos en dosis moderadas (...) Es decir, cuando una tarea es muy difícil para un aprendiz, éste se siente amenazado y se instala en un estado que hace las veces de caparazón. Un aprendiz que se siente amenazado no mostrará tenacidad en la resolución de un problema. En el extremo opuesto, una tarea sencilla tampoco estimula la habilidad del alumno para pensar o resolver problemas. Se relaja demasiado.
> Una tarea se encuentra en el nivel apropiado de desafío cuando le pide al alumno que se arriesgue a dar un salto hacia lo desconocido, pero partiendo de los conocimientos suficientes para comenzar y contando con los apoyos adicionales para alcanzar un nuevo nivel de comprensión. (...)

Nesse sentido, as atividades devem constituir desafios, mas ser adequadas à realidade de cada aluno, para que progressivamente se possa ampliar o grau de complexidade do conteúdo estudado. Assim, essas atividades vêm ao encontro das condições de aprendizagem apresentadas anteriormente por Carvalho (2004).

Uma prática pedagógica mais inovadora permite ao aluno observar, descrever, comparar e analisar os fenômenos, desenvolvendo habilidades intelectuais mais complexas, como fazer correlações dos conceitos científicos implícitos no cotidiano. Para isso, faz-se necessário que ele aprenda a ler a realidade e a compreender o lugar de vivência, adquirindo saberes que lhe permitirão compreender outros lugares e atuar, isto é, aprender a viver.

A aprendizagem será significativa quando a referência do conteúdo estiver presente no cotidiano da sala de aula, quando se considerar o conhecimento que a criança traz consigo, a partir de sua vivência. Ao mesmo tempo, o professor deve ampliar essa vivência, no sentido de buscar, por exemplo, argumentos que saiam do senso comum ou do que é aparentemente observável e dedutível e que estimule no aluno, por seu turno, o trabalho com a linguagem científica e mesmo a linguagem comum do conhecimento cotidiano, mediando assim a decodificação de seus códigos, símbolos, estruturas de construção do saber e suas representações. Essas referências contribuirão para a formação de conceitos científicos a serem explorados a partir de estratégias didáticas diversificadas.

Uma proposta de percurso curricular discutida e elaborada com o grupo de professores participantes da pesquisa realizada tanto nos anos de 2008 a 2010 quanto em 2012 a 2014 (ambos Projeto FAPESP, modalidade Ensino Público, com 15 e 12 professores, respectivamente) estabeleceu, a partir de um projeto educativo ou metodologias inovadoras que incluiriam visitas a parques, centros de divulgação científica ou museus, estratégia para o desenvolvimento de um ensino capaz de ampliar o repertório cultural e científico do aluno. Nesses espaços, os alunos são estimulados a articular os conceitos científicos com o que já sabem, organizando-os em redes de significados, a partir da vivência em diferentes lugares. Ao incorporar elementos da cultura urbana no cotidiano da escola, ao organizar projetos que mudam a visão tradicional de currículo, buscando integrar áreas e disciplinas escolares, podemos afirmar, à luz dos resultados da intervenção nos quatro anos de pesquisa realizados (2008 a 2010 e 2012 a 2014), que os alunos serão estimulados a aprender, pois a escola fará sentido na sua vida.

Quando se desenvolvem projetos educativos com temas que partem do interesse dos estudantes, ampliam-se as possibilidades de envolver conteúdos em um processo cognitivo menos agressivo, o educando passa por um processo natural de reorganização de seus esquemas e estruturação de conceitos. O conhecimento cotidiano é importante na compreensão e ação das pessoas em contextos de atividades específicas, não fazendo sentido anulá-lo no contexto de aprendizagem.

3. O Processo de Aprendizagem: as possíveis mudanças nas ações docentes

O que percebemos quanto à formação inicial do docente nos dois projetos realizados (15 professores no ano de 2008 a 2010 e 12 professores no ano de 2011 a 2013) é a fragilidade de algumas discussões teóricas, as quais resultam em resistência às mudanças, pois mudar significa rever posturas diante do mundo e as relações sociais existentes, o que muitas vezes gera um certo mal estar. Na verdade, o professor deveria ter um grau de discussão teórica que lhe permitisse avaliar a sua formação em função da aprendizagem do aluno, como um processo de autoformação crítico-reflexiva. Nesse contexto a formação continuada se faz necessária, na busca de rever as discussões teóricas e metodológicas.

Se a formação universitária do professor é tão importante para melhorar o ensino, estamos frente a um problema que requer uma solução prática e efetiva. Ou seja, o nosso compromisso com o ensino público faz com que tenhamos de agir de diferentes maneiras, com clareza do nosso papel e das limitações que todas as propostas de formação inicial e continuada possam ter.

Contudo, temos clareza que muitas vezes a eficácia dos projetos de pesquisa que envolvem a Universidade e a escola (caso da pesquisa realizada com apoio da FAPESP) bem como dos cursos de formação continuada que são propostos não significa necessariamente mudar a prática, mas provocar um processo de reflexão sobre a prática e ao mesmo tempo compreender que as teorias precisam ser desenvolvidas nos cursos. Em uma sociedade democrática, onde se confrontam múltiplos interesses e estratégias, a mudança do sistema educativo terá necessariamente um longo percurso e por isso, terá que ter diferentes desenhos para que possamos atingir o maior número de pessoas possível.

Como já afirmamos a função docente deve ser estimuladora para que o aluno possa exercer atividades que envolvam vários espaços de aprendizagem e trabalhe com diferentes instrumentos didáticos, procurando colocar o aluno no processo de aprendizagem não como um espectador, mas como aquele que interage com o saber. Isso é importante porque esperamos que o aluno seja capaz de compreender o mundo no qual está inserido e de ser responsável por sua continuidade. Para isso, deve entender porque determinados fenômenos acontecem na sociedade, percebendo que mais importante que decorar o nome de um país ou de um rio é compreender a dinâmica do mundo.

Não podemos então deixar de discutir com o grupo de professores a importância dos temas que resultam na dinâmica decorrente da interação entre sujeito e objeto de conhecimento, interação que possibilita a criação de representações e relações entendidas dentro de uma lógica explicativa para o indivíduo sujeito da aprendizagem. Assim, a construção de conhecimentos é viabilizada por meio da vontade do sujeito, ou seja, da disponibilidade e interesse em apreender determinado conteúdo, e também pela pessoa que ensina, a qual deve identificar os conhecimentos prévios para detectar um conflito entre o que já se conhece e o que se deve aprender, propondo o novo conhecimento de maneira atrativa, de forma que esse se apresente como um desafio interessante. Esse processo não só ajuda na aprendizagem de conteúdos como permite ao aluno aprender a aprender, percebendo-se inserido no processo de aprendizagem.

Concordamos com Meirieu (2005) quando enfatiza que ao nos referimos à aprendizagem temos, inevitavelmente, de nos remeter novamente à discussão sobre a escola e sua função de promover a humanidade do homem. Devemos, neste sentido, como Instituição, comprometer-nos a manter vivas as questões fundamentais da existência, questões que sempre foram colocadas e respondidas de diferentes maneiras através dos tempos e que continuarão a suscitar diferentes respostas. Isso é fundamental para restaurar a ligação entre as gerações e também para permitir articular e reelaborar novas respostas. Partindo desse pressuposto, o objetivo da escola é apresentar uma pedagogia na qual os indivíduos sejam capazes de assumir serenamente a diferença de suas respostas e de engajar em formas de cidadania solidária, que em certa medida, segundo o autor, ainda precisam ser inventadas.

Essa pedagogia inclui, entre outras coisas, a aprendizagem cumulativa, ou seja, uma aprendizagem na qual as competências são desenvolvidas progressivamente pela construção a partir de experiências prévias e aprendizagens em níveis crescentes de complexidade; a ativação da memória, conscientemente resgatando a aprendizagem prévia, para em seguida construir sobre ela; a elaboração ou reflexão ativa sobre o que tem sido aprendido, para em seguida consolidar um novo conhecimento, entendimento ou habilidade (MEIRIEU, 2005).

Durante a pesquisa, propomos estratégias que possibilitaram a eles autonomia e criação das várias modalidades de ensino desde as aulas expositivas mais criativas até a organização de sequências didáticas.

Esses procedimentos encadeados com o intuito de desenvolver e propiciar a construção de conhecimentos pelo sujeito da aprendizagem foram organizados e aplicados pelos professores, tendo em vista o planejamento, a reflexão sobre a prática de ensino e a possibilidade de reestruturação e adaptação do planejado, de acordo com as demandas. Isso tudo constituiu uma sequência didática que conteve atividades e procedimentos que mereceram ser discutidos. Vale destacar que os professores participantes nas duas fases da pesquisa não eram em sua totalidade de Geografia (na primeira fase- 2008 a 2010- 4 eram de Geografia e na segunda- 2011 a 2013- 9), o que reforça ainda mais o que apresentamos.

Existem diferentes formas de se elaborar uma sequência didática, no entanto uma que visa a aprendizagem significativa e a construção da autonomia do aluno, transformando-o em agente de seu processo de aprendizagem, deve articular diferentes conteúdos e diferentes estratégias. Esses conteúdos podem ser conceituais, factuais, procedimentais ou atitudinais. Cada tipo de conteúdo demanda uma estratégia própria, que viabiliza sua aprendizagem.

O passo que sucede o levantamento de conhecimentos prévios é a sensibilização, o que significa que na sequência didática é importante que os procedimentos sejam propostos de maneira significativa e funcional, além de tratar conteúdos acessíveis aos alunos. Trata-se de um desafio alcançável que permite avançar em conhecimentos, além de criar zonas de desenvolvimento proximal. Para que isso seja possível, é necessário problematizar os conteúdos e suscitar o problema, bem como a necessidade deste problema ser resolvido. Cabe destacar que os procedimentos devem ser adequados ao nível de desenvolvimento cognitivo de cada aluno, que provoquem o conflito cognitivo e a atividade mental, para que se estabeleçam as relações entre os conhecimentos prévios e os novos conteúdos (ZABALA, 1998).

No cotidiano da sala de aula, percebemos nitidamente o quanto é importante o desejo pela descoberta e o quanto esse anseio facilita o processo de aprendizagem, já que os questionamentos possibilitam o entendimento dos conteúdos de maneira mais incisiva, pois quando temos interesse em determinado assunto procuramos esgotar suas possibilidades cercando o tema e buscando entendê-lo sob todas as perspectivas. No procedimento de problematização, também é importante realizar a contextualização do conteúdo tratado, destacando sua importância atual e a evolução do conhecimento na história do homem.

Meirieu (2005) trata o procedimento da problematização como uma tensão, afirmando que toda aprendizagem engrena-se a partir de um desejo e requer correr riscos. Isso quer dizer que toda possibilidade de conhecer uma coisa nova – toda nova aprendizagem – mexe com a inibição e com os desejos do aluno, ocasionando um misto de sentimentos em diferentes graus de intensidade, dependendo do aluno. O fato é que, para que seja possível fazer com que o sujeito se interesse pelo novo desafio, é necessário criar uma atmosfera que o envolva e desperte no sujeito o anseio de entender o que está sendo tratado, o que ocorre principalmente quando o sujeito percebe a relação dos conteúdos com o seu cotidiano.

Durante as conversas com os professores participantes da pesquisa pudemos constatar, em diferentes momentos, a existência de uma postura curiosa e com envolvimento deles. Ao trazerem os resultados de sala de aula, ficava evidente a curiosidade e a participação do aluno nas discussões e nas atividades que aumentavam significativamente quando utilizamos a problematização: ao colocar o próprio conteúdo em dúvida, o professor conseguia fazer com que a atenção do aluno se voltasse no sentido de entender porque as coisas podiam não ser exatamente como ele, até aquele momento, acreditou que fossem. Assim, quando perguntamos no curso: "Será que é assim mesmo?", "Mas se é dessa maneira por que ocorre desse jeito?", "Por que será que acontece dessa forma?", "Mas será que contribuímos para agravar esse quadro?", "Qual é a relação desse fato com o que estudamos?",estávamos propiciando situações nas quais, em primeiro lugar, o professor participante da pesquisa percebia que o que ele sabia sobre o assunto não era suficiente para responder a essas questões, ou ainda estávamos introduzindo no estudo de um conteúdo que era desafiador. Em segundo lugar, tal procedimento significou uma reflexão do professor acerca de seus alunos no sentido de que para deixar-se levar no processo de aprendizagem o aluno deve estar disposto a correr risco: risco de errar e de se expor quando realiza colocações ou apresenta suas hipóteses perante o grupo. Evidentemente, um ambiente favorável à aprendizagem também corresponde a uma aula na qual os riscos devem ser enfrentados de forma que se evitem situações de muita exposição do sujeito, trabalhando assim conteúdos atitudinais como o respeito mútuo.

Ao refletir sobre as categorias da Geografia e da Geografia Escolar, percebemos as muitas possibilidades de trabalhar os conteúdos de forma interdisciplinar, uma vez que o entendimento do espaço e a leitura das paisagens demandam a compreensão de diferentes conceitos a estes relacionados e a relação de diversos conteúdos. Assim ao trabalharmos os conteúdos de Geografia no corpo de um projeto temático, podemos articulá-los de maneira contextualizada, espacializada e relacionando-os com as outras áreas do conhecimento. A participação de professores das diferentes áreas do conhecimento e nas diferentes modalidades (séries iniciais, ensino fundamental II e ensino médio) no projeto de pesquisa evidenciou o quanto isso é verdadeiro e o quanto de possibilidades de aprendizagens são geradas a partir de um contexto que ao mesmo tempo guarda as especificidades das disciplinas e avance nas relações com as demais ciências.

O levantamento de conhecimentos prévios e as problematizações, ou seja, os questionamentos sobre os conteúdos e conceitos tratados, devem permear todo o trabalho a fim de retomar, reelaborar, aprofundar ou reestruturar esses conceitos. Desta forma, a sequência didática constitui uma ferramenta dinâmica, pois está em permanente construção. Mesmo que o professor inicialmente proponha um tema de projeto, os alunos, por meio dos questionamentos, acabam contribuindo com a elaboração do currículo, o que foi verificado nos projetos com os grupos de professores e o que acabou ocorrendo em seus respectivos alunos.

Um dos grandes desafios, no que pudemos vivenciar, passa a ser como formar professores das séries iniciais, que não tem formação específica na área de

Geografia, e, ao mesmo tempo, instrumentalizá-los a tratar os conteúdos e conceitos da área de maneira articulada dentro de um projeto. No entanto, alguns dos conteúdos e conceitos geográficos, que habitualmente são ensinados por esses professores, foram utilizados como ponto de partida em nossa intervenção para diagnosticar o entendimento que eles tinham e também para iniciar as discussões e oficinas, a fim de que desenvolvessem estratégias de aulas que pudessem ser aplicadas juntos aos seus alunos. Essas estratégias aconteceram, como já assinalado, pela elaboração de sequências didáticas e projetos que contribuíssem com a aprendizagem significativa dos conteúdos propostos.

Para tanto, apresentamos diferentes situações problemas, nas quais os professores deveriam, em um primeiro momento, pensar sobre os conceitos que estavam ligados a esta situação. Depois, tiveram que construir uma tabela indicando o que sabiam e o que não sabiam sobre o assunto. Em um terceiro momento, tiveram que escrever os conteúdos que podiam ser trabalhados a partir da situação apresentada.

Como continuidade das ações, solicitamos aos professores que elencassem quais os objetivos de aprendizagem eram passíveis de serem alcançados de acordo com suas respectivas turmas a partir do que foi levantado previamente.

Ao se depararem com esta proposta – que foi propositadamente apresentada para que questionassem como se dá o processo de construção do conhecimento quando se parte da realidade para depois teorizarmos sobre esta realidade- observaram que muitas das vezes construíam o plano de suas aulas focando em preencher espaços mas não se questionando acerca da amplidão de conceitos e conteúdos associados, o que levava a uma aprendizagem mnemônica e sem sentido por parte dos alunos e deles mesmos. Tal atividade tem como suporte teórico e metodológico os estudos realizados por Leite; Afonso (2001) e Moraes (2010).

Ao utilizar essa estratégia, pudemos verificar que a articulação entre sequência didática e aprendizagem por problemas contribuíram para o processo de aprendizagem e para a formação dos professores que integraram a equipe participante da pesquisa.

Acreditamos que dessa forma podemos pensar em mudanças que vão, diante do que foi aqui apresentado, muito além de alterar apenas um plano de aula. Ao contrário, reforçamos, com esta atividade bem como constatamos nos trabalhos desenvolvidos pelo grupo de professores que houve uma melhora na prática docente no sentido de pensar uma outra forma de organização da aula tendo em consideração o saber de referência do aluno e o trabalho com a linguagem científica e assim contribuir para uma escola mais justa.

REFERÊNCIAS

AZANHA, José Mario Pires. Democratização do ensino: vicissitudes da ideia no ensino paulista. **Revista Educação e Pesquisa**, São Paulo, v. 30, n. 2, p. 335-344, maio/ago. 2004.

BACHELARD, Gaston. **A formação do espírito científico**: uma contribuição para a psicanálise do conhecimento. Rio de Janeiro: Contraponto, 1996.

BIARNÉS, Jean. **Universalité, diversité et sujet dans l'espace pédagogique**. Paris: L'Harmattan, 1999.

CARVALHO, Anna Maria Pessoa de. Critérios estruturantes para o ensino de ciências. In: CARVALHO, Ana Maria Pessoa de (Org.). **Ensino de ciências**: unindo a pesquisa e a prática. São Paulo: Pioneira Thonsom Learning, 2004. p. 1-17.

CASTELLAR. S. O Ensino de geografia e a formação docente. In CARVALHO, Anna Maria P. (org.) **Formação Continuada de Professores**. São Paulo: Pioneira Thomson Learning. 2003, p. 103-122.

CASTELLAR. S. **Didática da Geografia (escolar)**: possibilidades para o enisno e a aprendizagem significativa no ensino fundamental. Tese de Livre Docência. FE-USP, 2010.

CASTELLAR. S e VILHENA, J. **Ensino de Geografia**. São Paulo: Cengage Learning, 2010.

CHAMLIAN, Helena Coarik. **Experiências de pesquisas: o sentido da universidade na formação docente**. Tese (Livre-Docência) – Faculdade de Educação, Universidade de São Paulo, São Paulo, 2004.

DUBET, François **O que é uma escola justa? A escola das oportunidades.** Cortez Editora. 2008.

LEITE,L.; E AFONSO, A.S. Aprendizagem baseada em resolução de problemas:Características, organização e supervisão. XIV Congresso de Ensino de Ciências. Universidade do Minho, **Boletim das Ciências**, ano XIV,n.48, novembro de 2001.

MARTÍNEZ, Miguel. Un lugar llamado escuela. In: MARTÍNEZ, Miguel; BUJONS, Carlota (Coord.). **Un lugar llamado escuela**: en la sociedad de la información y de la diversidad. Ariel: Barcelona, 2001. p. 12-85.

MEIRIEU, P. **O Cotidiano da Escola e da Sala de Aula – o fazer e o compreender**. Tradução Fátima Murad. Porto Alegre: Artmed, 2005. 221 p.

MERLE, P. Le concept de démocratisation d'institution scolaire, Population,55,1,200; La démocratisation de l'enseignement, Paris, La Découverte, 2002. In DUBET, François. **O que é uma escola justa? A escola das oportunidades**. Cortez Editora. 2008, p. 27-28.

MORAES, J.V. **A alfabetização científica, a resolução de problemas e o exercício da cidadania:** uma proposta para o ensino de Geografia. Tese de doutoramento. FE-USP, São Paulo, 2010.

RUÉ, Joan. **La acción docente en el centro y en el aula**. Madrid: Sintesis Educación, 2001. (DOE, 13).

_____. Aprender com autonomia no ensino superior. In: ARAUJO, Ulisses; SASTRE, Genoveva (Org.). **Aprendizagem Baseada em Problemas no ensino superior**. São Paulo: Summus, 2009. p. 157-176.

SOLE, I. Bases psicopedagógicas de la práctica educativa. In Mauri, M. T.; Sole, I; Carmen, L. D.; Zabala, A. **El curriculum em el centro educativo**. Barcelona: Horsori, 1990, p. 51-88.

TOMLINSON, Carol Ann. **El aula diversificada: dar respuesta a las necesidades de todos los estudiantes**. Octaedro, 2001.

ZABALA, A. As sequências didáticas e as sequências de conteúdos. In _____. **A Prática Educativa – como ensinar**. Tradução Ernani F.da Fonseca Rosa. Porto Alegre: Artmed, 1998. p. 53-86.

A MEDIAÇÃO DIDÁTICA DO ESTUDO DA CIDADE E O TRABALHO DE CAMPO:
diferentes formas de ensinar Geografia

Ana Claudia Ramos Sacramento[42]

Introdução

Ensinar a cidade possibilita pensar o processo de organização espacial no qual quase todos os estudantes vivenciam diariamente, mas que muita das vezes, eles não compreendem a gênese e as diversas transformações decorrentes das técnicas, das ações e das relações que a sociedade estabelece com a natureza e com ela mesma, mediante a sua necessidade de criar e organizar o espaço para a realização de múltiplas atividades.

Ao estudar esses fenômenos, é importante entender quais são as dimensões didático-pedagógica e geográfica para estabelecer uma interação de ensino e aprendizagem que promovam aos estudantes a formação cidadã, ao saber relacionar os conceitos e os conteúdos estudados com os aspectos socioespaciais ligados ao cotidiano.

Cavalcanti e Morais (2011) argumentam que os estudantes trazem consigo formas de pensar a cidade porque caminham, como também vivenciam partes do urbano: dos serviços, dos equipamentos, da circulação, da infraestrutura em seus diferentes níveis e sabem diferenciar os lugares da cidade que estão postos ou não esse urbano.

A compreensão sobre o espaço vivido na cidade possibilita a mediação das práticas socioespaciais que estão camufladas na paisagem, no arranjo territorial, permitindo ir além da aparência, percebendo e analisando a dimensão de como os lugares realmente são construídos. Os elementos físicos que compõem a paisagem na cidade como: relevo, solo, lugar, rios; além de elementos técnicos, os objetos e outros fenômenos geográficos que são formas de intervir e desenvolver a leitura espacial sobre os conhecimentos geográficos para a compreensão das dinâmicas das diferentes cidades.

Para trabalhar com o conceito de cidade, a terminologia utilizada é de Lopes (2011) como objeto construído pelos assentamentos humanos extremamente diversificados e Lefebvre (2001) esta como uma obra de arte, pois ela é criada a partir das relações entre a sociedade sobre um determinado contexto, bem como Abreu (2008) destaca as transformações que ocorreram na organização espacial da cidade do Rio de Janeiro ao longo do tempo.

---

42   Doutora em Geografia Física pela DG-FFLCH-USP (2012), Mestre em Educação pela FE-USP (2007). Professora do Departamento de Geografia da Faculdade de Formação de Professores - UERJ desde 2013.

Ao ensinar sobre a cidade, busca-se na pedagogia histórico-crítica discutida por Gasparin (2002) como uma possibilidade de uso do método dialético, ou seja, por meio de análises da realidade, de estudo, de reconstrução do saber em aula – na articulação da teoria e prática dos conteúdos.

As concepções de ensino de Geografia e da cidade de Castellar (2011), Cavalcanti (2011), Cavalcanti e Morais (2011), para se pensar uma educação geográfica que possibilite articular os conceitos e conteúdos na mediação do conhecimento para estimular a análise espacial cidadã nas aulas, as quais culminaram no trabalho de campo realizado pelos estudantes na cidade da Rio de Janeiro, como forma de vivenciar as diferentes paisagens e suas dinâmicas territoriais, bem como a construção de roteiros de campo pelos seus bairros. É possível aprender, a partir de uma aula mediada e experienciada como o trabalho de campo e de uso de recursos que organizem a aprendizagem de maneira significativa e ativa.

3. Pensar a cidade para ensinar Geografia

A cidade faz parte da concepção humana de criação e organização de seu espaço. Nela se constituem vários objetos e fenômenos a serem interpretados, de acordo com as diferentes formas e conteúdos. Sendo, uma parte do espaço geográfico, ela traz signos, símbolos e informações culturais, sociais, econômicas que fazem parte das paisagens e dos arranjos territoriais no espaço.

A construção da cidade se constitui pela necessidade de estabelecer relações socioespaciais para a ação, a movimentação, a circulação, a caminhada, a vivência pelos lugares, para criar condições de produzir espaços para as diferentes atividades que são desenvolvidas como objetivo de agrupar ou assentar a sociedade nas diversas funções.

Segundo Souza (2011), pensar a cidade é muito complexa, pois cada uma dela tem um corpo individual próprio, já que é construída e pensada, a partir da sua origem tanto dos seus elementos físicos como sociais. A cidade é um objeto com múltiplas formas e conteúdos, pois são assentamentos humanos produtos das relações sociais diversificados em todas áreas de atividades. Assim, ele caracteriza as transformações que ocorreram nas cidades agrícolas, industriais e urbanas, em seus diferentes meios geográficos, nos quais se estabeleceram diferentes técnicas, ideologias e práticas sociais. Estes permitem dividir ou estabelecer a cada cidade ações ou diversidades de atividades tanto socioculturais como econômicas.

Para Lefebvre (2011) toda cidade tem uma história das pessoas e de grupos que a constrói, de acordo com as necessidades e as condições históricas de cada época. Sendo assim, ela é criada a partir de uma prática socioespacial dos diferentes contextos, ou seja, a construção da obra chamada cidade se estabelece pelas ações, pelas circulações, pelas dimensões espaciais que a sociedade em sua prática social inventa, de acordo com a função, pelas formas que são atribuídas a essa obra para que possa interagir dialeticamente com eles, entre eles e entre os lugares. Segundo o autor:

> Desta forma, a cidade é obra, a ser associada mais com a obra de arte do que com o simples produto material. Se há uma produção da cidade, e das relações sociais na cidade, é uma produção e reprodução de seres humanos por seres humanos, mais do que uma produção de objetos. A cidade tem uma história: ela é a obra de uma história, isto é, de pessoas e de grupos bem determinados que realizam essa obra nas condições históricas. (LEFEBVRE, 2001, p. 46-47)

Entende-se que ao modificar, ao criar redes e ao organizar novos papéis aos objetos e as pessoas, a sociedade recria a cidade que se moderniza e se torna mais dinâmica, pois essa obra é produzida pelos agentes que a transformam, ao se apropriarem da natureza para organizar socialmente o espaço, formando novos fenômenos na cidade, como o urbano.

A apropriação da natureza e de diferentes técnicas é fundamental para o desenvolvimento da cidade, pois é a partir da morfologia que se articula como criar e produzir os lugares. Ao entender o solo, a bacia hidrográfica, o relevo, a sociedade definiu-se sua ocupação e consequentemente, sua forma de usá-la e de transformá-la. A cidade, dessa forma, se materializa como um objeto do espaço social criado para a apropriação dos agentes e da sociedade ao desenvolver suas atividades, além da própria territorialização dos lugares recriando novos modelos e formas de viver.

Tanto Lefebvre (2001) quanto Souza (2011) afirmam que a cidade é um objeto construído socialmente com diversas funcionalidades que se revelam ao longo da história, em suas diferentes formas e funções. A sociedade constitui novos elementos como novas técnicas, concepções arquitetônicas, ideológicas e políticas, e outros que possibilitaram o desenvolvimento de um processo urbano. A cidade e o urbano seriam uma forma dialética que se interagem sobre uma forma material – o prático sensível – que pode viabilizar ou não a forma urbana.

O urbano seria tudo relacionado com a vida na e da cidade bem com os sujeitos que nela vivem, ligado à organização interna e aos problemas, como aos meios de lazer e entretenimento, às áreas residências, à infraestrutura moderna (como vias públicas, iluminação, transportes e outros), como destaca Souza (2011), com seus problemas urbanos como violência, desemprego, pobreza, desigualdade socioespacial, entre outros.

O desenvolvimento urbano transforma as suas paisagens urbanas e todos os elementos que a compõem, nos permitem compreender as diferentes formas de ler e interpretar as cidades, pois são lugares de contradições, que tem múltiplas funções e dimensões, sendo caracterizados diferentes meios de suas paisagens.

Lefebvre (2001) caracteriza o urbano como uma forma que está materializada na cidade como um meio de habitar e de viver sobre esta, que aparece de forma problemática sobre a vida cotidiana com seus signos e símbolos. O urbano se baseia na função das necessidades sociais como o movimento, a diversidade de mobilidade social, no valor de uso, sendo um fenômeno que se impõe em escala mundial pelo processo de implosão-explosão da cidade atual.

Sendo assim, o ensinar a cidade possibilita aos estudantes compreenderem o processo de materialização das práticas socioespaciais. É trazer uma concepção de cidade para dentro de suas práticas, construindo um processo de reflexão sobre suas próprias relações com a cidade, articulando com os conceitos não só da Geografia, mas aqueles que viabilizam pensar o histórico, o político, dentre outros.

Assim, a cidade se torna um conteúdo não estático, mas vivenciado a partir da mediação desenvolvida pelo docente ao trabalhar com uma cidade que educa, como afirmam Cavalcanti (2012), Castellar (2011), Cavalcanti e Morais (2011), dentre outros.

4. O processo de mediação do ensino e aprendizagem da Cidade

Para se ensinar a cidade é importante entender como orientar e mediar o saber proposto, isto significa dizer, criar condições em que o mediado – os estudantes – conheçam os conceitos e os conteúdos geográficos sobre a cidade, construindo suas próprias dinâmicas, formas de articular os conceitos da sala de aula com o cotidiano.

Desta forma, a ação docente consiste em potencializar a leitura de mundo, a partir do contexto dos agentes modeladores e políticos da cidade, de analisar as desigualdades socioespaciais do habitar, da mobilidade, da ação, da criação de objetos em determinados lugares e outros para uma formação cidadã espacial que articule os conhecimentos geográficos dos cotidianos.

Segundo Cavalcanti (2002), a cidade sendo um conteúdo escolar é caracterizada não somente pela forma física, como também pela materialidade dos modos de vida, envolvendo o estudante na compreensão do seu modo de vida cotidiana.

De acordo com Castellar (2011), os conceitos e os conteúdos sobre essa temática, como a organização dos objetos, as diferenciações espaciais, a criação de redes, uso do solo, as formações territoriais e culturais existentes na cidade, a cartografia dos lugares, as suas funções econômicas, sociais, residenciais, culturais, dando um sentido de estudar na perspectiva da Educação Geográfica. Esta contribui para pensar as questões práticas do cotidiano, bem como, uma interpretação dos fenômenos geográficos na compreensão do significado do espaço vivido.

Ainda, segundo Cavalcanti (2005, 2011), Castellar (2005, 2011), Callai (2005, 2010), dentre outros, é necessário que a ação docente articule pedagogicamente a formulação de hipóteses, a partir de observações, para depois obter a comprovação e logo a análise. Para esse processo de análise, o docente no processo de mediação, desenvolve a prática científica articulada com o desenvolvimento teórico, ou seja, a dimensão da prática pedagógica e da epistemologia da ciência geográfica.

Essa reflexão permite criar uma possibilidade de entender as espacialidades, a partir de um diálogo com a leitura de mundo promovendo os estudantes serem sujeitos leitores desses diferentes lugares e escalas, compreendendo e se tornando ativos nos espaços de vivência a partir de uma lógica da organização os objetos e dos movimentos realizados pela sociedade para desenvolver suas atividades.

Para tanto, faz-se necessário uma mediação que estabeleça as concepções geográficas voltadas ou vinculadas a uma prática social dos estudantes, que segundo Gasparin (2002) conduza a uma aprendizagem significativa. Assim, para mediar o conhecimento precisa saber transmitir para o outro alguma coisa, construir meios que possibilitem o docente a desenvolver uma relação ímpar com os estudantes, envolvendo não só a disciplina escolar, mas todo meio que promova certa aprendizagem.

Os conhecimentos didático-pedagógicos são relevantes para se pensar os caminhos, os meios, as formas de como estabelecer a relação entre o saber e os estudantes. Para tanto, trabalhar com uma prática social de uma didática crítica por meio de um ensino que seja significativo, crítico e ativo, trazendo assim, sua prática social proveniente das cidades vividas dos estudantes.

Pode-se dizer que na concepção de Gasparin (2002) conduzir a aula sobre o ensino de cidade, é importante destacar que não é uma receita, mas caminhos didáticos de organização, a partir da

1) Prática Social Inicial dos Alunos – a relação dos conhecimentos prévios sobre o conceito de cidade e de suas transformações visíveis e invisíveis na paisagem ou qual é a vivência que deles tem sobre ela;
2) Problematização do tema – pensar a cidade como uma obra da sociedade para que possa organizar socialmente o espaço, desta forma, os estudantes vivenciam práticas sociais espaciais;
3) Instrumentalização – as ações didático-pedagógicas para pensar a aprendizagem e os recursos a serem utilizados. As aulas foram mediadas para que os estudantes se tornem sujeitos ativos, com o uso do site (com imagens, vídeos e mapas da cidade, o trabalho de campo e o roteiro de campo realizado por eles), das aulas mediadas e uso de materiais didáticos;
4) Catarse – o pensar do educando sobre o processo de aprendizagem no viés social – os estudantes debateram sobre as concepções de pensar a cidade e o processo urbano, para repensar sobre as transformações espaciais de cidade e no urbano;
5) Prática social final – como a aula posiciona os estudantes a repensar os conteúdos para sociabilizar-se com o seu cotidiano - a partir dos conceitos e dos conteúdos trabalhados como eles desenvolveram suas aprendizagens e compreenderam as cidades de vivência.

Para tanto, a mediação do conhecimento possibilita a realização didática de propostas de ensino no qual os estudantes são sujeitos, possibilitando a compreensão da forma como veem o mundo e os fenômenos geográficos (sociais e físicos) a eles inseridos.

5. A aula como um meio didático para estudar a cidade

A aula é de fundamental importância na articulação das ações[43] didáticas, ou seja, na forma como os professores conduzem a organização e a produção do conhecimento escolar, partindo da relação com o seu objeto de trabalho: a mediação do saber.

Esse ato reflexivo é a concepção que os estudantes constroem durante a organização dialógica com os conteúdos das disciplinas ministradas pelos docentes. Ele se dá a partir do momento em que se há estratégias específicas, para que eles consigam compreender os conteúdos e os conceitos e, ao mesmo tempo, saibam esse significado para o cotidiano.

Partindo das concepções de Souza e Lefebvre da cidade, enquanto formação histórico-espacial da sociedade, buscou-se desenvolver as aulas, na perspectiva da transformação dos espaços naturais que culminaram nas mudanças nas paisagens, nas mobilidades, nos fixos e fluxos, nas desigualdades socioespaciais, no modo viver, político e econômico dos aspectos urbanos. A partir da cidade do Rio de Janeiro como objeto de estudo Abreu (2008), as aulas foram mediadas para a articulação entre a teoria e a prática pela necessidade humana de organizar espacialmente os lugares. Aqui far-se-á um recorte para a compreensão dessa obra criada pelo homem chamada cidade.

As aulas foram ministradas para as turmas de 2º ano do Ensino Médio em um colégio técnico federal no Estado do Rio de Janeiro, com duas aulas semanais (tempo de 50 min), tendo em média 25 estudantes em sala de aula, estudando em tempo integral (7:30h às 17:00h). Importante ressaltar que mais de 80% dos estudantes não moram no município do colégio (Seropédica) e sim, 50% na cidade do Rio de Janeiro, e outros 30% municípios diversos.

Para iniciar a aula, trabalhou-se, *a etapa 1*, a prática social inicial, ou seja, o que eles já conhecem e vivenciam sobre as suas cidades. Para a compreensão dessa prática, buscou-se entender: *o que eles conheciam e entendiam sobre a formação espacial e social de uma cidade?* A partir de uma discussão inicial, de forma geral, a cidade é um espaço onde as pessoas vivem, trabalham, estudam, devido à necessidade de organização das coisas, assim como destacaram os aspectos estruturais do urbano: a infraestrutura, os fixos e fluxos, mostrando as diferenças entre os bairros e entre as diferentes cidades de moradia deles[44]. As

---

[43] Segundo Santos (1996, p. 53) a ação é o próprio do homem. Só o homem tem ação porque só ele tem objetivo, finalidade... As ações resultam de necessidades naturais ou criadas. Essas necessidades: materiais, imateriais, econômicas, sociais, culturais, morais, afetivas, é que conduzem os homens a agir e levam a funções.

[44] A maioria deles mora da cidade do Rio de Janeiro (bairros como Campo Grande, Santa Cruz, Paciência e outros), assim como os municípios de Itaguaí, Nova Iguaçu, Paracambi e outros.

respostas foram diversas, e isso foi importante, pois a partir disso, foi-se dado o direcionamento dos conceitos e dos conteúdos necessários para o desenvolvimento inicial da aula.

Depois desse primeiro momento, foi apresentado o portal http://portalgeo.rio.rj.gov.br/EOUrbana/,[45] com o objetivo de se trabalhar o surgimento de uma cidade e de suas transformações por meio de mapas, imagens e vídeos que retratam as diferentes paisagens que permitem perceber a organização espacial da cidade, por meio das mudanças e permanências dos objetos da e na cidade realizadas pelos aspectos políticos e sociais que promoveram as tais transformações. Com a utilização desse recurso didático, destacamos as diferentes transformações ocorridas pela estratificação das classes sociais, técnicas, políticas e econômicas, ABREU (2008), ou seja, a organização da cidade e sua evolução urbana são estruturadas por um conjunto complexo de intervenções das classes dominantes para renovação da cidade dando origem a novas segregações espaciais como uma delas – as favelas.

Na *etapa 2*, trabalhou-se, a problematização da temática, a análise sobre a concepção de cidade e de mudanças socioespaciais – O homem necessita criar os lugares para habitarem, para trabalharem e para viverem. *Como e por que acontece a transformação das cidades e de seus bairros? Qual é o objetivo dessas transformações?* A aula se constitui a partir das análises das imagens do centro do Rio de Janeiro, pois a discussão se iniciou da formação histórico-geográfica SOUZA (2011) nas transformações sobre a Natureza e os fenômenos naturais, sobre a construção de uma obra. Sendo que, no caso da aula, esta foi realizada pelo estudo do relevo e de suas formas: lagos, morros, praia, enseada e pela bacia hidrográfica: os rios e seus afluentes, pois eles compreenderam que os seus lugares de vivencia foram construídos de acordo com determinadas técnicas, modificando uma paisagem natural para uma paisagem urbana, provocando-os a refletir e entender como o espaço geográfico se transforma conforme as realizações (obras) das sociedades em determinados períodos históricos. Conforme, Amador (1996) e Guerra (1997) o processo de organização espacial da cidade do Rio de Janeiro provocaram o desaparecimento de praias, de morros, de lagos o que permitiram uma nova dinâmica inclusive de segregação socioespacial na cidade como tanto destaca ABREU (2008).

Após, foram escolhidas, etapa 3, instrumentalização, uma sequência de imagens: Largo da Carioca e Copacabana, pois estes lugares seriam os do trabalho de campo. Foi pedido para que os estudantes analisassem os elementos que permaneceram em cada imagem e os elementos que mudaram ao longo dos períodos. Assim, os mesmos foram ao quadro para realizar uma comparação e discutirmos sobre essas análises (mudanças e permanências características das paisagens), como também perceberam as diferentes formas de viver sobre esta cidade. Por isso, para ABREU (2008) o papel do Estado foi determinante para a organização da cidade, pois as reformas urbanas foram:

---

45 Este é uma criação do Instituto Pereira Passos, órgão do Planejamento Urbano da Prefeitura do Rio de Janeiro, no qual há imagens, mapas, pequenos vídeos e simulações da cidade.

A intervenção direta do Estado sobre o urbano – caracterizada pela Reforma Passo – não só modificou definitivamente essa relação como alterou substancialmente o padrão de evolução urbana que seria seguido pela cidade no século XX. (ABREU, 2008, p. 73)

Segundo o autor caracteriza que as diferentes formas da política administrativa e econômica propiciaram a organização espacial da cidade, pois cada agente se utilizou das dinâmicas históricas e sociais para legitimar uma territorialidade tanto nos subúrbios como nas áreas centrais e da zona sul da cidade, sendo determinante para a segregação espacial. Para tanto, os estudantes trouxeram informações de seus bairros e de outros municípios para compreenderem a dinâmica urbana e o poder da centralidade e dos interesses da classe dominante.

A catar-se, *etapa 4*, foi fomentar por meio das discussões em grupo, quais seriam os conceitos percebidos pelos próprios estudantes ao longo das atividades: a) as paisagem natural e urbana - as mudanças ou as permanências se deram: pelo processo histórico-geográfico (ou seja, eles precisam entender o contexto e os meios de cada época); b) o processo de urbanização e de ocupação; c) o uso de diferentes técnicas (pois as imagens apresentavam casas, depois, prédios com determinados estilos e atualmente edifícios com tipos de materiais diferenciados); d) a verticalização e horizontalidade; e) a infraestrutura; f) as formas e os conteúdos dos objetos pela necessidade social das pessoas; g) as diferentes mobilidades das pessoas (dos cavalos, das carretes, dos bondes aos carros); h) a organização de moradia; i) as mudanças no relevo, bacia hidrográfica e solo para o desenvolvimento do assentamento humano; j) as desigualdades socioespaciais e as áreas da sociedade; h) periferização; i) os grupos sociais; j) centralização e descentralização; l) metrópoles e metropolização; m) planejamento urbano; n) violência urbana; o) planejamento urbano e plano diretor; p) a localização e o significado dos objetos e símbolos (uso da linguagem cartográfica).[46]

Esses conceitos e conteúdos possibilitaram a discussão sobre como a cidade sendo uma construção humana - uma obra – tem determinadas formas e conteúdos com determinadas características nas quais os bairros que a constituem se tornam também únicas, assim como a circulação, o uso do solo e outros, se manifestam no processo urbano, formando uma rede de significados e símbolos sobre a cidade. Permite entender os modos de vida da população na cidade, e, como os próprios estudantes tem vínculos com essas diversas realidades.

Na *etapa 5*, a prática social final, neste momento, os estudantes analisaram e perceberam quais foram as mudanças ocorridas em seus lugares de vivências, a partir dos conceitos e conteúdos no catarse, contextualizando as discussões desenvolvidas na sala de aula com as práticas sociais de seus cotidianos, entendendo que a cidade e os processos do urbano são contraditórios e dialéticos.

---

46   Esses conceitos e conteúdos foram desenvolvidos das discussões fundamentais a partir do significado da cidade e dos elementos urbanos que os estudantes vivenciam em seu cotidiano. As aulas seguintes foram discutidas mais profundamente esses conteúdos, a partir da perspectiva histórico-crítica Gasparin (2002), utilizando outros recursos didáticos e outras linguagens, culminando nas discussões sobre a cidade e o urbano de acordo com Souza (2011), Lefebvre (2001), Cavalcanti e Morais (2011), Abreu (2008).

Para finalizar essa etapa, foi realizado com os alunos um trabalho de campo para o centro do Rio de Janeiro e para os bairros do Leme e de Copacabana, a fim de discutirmos as dinâmicas da cidade, apresentadas ao longo das aulas.

6. Trabalho de campo como uma possibilidade de estudo da e na cidade

O trabalho de campo é uma metodologia muito importante para a Geografia, pois permite discutir no lugar aquilo que foi estudado em sala de aula. Aletenjano e Rocha-Leão destacam que:

> desde os primórdios da Geografia os trabalhos de campo são parte fundamental do método de trabalho dos geógrafos. Aliás, a sistematização da Geografia enquanto ciência muito deve ao conjunto de pesquisas e relatórios de campo elaborados anteriormente por viajantes, naturalistas e outros, verdadeiro manancial de informações que foram essenciais para a construção das bases para o desenvolvimento da Geografia. (ALETENJANO E ROCHA-LEÃO, 2006, p. 53)

A importância de se desenvolver um trabalho de campo é possibilitar a interação e a compreensão dos conceitos e conteúdos já apresentados em sala de aula com a descrição, interpretação e análise na própria área de estudo, por meio de um roteiro direcionado que estimule o olhar crítico dos estudantes sobre os fenômenos e os objetos, parte da organização socioespacial da sociedade na cidade.

A partir de um planejamento tanto das aulas como da saída de campo, eles observam e compreendem os elementos físicos, biológicos, sociais, culturais em diferentes espaços da cidade, como foi o caso, do Centro da Cidade e de Leme e Copacabana.

Segundo Castellar (2011) o trabalho de campo é o elo entre a cidade e o ensino, na medida em que se sai da escola para observar, interpretar e aprender como se desenvolve uma pesquisa. É a partir dessa relação entre o ensino de cidade, que a educação geográfica e o trabalho de campo possibilitam metodologias que promovam nos estudantes o desenvolvimento de uma consciência espacial e a compreensão dos seus espaços vividos.

O objetivo do trabalho de campo para a cidade do Rio de Janeiro e seus trajetos foi discutir as mudanças ou as permanências, o processo de urbanização e de ocupação; as formas e os conteúdos dos objetos existentes; a verticalização; infraestrutura; mobilidade; os impactos no relevo, bacia hidrográfica e solo para o desenvolvimento do assentamento humano; a leitura cartográfica dos símbolos e signos sobre a cidade[47].

---

47 O roteiro de campo está compilado, para o artigo, que contém: objetivo do campo, material necessário, atividades, aspectos gerais dos lugares (trajeto), os mapas.

Roteiro da Atividade de Campo para os Centros Velho e Novo da Cidade do Rio de Janeiro e Forte do Leme (Copacabana)

Objetivo do trabalho de campo:

1) Analisar as transformações urbanas em partes da cidade;

2) Compreender a importância de pensar a cidade (e seus elementos) no cotidiano do estudante;

3) Fazer caminhada ecológica pela APA (Área de Proteção Ambiental) dentro do Forte do Leme, conhecer sobre o Exército Brasileiro: sua história e a do forte, a partir daí analisar a geomorfologia costeira e o processo urbano de Copacabana e Leme.

Material necessário

- Máquina fotográfica (ou câmera)

- Caneta e caderneta para anotar as explicações ou um gravador

- Mapa das partes visitas (está no roteiro)

- Os estudantes separados em grupos irão filmar e tirar fotos dos elementos mais significados do espaço analisado.

Atividades em grupos:
1) Observar a paisagem local;
2) Descrever a paisagem vista (todos os elementos humanos e físicos/naturais)
3) Tirar fotos dos elementos mais importantes para o grupo;
4) Filmar as impressões do grupo.

Aspectos gerais dos espaços a visitar e analisar
CENTRO DA CIDADE
1ª Parte do Roteiro – Centro Novo: Análise da Central do Brasil - Campo de Santana (Praça da República); Praça Tiradentes.
2ª Parte do Roteiro – Centro Velho: Largo da Carioca.
3ª Parte do Roteiro – Cinelândia.
4ª Parte do Roteiro – Praça XV.

LEME E COPACABANA
5ª Parte do Roteiro - Visita ao Forte do Leme - Em cima do Forte – análise das praias do Leme e de Copacabana (geomorfologia costeira) e o processo de urbanização.

Durante a ida a campo, os estudantes perceberam elementos na cidade e do urbano para além daqueles analisados em sala de aula, como por exemplo, do colégio até o centro da cidade, o trajeto é pela Avenida Brasil (via muito conhecida da cidade do Rio de Janeiro), pela qual passou-se por diversos bairros com vários contrastes socioespaciais. Nos trajetos do roteiro, as discussões foram articular com as aulas, como também com aqueles visíveis e invisíveis pelos estudantes, ao perceberam os fluxos e os fixos, as mobilidades, as atividades existentes no próprio campo nos diferentes espaços.

Durante os trajetos, a discussão sobre os centros novo e velho – as transformações, as formas, os objetos promoveram nos estudantes a articulação com os conceitos as discussões da aula com a que estavam observando em campo, além do mais, questionaram sobre a construção e a manutenção do centro da cidade e as relações comerciais, culturais, sociais e físicos.

O caminhar pela cidade desenvolveu nos estudantes outras possibilidades de análise que as imagens, os vídeos e a própria aula não foi percebido por eles, pois eles vivenciaram e sentiram as ações sobre as diferentes partes da cidade. Após o trabalho de campo, os mesmos desenvolveram em grupo seus próprios roteiros de campo nos seus bairros. O objetivo foi promover o pensar como os espaços vividos são partes da cidade e qual seria a relevância dos bairros.

7. Construção de um roteiro de campo sobre os bairros e os municípios pelos estudantes

Com o desenvolvimento do trabalho de campo pelo centro histórico e pelos bairros do Leme e de Copacabana, os estudantes deveriam realizar um campo pelos seus bairros ou parte de seus municípios e compreender a dinâmica espacial e a articulação que os bairros tem entre si, formando a cidade. Os estudantes criaram seus próprios roteiros de campo, destacando quais seriam os elementos mais importantes da sua cidade ou do seu bairro. Todos os roteiros estavam acompanhados de mapa do município. Para a realização do campo, foram divididos em grupo (em geral aqueles que moram no mesmo bairro ou município), os mesmos deveriam escolher partes dos lugares a visitar e analisar para organização dos trajetos, a partir de um roteiro. Foram selecionados dois roteiros: um do bairro de Campo Grande e outro de Santa Cruz, bairros da zona oeste do Rio de Janeiro.

Roteiro do Bairro de Campo Grande
Alunas responsáveis: Ághata Catarine, Andrezza Kapplin, Beatriz Almeida, Frany Cajaíba
Objetivos do roteiro:
- Visitar o Parque Municipal do Mendanha.
- Mostrar como o bairro tem feito para a preservação de suas áreas verdes, que de tempos para cá tem sido devastado em diversos lugares.
Etapas do roteiro
Visita ao Parque Natural Municipal do Mendanha
Visitaremos o Parque Natural Municipal do Mendanha, sub-bairro de Campo Grande. Está localizado na altura da entrada para o bairro de Bangu e na saída da localidade de Nossa Senhora das Graças.
1º Visitaremos a parte urbana de Campo Grande, visando fazer uma análise geográfica e demográfica do local.
2º Em seguida iremos visitar o Parque Natural do Mendanha, visando fazer uma análise geográfica e também a respeito da preservação da área.
3º Analisaremos também a parte turística, tanto do Parque quanto da área urbana de Campo Grande.

Este grupo teve como objetivo pensar o meio ambiente, ou seja, a partir do Parque um objeto criado para organização de áreas verdes, pensar como é feito sua preservação e qual a sua importância para o bairro. Sendo assim, o grupo buscou realizar três movimentos: 1) entender o processo urbano do bairro e a expansão populacional; 2) compreender como este se insere no contexto do bairro; 3) desenvolver um roteiro turístico para o bairro articulando com a área do parque. Os estudantes relataram a dificuldade de organização do roteiro, de definir aquilo que é significado dentro do bairro para eles. A escolha do parque se deu porque seus familiares passeiam com eles, outros por curiosidade de conhecê-lo. O comentário foi que ao desenvolver essa atividade, eles começaram a conhecer mais sobre o seu bairro, entender a dinâmica e a importância do parque como uma área de conservação. Perceberam com é a divisão administrativa do seu bairro, já que Campo Grande é dividido por sub-bairro e que cada parte tem uma característica própria. Além disso, a relação com o trabalho de campo mostrou as características urbanas de cada área, como o centro histórico tem semelhantes com algumas partes do bairro, como se estabelece a mobilidade, as atividades econômicas e culturais. Outra observação foi a respeito da verticalização de seu bairro em relação às áreas visitadas do campo e da APA do Leme em relação ao parque do Mendanha.

Roteiro para trabalho de campo em Santa Cruz-RJ
Grupo: Fernanda Rosa, Jamile Baptista, Larissa Pacheco, Larissa Renon, Luis Gustavo, Nathalia Hellen e Tamires Batista.
Pequeno histórico: Santa Cruz é um extenso e populoso bairro de classe média, média-baixa e baixa da zona oeste da cidade do Rio de Janeiro, o mais distante da região central da cidade. Cortado pelo ramal Santa Cruz da malha ferroviária urbana de passageiros da região metropolitana do Rio de Janeiro, possui uma paisagem bastante diversificada, com áreas comerciais, residenciais e industriais. É sede da XIX Região Administrativa, compreendendo também o bairro vizinho de Paciência.
Objetivo da visita:
Compreender um pouco mais do processo urbano das principais áreas do bairro, dos aspectos arquitetônicos, dos indícios de industrialização e da história do mesmo.
1ª Parada - Museu da Casa da Moeda de Santa Cruz e Distrito industrial de Santa Cruz
2ª Parada - Batalhão Escola de Engenharia (Fazenda Imperial de Santa Cruz)
3ª Parada - Base Aérea de Santa Cruz
4ª Parada - Quarteirão cultural do Matadouro, Morro do Mirante Imperial, Casa de Julio Cesário de Mello, Fonte Wallace, Monumento ao IV Centenário de Santa Cruz, Igreja da Paróquia Nossa Senhora da Conceição, Marco Onze, Solar dos Araújos, Ponte dos Jesuítas

Já este grupo buscou relacionar três aspectos do bairro: o processo histórico arquitetônica da cidade, o processo industrial e depois ubano. Santa Cruz é considerado um bairro imperial, pois a família real tinha uma casa de veraneio, por se localizar perto da Baía de Sepetiba e caminho para Parati (rota do ouro). Na observação feita pelo grupo, na realização do campo e na pesquisa, eles não tinham a dimensão histórica do bairro e da arquitetura semelhante com partes do centro histórico. Então, a escolha dos trajetos foi para conhecer mais sobre este bairro que foi tão importante para o desenvolvimento da zona oeste, com a organização de uma zona industrial. A partir dessa dinâmica, entender mais sobre as partes urbanas do bairro, as mudanças e permanências, a organização espacial das atividades econômicas, culturais e sociais, bem como as diferentes formas de mobilidade. Da mesma forma que o grupo anterior, este fez relação com o trabalho de campo, percebendo as diferentes dinâmicas dos bairros.

Segundo, Cavalcanti (2001, p. 23) a cidade educa porque tem suas formas de valores, de comportamentos, além de informar sobre o seu próprio espaço, seus signos, suas imagens, suas escritas, ou seja, ela é um lugar onde sua espacialidade é vivencia e por isso, é importante ser aprendida por aqueles que convivem nela. A mediação do conhecimento desta maneira se dá na forma como ensinamos a cidade e a forma como ela é vivida está de sua aparência, pois é de acordo também com cada individuo por meio dos processos históricos, territoriais, culturais e socioespaciais.

Conclusão

Ensinar a cidade requer uma metodologia que possibilite articular aquilo que se ensina com aquilo que é necessário para uma prática social dos estudantes. Essa é realizada por uma aula mediada, a partir das concepções críticas que mobilizem os estudantes a compreensão da sua realidade socioespacial. O processo de mediação permite que a construção do conhecimento seja mais organizada, permitindo também ao docente uma preparação de como e do que ensinar. Trabalhar com o ensino da cidade e o urbano traz algumas dimensões dos fenômenos geográficos a pensar além dos conceitos e conteúdos, como também com os que articulam com a vida cotidiana.

Ao pensar um ensino que promova a prática social se quer com isso que os estudantes transponham o conhecimento ensinado em sala de aula e possam aplicá-los nos seus diferentes espaços de vivência. Para tanto, as aulas mediadas e articuladas com o trabalho de campo desenvolveram nos estudantes a importância de realizar a leitura espacial sobre a cidade e entender a dinâmica que a sociedade impõe a esta.

REFERÊNCIAS

ABREU, Mauricio de Almeida. **A evolução urbana do Rio de Janeiro**. Rio de Janeiro: Instituto Pereira Passos, 2008.
ALENTEJANO, Paulo Roberto Raposo; ROCHA-LEÃO Otávio. Trabalho de campo: uma ferramenta essencial para os geógrafos ou um instrumento banalizado?. **Boletim Paulista de Geografia**. São Paulo, v. 84, p. 51-67, 2006.
AMADOR, Elmo S. **Baia de Guanabara e Ecossistemas Periféricos:** Homens e Natureza. Rio de Janeiro: Elmo S. Amador, 1997.
CALLAI, Helena Copetti. A Geografia ensinada: os desafios de uma educação geográfica. In: MORAIS, Eliana Maria Barbosa de; MORAES, Loçandra Borges de Moraes. (Org.). **Formação de professores:** conteúdos e metodologias no ensino de geografia. 1ed.Goiânia: Editora Vieira, 2010, v. , p. 15-37.
CALLAI, Helena Copeti. Aprendendo a ler o mundo: a Geografia nos anos iniciais do Ensino Fundamenta. IN: CASTELLAR, S. (org). **Educação Geográfica e as Teorias de Aprendizagens**. Campinas (SP): Cadernos Cedes, col 25, nº 66, 227-248 p. maio/ago. 2005.
CASTELLAR. Sonia. A cidade como método de estudo na educação geográfica. In: LACHE, Nubia Moreno; RODRIGUES, Alexander Cely. **Ciudades Leídas Ciudades Contadas:** La ciudad latino-americana como escenario didáctico para la enseñanza de la geografía. Bogotá: Universidad Distrital Francisco José de Caldas, 2011, p. 153-170.
CASTELLAR, Sônia Maria Vanzella. A psicogenética e a aprendizagem de Geografia. IN:____. **Educação Geográfica:** teorias e práticas docentes. São Paulo: Contexto, 2005. 66-78 p. (Geousp: Novas Abordagens)
CAVALCANTI, Lana Souza. **A Geografia Escolar e a Cidade:** ensaios sobre o ensino de Geografia para a vida urbana cotidiana. Campinas-SP: Papirus, 2011.
CAVALCANTI, Lana Souza; MORAIS, Eliana Marta Barbosa de. A cidade, os sujeitos e suas práticas espaciais cotidianas. In: Lana de Souza Cavalcanti; Eliana Marta Barbosa de Morais. (Org.). **A cidade e seus sujeitos**. 1aed.Goiânia: Editora Vieira, 2011, v. 01, p. 13-30.
CAVALCANTI, Lana Souza. **Geografia e práticas de ensino**. Goiânia: Editora Alternativa, 2002.
CAVALCANTI, Lana Souza. Uma Geografia da Cidade – elementos da produção do espaço urbano. In: CAVALCANTI, Lana Souza (org) **Geografia da Cidade**. 1ª ed. GOIÂNIA: Alternativa, 2001, p. 11-32.
GASPARIN. João Luiz. **Uma didática para a pedagogia histórico-crítica**. São Paulo: Autores Associados. 2002.
GUERRA, Antonio José Teixeira; CUNHA, Sandra Batista. **Geomorfologia e Meio Ambiente**. Rio de Janeiro: Bertrand Brasil. 1996.
LEFEBVRE, Henri. **O Direito à Cidade**. São Paulo: Centauro, 2001.
SOUZA, Marcelo Lopes de. **ABC do Desenvolvimento Urbano**. 6ª ed. Rio de Janeiro: Bertrand Brasil, 2011.

DIDÁTICA DA GEOGRAFIA:
um processo de ensino e aprendizagem

Waldiney Gomes de Aguiar[48]

Introdução

Este texto é uma reflexão acerca da Didática aplicada à Geografia como processo de ensino e aprendizagem. De maneira geral, pretende-se levantar algumas questões sobre a articulação entre o conhecimento geográfico e a didática, situação que nos parece preocupante, haja vista, nossa participação nas escolas de Educação Básica, com os cursos de formação em serviço. Temos percebido uma necessidade reclamada pelos docentes das escolas que é de cunho pedagógico acerca da relação entre a teoria e a prática ao ministrar suas aulas.

Neste sentido, é importante que nós, professores entendamos inicialmente, o objeto de estudo da Geografia como ponto de partida para depois pensar a forma de ensino dos conhecimentos geográficos que possa proporcionar à aprendizagem aos alunos.

A Didática da Geografia é um processo de ensino que visa explicar os fenômenos geográficos considerando suas especificidades teóricas e metodológicas. Portanto, os conteúdos conceituais, procedimentais e atitudinais devem ser ensinados na mesma proporção. Desta forma, o aprendiz apropria-se dos conceitos e compreende como identificá-los e consequentemente de que maneira utilizá-los no Lugar onde mora ou em outros Lugares em seu benefício ou da sociedade de maneira geral.

Um dos pontos importantes no processo de ensino e aprendizagem tem sido a nosso ver é a construção da aula. Ao construir uma aula nessa perspectiva, é preciso em primeiro lugar compreender que o conteúdo curricular deve ter relevância social para os alunos mostrando a eles a importância do que estão aprendendo para sua vida, seu dia- a dia, seja no Bairro onde mora ou em outros lugares. Desta forma, é possível eles interessarem mais pelas aulas.

Além disso, na mesma proporção de importância, o professor articula os conteúdos conceituais - científicos ao que os discentes sabem ou imaginam sobre determinado fenômeno para que seja construído um novo conhecimento que, nesse caso, seria a superação de um obstáculo pedagógico onde sairiam de um estágio

---

48   Docente do Curso de Geografia – Licenciatura da Universidade Estadual do Oeste do Paraná – UNIOESTE. Atua na Disciplina de Didática da Geografia e Estágio Supervisionado, foi professor da Educação Básica. Participa do Grupo de pesquisa GEPED - Grupo de Estudo e Pesquisa em Didática da Geografia e Práticas Interdisciplinares na Faculdade de Educação – USP.

de conhecimento de senso comum para o considerado científico. Desta forma, a Didática deve ser compreendida como a soma de práticas docente e discente em forma de rede, onde cada um contribui no processo de ensino e aprendizagem.

1. Ensinar Geografia: articulação entre a ciência Geográfica e os procedimentos na prática docente

De acordo com Santos (2002), uma questão seria importante perguntarmos a nós mesmos o que seria o objeto geográfico. Os objetos que interessa a Geografia não são apenas objetos moveis, mas também imóveis tais uma cidade, uma barragem, uma estrada de rodagem, um porto, uma floresta, uma plantação, um lago, uma montanha. Esses objetos geográficos são domínio tanto do que chama a Geografia Física como do domínio do que se chama Geografia Humana e através da história desses objetos, isto é, da forma como foram produzidos e mudam, essa Geografia Física e essa Geografia Humana se encontram.

Ter clareza do objeto de estudo da Geografia, nos parece ser o ponto de partida para o ensino dessa disciplina tanto na formação inicial de professores quanto na continuada. Se, as incertezas teóricas, permeiam o campo nas discussões acadêmicas, na escola de Educação Básica as dúvidas são recorrentes. Por isso, aproximar as ações desenvolvidas pedagogicamente na universidade as práticas docentes em sala de aula pelo professorado do Ensino Básico é urgente, para que seja debatida, tanto a questão epistemológica e também didática, haja vista que o currículo em ambas as instâncias institucionais parece estar desprovido de certezas. De acordo com Santos (2002, p. 87), *"É à Geografia que cabe elaborar os seus próprios conceitos"*.

A intenção não é discutir epistemologia da Geografia neste texto, mas, para tratar de Ensino e da Didática nessa área de conhecimento, carece associá-lo a essa discussão teórica, pois, sem ela nos parece tratar de dicotomia o que não corresponde ao propósito desta reflexão.

Pensar sobre o objeto de estudo da Geografia e, a articulação entre teoria e a prática requer alguns questionamentos tais como: o currículo existente na universidade corresponde às necessidades da escola da Educação Básica? Afinal, qual o objetivo de um curso de formação de professores de Geografia?

Para responder estas perguntas é preciso que sejam elaboradas novas perguntas como exemplo: que lugar é esse? Quem são os indivíduos que fazem parte dessa sociedade? O que pensam sobre a Geografia? Como está estruturado o currículo das escolas desse lugar? O que tem a falar os egressos do curso de formação de professores de Geografia? Qual o perfil dos alunos que chegam à universidade? Uma revisão curricular na universidade, não quer dizer simplesmente acrescentar novas disciplinas, é em primeiro lugar, olhar para "dentro" da universidade, para só depois, buscar respostas às perguntas que diz respeito à formação do futuro professor. O Ensino da Geografia requer está análise reflexiva.

Ensinar é uma atividade desafiadora, pois, uma vez formado e disposto a desenvolver tal atividade é preciso que o professor se coloque como pesquisador no dia a dia na sala de aula, revendo as práticas, os objetivos, os recursos, e mesmo assim haverá desestímulo, porque seguramente na universidade foram poucos os professores que os incentivaram a pensar sobre os conteúdos procedimentais e atitudinais em detrimento dos conceitos geográficos unicamente.

Pozzo (2009) apresenta a sátira de Harold Benjamin, intitulada "O currículo dentes - de- sabre" onde um sábio ancião ensina aos jovens capturar peixes e diz a eles que não os ensinam capturar os peixes e sim desenvolver agilidade geral que nunca será obtida como uma mera instrução; não ensina caçar cavalos por caçar e sim para desenvolver a força; não ensina assustar tigres por assustar, mas para ter coragem.

Sábia as palavras do ancião. Imagine os professores de geografia, ensinado aos alunos o clima, não com a finalidade de mostrar apenas os tipos de clima, mas, as consequências de fenômenos climáticos tais como, chuvas torrenciais em determinados meses do ano, que poderiam encharcar encostas e provocar deslizamentos em morros onde alunos de sua classe possam morar ou enchentes em áreas próximas a margens dos rios que "cortam" uma cidade inteira que poderiam as águas, invadirem as casas, deixando as pessoas completamente em situação vulnerável.

De acordo com Pozzo (2009),os conteúdos procedimentais seria o que os alunos deveriam fazer com os conteúdos científicos que aprendem. Muitas vezes os alunos não conseguem adquirir as habilidades necessárias, seja para elaborar um gráfico a partir de alguns dados, mas outras vezes o problema é que eles sabem fazer as coisas,mas não entendem o que estão fazendo e, portanto, não conseguem explicá-las em novas situações. Esse é um déficit muito comum. Mesmo quando os professores acreditam que seus alunos aprenderam algo – e de fato comprovam esse aprendizado por meio de uma avaliação -, o que foi aprendido se dilui ou se torna difuso rapidamente quando se trata de aplicar esse conhecimento a um problema ou situação nova, ou assim que se pede ao aluno uma explicação sobre o que ele está fazendo.

Essas dificuldades tornam-se evidentes principalmente na resolução de problemas, que os alunos tendem a enfrentar de um modo repetitivo, como simples exercícios rotineiros, em vez de encará-los como tarefa abertas que exigem reflexão e tomada de decisão.

Porque isso acontece? Em nosso entendimento, se avaliam muito os conhecimentos conceituais e pouco os procedimentais e quase nada os atitudinais, reforçando a ideia de um formato de ensino tradicional, onde o objetivo principal é a prova. Com isso não queremos dizer que a prova ou a avaliação não sejam importantes, ao contrário, deve haver um procedimento para verificar se o aluno aprendeu ou não. Essa verificação, se feita através de perguntas e respostas sem nenhum critério que leve em consideração os conteúdos, conceitos, procedimentos didáticos, recursos utilizados, ou seja, todo o processo que implica o ensino e a aprendizagem não corresponde a uma perspectiva construtivista onde aluno e professor constrói conhecimentos que possibilita avanço na aprendizagem.

Quando o aluno sai de estágio de conhecimento empírico, para o conhecimento científico, significa crescimento no campo intelectual e social. Compreender o conteúdo curricular cientificamente, seus conceitos e utilizá-lo em seu benefício é o que se espera dos alunos. Porém, para que isso ocorra é necessário entender o ensino e aprendizagem como um conjunto de interesses do aluno e do professor. Por quê? O docente ao ministrar suas aulas, de uma forma ou de outra, ele a organiza conforme os conteúdos selecionados no currículo da disciplina e, a primeira atitude da maioria dos professores, é "vencer os conteúdos" deixando em segundo planos outros procedimentos importantes, como por exemplo, a didática.

E, ao tratar de procedimentos para ensinar, cabe dizer também do cuidado que se deve ter acerca da transposição didática. Conforme Chevallard, (1991), o conhecimento sofre uma espécie de "metamorfose". Ele diz que o conteúdo curricular da escola passa por um processo de transformação que pode não estar correspondendo à cientificidade de origem, ou seja, os conhecimentos produzidos pelos cientistas através das pesquisas, consolidadas, ao sair de suas raízes, podem ser modificados quando transpostos. Ele chama o conhecimento científico primeiro, de saber sábio. Já os conteúdos extraídos dessas bases científicas e reproduzidos nos livros utilizados nos currículos escolares, são os saberes a serem ensinados, consequentemente, os saberes ensinados aos alunos pelos professores.

Pensar a prática docente nessa perspectiva nos leva a pensar sobre as responsabilidades de cada profissional em suas instâncias, seja administrativa, na pesquisa e principalmente a do professor que se encontra na "ponta", ou seja, onde o conhecimento deve ser socializado de modo sistemático através do currículo. O professor deve ter o entendimento de que a escola é o lugar onde os pais colocam seus filhos para adquirirem conhecimentos e de maneira geral os confia a ele essa tarefa e que ao final de cada ano ou ciclo esperam que "passam", caso contrário à reputação docente pode ser abalada se ele não tiver consciência de que o ensino é um processo e não uma mera transmissão de informações, fato que para o senso comum seria o procedimento ideal de ministrar aula, ele teria de certa forma concordar com tal afirmação. Mas se, entender que ensinar passa pelo crivo de sua formação inicial estudando as teorias e articulando-as com a prática, que cada aluno em suas aulas possui maneiras de aprender diferenciada uns dos outros etc., ai sim, ele estaria exercendo sua função profissional, pois saberia informar, por exemplo, o motivo real de uma possível reprova do aluno ou o fato de ter avançado de série no mesmo ano por competências. Ao ensinar os alunos determinado conteúdo, sua atenção deve ser voltada para uma questão essencial: que conteúdo é esse? Qual sua fonte teórica? Como socializar aos alunos, garantindo sua cientificidade e importância para a vida social?

Ao tentar responder estas perguntas, nos deparamos com outras perguntas que recai sobre a formação inicial do professor. Como foi à formação desse professor na universidade? Ele recebe formação em serviço? Neste sentido, nos valemos dos ensinamentos de Bachellard (1972, p. 17), "existe ruptura entre o conhecimento sensível e o conhecimento científico. Lemos a temperatura num termômetro; não a sentimos. Sem teoria nunca saberíamos se aquilo que vemos e aquilo que sentimos correspondem ao mesmo fenômeno".

Percebe-se que ao ensinar os conteúdos de Geografia, é possível que eles façam sentido aos alunos se forem socializados de forma articulada entre a teoria e a prática, ou não haverá interesse dos discentes pela simples razão de não chamar sua atenção. É comum, ouvir de boa parte dos docentes e, com razão, que os alunos não querem "nada com nada". Esse bordão é comum em cursos de formação em serviço ou formação continuada. Mas, esse fato faz parte de um histórico de formação de professores, requer ser revisto conforme dissemos na parte introdutória deste texto.

"Dar aulas" de maneira tal em que os alunos se interessem, parece ser um desafio. Conforme as afirmações de Bachellard (1972), é preciso que algo seja feito e com certa prioridade na escola, pois, é na sala de aula que se dá os acontecimentos, sejam eles no âmbito da aprendizagem, do ensino e até mesmo das questões sociais que acabam sendo percebida pela maioria dos professores. É a partir da sala de aula, que o currículo deve ser revisto, afinal é no convívio do dia a dia que as "coisas" acontecem e, nessa dinâmica ambiental em que o professor se coloca como mediador da aprendizagem, ele pode e têm autonomia para agir como pesquisador e sugerir novos encaminhamentos para superar os obstáculos, principalmente os pedagógicos atividade essencialmente prioritária.

Para Aguiar (2012) apud Bachelard (1996, p. 71)"A "magia" da ciência pode tornar-se um problema de interpretação". Por exemplo, a tradicional apresentação da Lei da Gravidade na maioria dos livros didáticos dá a impressão de que Newton a descobriu como em um passe de mágica.

> A pedagogia aí está para provar a inércia do pensamento que se satisfaz com o acordo verbal das definições. Para verificar isso, vamos acompanhar por um momento a aula de mecânica elementar que estuda a queda dos corpos. Acaba de ser dito, portanto, que todos os corpos caem, sem exceção. Ao proceder à experiência no vácuo, com a ajuda do tubo de Newton, chega-se a uma lei mais rica: no vácuo, todos os corpos caem à mesma velocidade. Este é um enunciado útil, base real de um empirismo exato.

O obstáculo pedagógico para ser vencido, primeiro deve ter a sensibilidade de percebê-lo e depois conscientizar-se de que é necessário buscar meios para superá-lo. Ao ensinar um determinado conteúdo curricular de geografia, a maioria dos professores, inicia através do conceito, seja perguntando aos alunos o que é o quando foi que aconteceu um determinado fenômeno. Tal fato dá a falsa impressão que os procedimentos são corretos, pois se justifica pelos discursos mal interpretados, principalmente nos anos 80 em que o construtivismo, anunciava a necessidade dos alunos aprenderem por conta própria, um equívoco. O conhecimento na perspectiva construtivista dá a oportunidade ao professor "gerenciar" a aprendizagem através dos procedimentos didáticos capaz de proporcionar a construção de saberes conceituais e procedimentais para desenvolver capacidades atitudinais nos alunos a partir do que ele aprendeu, superando suas dúvidas com possibilidade de elaborar crítica acerca dos conteúdos que lhe são propostos a estudar, indagando: Qual a utilidade de tal conteúdo? E, onde e como pode ser utilizado no cotidiano? Essas são algumas perguntas que de maneira geral os discentes deveriam fazer ao iniciar uma aula, mas, com raríssimas exceções não são dadas a oportunidades e nem incentivados a questionamento. Não é culpa do professor, pois, o mesmo foi formado a partir dessa perspectiva.

2. A Didática no ensino de Geografia

Neste sentido, a Didática pode oferece ao professor em sala de aula a possibilidade de trabalhar os conteúdos com seus alunos a partir de questionamentos acerca dos conceitos dos conhecimentos que lhes são propostos a saber. Primeiro saber por quê? Ou seja, tal conteúdo é importante aos alunos porque lhes dará a possibilidade de usufruir de tais conhecimentos em seu benefício como, por exemplo, não correr riscos ao percorrer um caminho que possivelmente é passivo de enchentes. Se ele sabe os conceitos de enchente cientificamente é importante, mas, não corresponde para que serve. Ai, a didática pode ajudar com situações que leve a pensar sobre o conceito e sua utilidade. Por exemplo, o professor deflagra uma pergunta: **qual a época em que ocorre o maior índice de chuva na cidade em que moramos?** A partir de pergunta como esta, é possível que o professor conduza sua aula de maneira que os alunos possam refletir sobre outros conteúdos e, a enchente que é o fenômeno, que poderia causar prejuízo a sua vida social e até mesmo física dependendo do contexto em que eles vivem.

Ao levantar a questão sobre ocorrência de chuvas mais intensas na cidade em que moram os alunos, eles poderiam perceber que esse fenômeno estaria relacionado ao tipo de clima, estação do ano, ciclo da água, mata ciliar, enfim, as relações de conhecimentos e saberes se interligariam. Para isso, carece que o professor esteja consciente da importância de seu papel profissional, onde seja capaz de tomar decisões em sala de aula acerca de procedimentos para organizar e ministrar sua aula.

Conforme, Jean Pierre Astolfi e Michel Develay (1994), As especificidades da profissão de professor é antes de tudo uma profissão de tomada de decisão em sistema complexo onde interagem inúmeras variáveis das quais o professor faz parte e, uma delas é a gestão em sala de aula, onde o currículo lhe oferece os conteúdos, normas e procedimentos administrativos a cumprir.

É colocado ainda, que o professor deve dispor de ferramentas que lhe permitam esta gestão para que ele possa tomar decisões. Essas ferramentas devem ser buscadas na observação, na análise, na gestão, na regulação e na avaliação de situações educativas.

De acordo com Astolfi e Develay (1994), Quatro pontos importantes são destacados aqui:

1. Diz respeito a um conceito em que é posto que ensinar é comunicar. Sendo assim, o professor é o responsável por escutar e ajudar os alunos, por quem é responsável em sala de aula. Neste sentido, educar é acreditar na capacidade de poder ajudar o outro a se apropriar do saber. Esta confiança última no docente coloca o educador num dilema. Espera que ele seja um agente do desenvolvimento de seus alunos com a liberdade para sua própria evolução e, considera também que a formação de professores não deva desconsiderar a formação pessoal.
2. Importante é que o professor tenha domínio dos conteúdos a ensinar. Está evidência deveria ser acompanhada não apenas de um conhecimento dos elementos de programas, mas também de uma visão mais geral da disciplina a ensinar, em termos de princípios organizadores e de conceitos gerais. Trata-se de entrever a disciplina sem unidade, correspondendo cada elemento a um conceito, mas como um mosaico expressivo constituído por conceitos ligado uns aos outros. Assim, os saberes acadêmicos específicos à disciplina não deveriam ser abordados sem reflexão epistemológica.
3. A terceira questão, diz respeito, que para o professor observar analisar, gerir,regular e avaliar as situações de aprendizagem que ele coloca,necessita de ferramentas diversas que se opõem na reflexão didática.
4. Em quarto lugar, pelos procedimentos que o professor utiliza, pelas escolhas que faz, pelo contrato didático que implanta, ele se refere implicitamente a um conjunto de valores e de finalidades do qual deve ter consciência.

A partir da perspectiva de ensino como processo, é que entendemos a Didática na Geografia. A Educação geográfica corresponde efetivamente à combinação entre, epistemologia, conteúdos geográficos e a didática. Nenhuma teoria se justifica sem sua aplicação e a prática sem teoria não é viável. Ao desenvolver um procedimento didático em uma aula, o professor que estiver consciente que é necessário compreender que o conteúdo na qual organizou para uma determinada aula tem um embasamento teórico resultante de pesquisa e que ao ensiná-lo às crianças deve pensar em critérios, capaz de explicá-lo didaticamente que não perca a cientificidade. Ao explicar, por exemplo, o relevo à criança, somente conceituá-lo cientificamente significaria mera transmissão conceitual, não haveria construção de conhecimentos, e sim um emissor de informações (o professor) e o receptor (o aluno), as recebendo provavelmente sem nenhuma chance de intervenção impossibilitando expressar seu conhecimento prévio do assunto tratado na aula.

A Didática, como processo de ensino, possibilita ao professor utilizar recursos, por exemplo, a maquete para explicar o relevo, dando a oportunidade de os alunos perceberem a textura, proporção, diferença entre as formas de relevo e compará-lo, principalmente para alunos das séries iniciais que passa pelo crivo da abstração para eles, sendo assim, ao invés de iniciar uma aula dando conceitos prontos, parte-se dos procedimentos que os conceitos virão, provavelmente por meio de perguntas dos próprios alunos.

De acordo com Callai (2012, p.73), *"A educação geográfica diz respeito a: ensinar Geografia para que? Se for simplesmente para cumprir um compromisso com o rol de conhecimentos específico, não há sentido de se pensar em educação geográfica"* Neste sentido, o Ensino da Geografia não significa informar os conhecimentos geográficos aos alunos é, antes, ter a clareza de qual é o objeto de estudo dessa ciência o objetivo de ser ensinada e por porque ensiná-la, levando em consideração que a Educação Geográfica é um processo de Ensino.

Considerações

Ensinar Geografia tem sido um desafio para os professores. Porém, nos últimos anos, vários pesquisadores têm empenhados em contribuir para minimizar essa demanda. Com base em estudos e pesquisas buscamos trilhar no campo da Didática aplicada a Geografia. O termo, Didática aplicada a Geografia significa a articulação entre os conteúdos curriculares da ciência geográfica aos procedimentos na qual o professor organiza sua aula. Por exemplo, ao organizar uma aula a partir do tema: sociedade-natureza, o docente apresenta uma imagem de um deslizamento de encosta e verificar o que os alunos sabem sobre o assunto, suas hipóteses. Em seguida, articulam-se as respostas obtidas dos alunos aos conteúdos conceituais, depois mostra como identificar o fenômeno em um mapa ou *in loco*. Feito isso, os questiona sobre o que fazer para as pessoas não correrem risco de ser afetadas por um possível movimento de massa de uma determinada encosta – que seria o conteúdo atitudinal, ou seja, o aluno se apropria do conhecimento científico e tem consciência do porque estudar determinados conteúdos, sua importância e quais benefícios trarão em seu dia a dia no Lugar onde vive.

Neste sentido, é que sugerimos a experiência de aulas como processo de ensino onde o professor e o aluno constroem juntos conhecimentos. O primeiro elabora a proposta de ensino com a possibilidade de explorar ao máximo o que os alunos sabem sobre o assunto e também, sem a preocupação exagerada de que eles cheguem o mais rápido possível a uma conclusão, respeitando o tempo de cada indivíduo, ou seja, a capacidade cognitiva de cada um em aprender. Claro que o professor deve ter em mente onde pretende chegar com o tema trabalhado em sala de aula. Porém, o que os alunos devem aprender na aula, tem que ser por meio de procedimentos tais como; perguntas, utilização de imagens, filmes, textos etc. sem dizer a eles quais seriam as respostas e sim deixá-los descobrir, questionando, elaborando hipóteses para que sintam construtor do conhecimento e não um mero expectador. Tudo isso, sob a mediação docente sempre os instigando a pensar sobre o desafio que lhe é proposto na aula.

A Didática aplicada a Geografia é uma forma de socializar os conhecimentos geográficos aos alunos considerando todo o processo que envolve o ensino e aprendizagem desde a elaboração da aula, sua execução, avaliação e revisão. Além disso, os recursos didáticos são muito importantes, pois, eles podem ajudar na construção do conhecimento dos alunos como, por exemplo, ao trabalhar as diferentes formas do relevo, o uso de maquete seria uma maneira interessante de ensino, haja vista, mesmo que de forma reduzida a visualização do fenômeno contribui para que os alunos tirem suas conclusões e questione e consequentemente poderá fazer comparações entre os lugares estudados. Desta forma, o ensino é um processo onde professor e alunos são cúmplices em busca de um objetivo só, a construção de conhecimento.

REFERÊNCIAS

AGUIAR, Waldiney Gomes de. **O processo de aprendizagem da Cartografia escolar por meio da situação didática.** 2013. 318 f. Tese (Doutorado) – Faculdade de Filosofia, Letras e Ciências Humanas, Universidade de São Paulo, São Paulo, 2013.

POZO, Juan Ignacio; CRESPO, Miguel Ángel Gómez. **A aprendizagem e o ensino de Ciências:** do conhecimento cotidiano ao conhecimento científico. Tradução Naila Freitas. Porto Alegre: Artmed, 2009.

RATHS, Louis E. **Ensinar a pensar.** Tradução Dante Moreira Leite. 2 ed. São Paulo: EPU, 1977.

CHEVALLARD, Yves. **La transposición didáctica:** del saber sábio al saber enseñado. Buenos Aires: Aique, 1991.

CHEVALLARD, Yves. **La transposition didacque:** du savoir savoir savant au savoir enseigné. Grenoble: La Penseé Sauvage, 1985, 126 p.

CALLAI, Helena Copetti. O lugar e o ensino-aprendizagem da geografia. In: PEREIRA, Marcelo Garrido. **La espessura del lugar.** Reflexiones sobre el espacio em el mundo educativo. Santiago: Comité de Publicaciones de la Universidad Academia de Humanismo Cristiano, 2009.

CANDAU, Vera Maria. **A Didática.** Petrópolis: Vozes, 1997.

ASTOLFI, Pierre; DEVELAY, Michel. **A Didática das Ciências.** Campinas: Papirus, 1990.

BACHELARD, Gaston. **Filosofia do novo espírito científico.** Lisboa: Presença, 1972.

_____. **A formação do espírito científico.** Rio de Janeiro: Contraponto, 1996. Capítulo 6 e 7

CASTELLAR, Sônia M. V. **O ensino de geografia e a formação docente.** In: CARVALHO, Anna Maria Pessoa (Coord.). Formação continuada de professores. São Paulo: Pioneira/Thomson, 2003.

_____. **Educação geográfica:** teoria e práticas docentes. São Paulo: Contexto, 2005.

CAVALCANTI, Lana de Souza. **Geografia, escola e construção de conhecimentos.** Campinas: Papirus, 1998.

APROPRIAÇÃO DA GEOINFORMAÇÃO, DOS JOGOS DIGITAIS E OBJETOS DE APRENDIZAGEM NA EDUCAÇÃO GEOGRÁFICA POR PROFESSORES

Gislaine Batista Munhoz

> As tecnologias não são simplesmente invenções que as pessoas empregam, mas são os meios pelas quais as pessoas são reinventadas.
>
> *Marshall McLuhan (1974)*

1. As tecnologias como extensão do homem

Com a reflexão acima do escritor McLuhan iniciamos este texto trazendo algumas contribuições deste escritor para pensarmos como a Educação Geográfica vem se apropriando gradativamente das inovações do universo digital e como estas por sua vez estão imersas no cotidiano de nossos alunos, tornando irreversível o processo de incorporação das mesmas na dinâmica da aula.

Partindo de algumas ideias deste autor, muitas vezes aclamado, mas também criticado por seus escritos, que postulavam que os meios de comunicação de massa potencializado atualmente pelo meio digital afetam de forma determinante a vida e a forma como as pessoas se relacionam e como concretizam suas visões de mundo e do cotidiano. Em duas das suas principais obras defende que "os meios de comunicação são extensões do homem" e que o meio é a mensagem. Entendendo-se meio como o ambiente que foi alterado pela inserção e uso das tecnologias pelo homem.

Sendo assim, para entendermos melhor os processos de mudança e inovação pelo qual passam a humanidade, os meios em si e não conteúdo é que deveriam ser o foco de nosso estudo, ou seja, não são os aparatos, os suportes tecnológicos que mereceriam a nossa atenção, mas o impacto que imprimem ao ambiente (meio) no qual estão inseridos. Para McLuhan toda e qualquer tecnologia empregadas pela sociedade desde a sua existência, são extensões do homem e não podem ser encaradas como passivas, mas ativas no processo de mudança. Estas extensões de si mesmos causam aos indivíduos exultação e fascínio e funcionam como uma espécie de mecanismo de auto regulação, que mantém certo equilíbrio frente as novas exigências, sejam elas de sobrevivência, do mundo do trabalho ou do universo cotidiano, pois acabam por diminuir a pressão exercida ao sistema nervoso, frente a um novo desafio. Ao se deparar como uma nova tecnologia, que resolva um problema ou desafio, todo o restante do corpo tende a adaptar-se e estabelecer novas conexões com o objeto e consecutivamente com o meio que é alterado por esta relação. O que torna a adoção de novos recursos tecnológicos algo extremamente confortável e sedutor. No entanto, segundo McLuhan, é o impacto desta incorporação no ambiente é que deve ser analisado, por isso o "o meio se torna a mensagem". Este meio modificado pela tecnologia afeta a sociedade que a todo momento tenta se adaptar a esta nova dinâmica que se impõe, na medida em que estamos no fim de uma transição de um mundo linear, aristotélico, tipográfico, mecânico, conferido após a primeira Revolução Industrial, para uma outra lógica que se impõe, audiotáctil, tribalizado, cósmica, que nos assalta em tarefas cotidianas, no dia a dia do trabalho, nas relações familiares e principalmente nas salas de aula.

Tendo esta análise como pressuposto, ao nos deparamos com o cotidiano das salas de aula, constatamos que ela faz todo o sentido. O que assistimos na escola, crianças e adolescentes se reinventando todos os dias a partir do uso de inúmeros recursos tecnológicos, sejam eles digitais ou não. Por outro lado, paradoxalmente a lógica da sala de aula e a forma como é conduzida ainda é linear, aristotélica, mecânica e tipográfica, são dois mundos que portanto não conseguem estabelecer conexão.

Atualmente muito se tem discutido, sobre e como deve ser a inserção ou não de diferentes suportes digitais, tais como celulares, tablets, lousas digitais na sala de aula, focando assim o debate na tecnologia empregada, mas sem levar em conta o meio, ou seja, parte-se do pressuposto que o problema é o recurso em si, ignorando-se que o meio já está embebido/ totalmente envolto de uma nova era, de uma era digital, que tem como mote a troca de informações e imagens rápidas em tempo real, no qual cada indivíduo quer fazer parte de alguma forma, seja postando fotos de si mesmo, engajando-se em uma causa, relatando ou protestando contra algum fato. Mesmo que ainda muitas escolas, não tenham entrado, ou não se percebam inseridas na era da Web 2.0[49], os seus alunos de alguma forma estão. E já se fala da uma era 3.0[50], a Web Semântica. Alguns de maneira mais consciente e produtiva, outros se apropriando de outras formas, mas é fato que grande parte das crianças e adolescentes que utilizam a internet estão produzindo ou reproduzindo algum tipo de conteúdo, seja ele pautado em postagens pessoais de foro mais íntimo como os chamados selfies, outros com caráter autoral de di-

---

[49] Web 2.0 é um termo popularizado a partir de 2004 pela empresa americana O'Reilly Media1 para designar uma segunda geração de comunidades e serviços, tendo como conceito a "Web como plataforma", envolvendo wikis, aplicativos baseados em folksonomia, redes sociais e Tecnologia da Informação. Embora o termo tenha uma conotação de uma nova versão para a Web, ele não se refere à atualização nas suas especificações técnicas, mas a uma mudança na forma como ela é encarada por usuários e desenvolvedores, ou seja, o ambiente de interação e participação que hoje engloba inúmeras linguagens e motivações. Fonte: <http://pt.wikipedia.org/wiki/Web_2.0>, acessado em maio/2014.

[50] A Web semântica é uma extensão da Web atual, que permitirá aos computadores e humanos trabalharem em cooperação. A Web semântica interliga significados de palavras e, neste âmbito, tem como finalidade conseguir atribuir um significado (sentido) aos conteúdos publicados na Internet de modo que seja perceptível tanto pelo humano como pelo computador. A ideia da Web Semântica surgiu em 2001, quando Tim Berners-Lee, James Hendler e Ora Lassila publicaram um artigo na revista Scientific American, intitulado: "Web Semântica: um novo formato de conteúdo para a Web que tem significado para computadores vai iniciar uma revolução de novas possibilidades." Fonte: <http://pt.wikipedia.org/wiki/Web_3.0>, acessado em maio/2014.

vulgação de suas ideias ou criações, ou recriações de outros, mas todos querem estar lá, marcar sua presença, deixar sua marca.

Para estes indivíduos parece perfeitamente natural que as tecnologias e dentre elas as digitais, sejam extensões de seus corpos, que podem ser representadas por fones de ouvidos, celulares, tablets, computadores portáteis, chips, dispositivos de armazenamento, fotos postadas nas redes sociais mostrando sentimentos ou sensações, etc. É tão natural que nos surpreendem como confundem o que é de foro público e privado. A vida está na rede!

Quanto antes a escola perceber que este "meio é a mensagem" a ser decodificada, para entender processos e atitudes, melhor poderá se beneficiar deste movimento que é inerente a esta contemporaneidade e aos indivíduos que nela habitam e em especial nossos alunos.

Deste modo a inserção das chamadas Novas Tecnologias da Informação e Comunicação (TICs) na educação é um fato, não podendo mais ser tratado como uma tendência, mas como uma realidade que se impõe, nesta perspectiva trazer este contexto para a aula não pode ser apenas para torná-la agradável, atrativa. Mas uma apropriação enriquecedora e necessária de tornar para tornar aprendizagem significativa, na medida em que pode resignifcar, dar sentido conceitos e conteúdos, às vezes, tão complexos para o aluno, permitindo assim, que tenhamos uma nova forma de pensar sobre o ensino e articular uma nova metodologia que oriente a construção do conhecimento.

As mudanças na concepção de ensinar requerem, por exemplo, compreender o papel do currículo escolar e da didática para a construção da aula. Não temos dúvida que o papel dos recursos digitais, tais como jogos educativos, portais educacionais, softwares, hipertextos, sons, vídeos e diferentes mídias, são atraentes aos alunos, inclusive, porque fazem parte do seu cotidiano. Nessa perspectiva, a escola, por ser *lócus* do conhecimento, cumpre papel fundamental ao se apropriar de vários tipos de linguagens e instrumentos de comunicação, promovendo um processo de decodificação, análise e interpretação das informações que permitem o desenvolvimento de inúmeras capacidades, principalmente para alunos com dificuldades de aprendizagem.

Pensar na aplicabilidade dos usos de diferentes recursos e suporte e digitais, tais como objetos de aprendizagem, jogos digitais ou games, portais educacionais, plataformas de aprendizagem, tablets, celulares, lousas interativas, etc. na a educação geográfica está além de simplesmente apresentá-los aos alunos, mas sim torna-los parte integrante de toda uma lógica de condução da aula, procurando tornar esta apropriação tão natural como é para nossos alunos.

Acreditamos que não cabe apenas ao professor fazer a apresentação destes recursos, esta é uma etapa já superada, tanto professores, quanto alunos precisam ser também produtores de conteúdo, numa perspectiva de divulgação de conhecimento científico e autoria.

Deve-se buscar a relação entre o ensino e a aprendizagem significativa, pois, a utilização destes recursos no processo de aprendizagem, permite a articulação de diversos conhecimentos de forma interativa e colaborativa, ou seja, os empregos possíveis incluem desde o potencial de entretenimento, colaboração, interação, dentre outras características próprias de um recurso digital, até a definição de quais conceitos serão trabalhados, passando em seguida ao planejamento, escolha dos objetivos a serem alcançados, metodologia e quais recursos digitais servirão a este intento.

Uma prática pedagógica envolvendo o uso das TICs, não pode apenas considerar o uso de aparatos tecnológicos, suportes ou recursos digitais, mas sim pensar em todas uma arquitetura pedagógica que consiste em "um sistema de premissas teóricas que representa, explica e orienta a forma como se aborda o currículo e que se concretiza nas práticas pedagógicas e nas interações professor--aluno-objeto de estudo/conhecimento". (BEHAR 2009, p. 25).

Deste modo, pensar nesta perspectiva significa relacionar as premissas teóricas e práticas que envolvem o uso deste recurso na Educação, o que, significa provocar uma mudança na concepção de como organizar a aula, e ir muito além do que apresentar recursos diferenciados, mas de utilizá-los como aportes para a aprendizagem, com base em objetivos e procedimentos que viabilizem o ato de ensinar.

Especificamente para o ensino de Geografia, recursos digitais, tais como de jogos digitais ou games, simulações, objetivos de aprendizagem (animações, vídeos, simulações, etc), aplicativos de realidade aumentadas, mapas digitais e suportes como tablets, gps, celulares concebidos e propostos na perspectiva de uma arquitetura pedagógica são de fundamental importância na medida em que podem proporcionar o desenvolvimento do raciocínio espacial e das habilidades de pensamento, pois podem simular realidades às vezes abstratas no contexto de uma aula tradicional, estimulando assim a construção do conhecimento, além de romper com o paradigma de que a geografia é uma disciplina proposta de forma decorativa e tradicional.

Ao utilizar vários recursos e diversificando as aulas, os professores proporcionam, como afirma Tomlinson (2000, p. 18)"a cada indivíduo modos específicos para aprender del modo más rápido y profundo posible, sin suponer que el mapa de carreteras del aprendizaje de um alumno es idéntico al de ningún outro.(...)".

O professor ao reconhecer a importância de uma aula diversificada e com outra concepção pode redesenhar cuidadosamente sua aula na perspectiva de uma arquitetura pedagógica que irá contemplar a utilização de novos recursos e ambientes virtuais, reorganizado o currículo escolar da disciplina em questão, e em nosso caso a geografia.

Segundo Prensky (2001), vivemos um momento em que duas gerações, os "nativos digitais" e os "imigrantes digitais", encontram-se com posturas diferentes frente à esta nova sociedade ou *cibersociedade* que se impõe. Os primeiros vivenciam a tecnologia de maneira natural como parte de seu universo cotidiano, já os segundos, apesar de incorporar em seus vocabulários a linguagem digital relacionada a esta vivência, apresentam dificuldade e, algumas vezes, receiam em lidar com esta realidade. Precisam de manuais, tutoriais e sentem-se inseguros em ter iniciativa frente ao uso de novos recursos ou ferramentas ligadas ao mundo digital.

A abordagem de conteúdos com esta concepção possibilitará uma dinâmica maior em relação às atividades de aprendizagem, ampliando a relevância do processo educativo e do uso dos suportes tecnológicos e recursos digitais. O professor, ao estabelecer os conteúdos e sua importância para a construção do conhecimento, deve considerar as demandas sociais presentes na escola e, dessa maneira, agregar capital cultural ao conhecimento escolar.

Entendemos, no entanto que para que esta apropriação seja natural para o professor, é preciso que ele veja sentido neste uso, sinta-se confortável, seguro para ele. Devendo estar inserido como algo que o auxilie em suas tarefas diárias, respeitando suas especificidades limitações e potencialidades, para que assim possa ressignificar seu contexto e consecutivamente se apropriar. Logo, apesar da emergência da inserção destes suportes e recursos na lógica da aula, não pode e não dever ocorrer de maneira imposta ou como propaganda de uma pseudo inovação. É preciso investir em informação e formação de qualidade para aqueles professores estão se profissionalizando, mas principalmente em cursos de formação para aqueles que já atuam..
É importante ressaltar que se quisermos um professor articulado, inovador que saiba contextualizar conceitos, conteúdos e temáticas, os cursos de formação também precisam se pautar por esta premissa, oferecendo a estes não somente conteúdos ou base teórica, mas a oportunidade de conhecer experiências e vivências de qualidade, com as quais eles possam construir outros referenciais, para que assim possam ressignificar sua prática e naturalizar o uso não somente de suportes e recursos digitais, mas para que possam ter cabedal teórico e prático consistente e para redimensionar toda a lógica metodológica de sua aula, que tenha o aluno como centro de processo.

Todas estas reflexões postas e partindo da premissa de que os suportes tecnológicos e recursos digitais já são partes integrantes da vivencia dos alunos, abordaremos algumas experiências e propostas que podem contribuir para um maior aprofundamento das reflexões em torno desta apropriação no ensino de Geografia. Nosso intuito com estas indicações é mostrar que muitos destes recursos podem e devem ser apropriados não para tornar as aulas atrativas, mas para mudar sua lógica didática e metodológica. Procuramos assim contribuir para se supere o desafio de tornar este uso o mais natural possível, enriquecendo a pratica do professor e consecutivamente a qualidade de suas aulas com outros referenciais.

2. Sistemas de informação e Geotecnologias mais acessíveis: o Google Maps e o Google Street View

Para iniciar a segunda parte de nosso texto, nos pautaremos pelas discussões de Horácio Capel, que muito tem contribuído para uma visão mais crítica da inserção dos recursos digitais no ensino e como tem sido esta apropriação e uso por acadêmicos, professores e pessoas comuns. A revista digital Ar@cne, editada por ele, tem se dedicado a divulgação do pensamento de diversos autores que tratam desta temática e muito contribuído para que ela avance de maneira consistente.

Mesmo que não nos apercebamos, nos últimos anos tem ocorrido uma inserção significativa dos produtos advindos do Sistema de Informação Geográfica, principalmente dos grandes centros urbanos na vida cotidiana de indivíduos comuns, que a priori não teriam familiaridades estes produtos. No entanto, por conta das demandas e necessidades da vida moderna e globalizada, incorporam o GPS *(Global Position Sistem)* e todas as suas facilidades ao seu cotidiano. A consulta ao Google Maps por exemplo tem sido uma constante na vida de muitos indivíduos na busca de uma localização mais exata, seja para encontrar um local especifico, se locomover nas cidades, chegar mais rápido aos lugares, aplicativos de celulares como o Waze, que mostram o trajeto no qual se encontrará menos transito tem se alastrado por smartphones e ajudado pessoas a driblar o trânsito caótico das cidades. Estas facilidades vêm sendo incorporadas de forma crescente e impactante por pessoas, empresas e instituições e se deve principalmente a ampla divulgação das imagens de satélite, propiciadas pelo avanço e popularização das geotecnologias (sensores remotos, aplicativos de geoprocessamento), etc, como corrobora Capel (2009), ao falar do que denominou de Cartografia da Internet:

> Millones de personas consultan y usan ya esta cartografía de Internet, con cifras que van creciendo vertiginosamente. Muchos jóvenes, y personas de más edad no utilizan ya atlas ni mapas de carreteras, sino que emplean hoy directamente *Google Maps* y *Google Earth* como instrumentos para moverse en el espacio terrestre, para buscar lugares de ocio, hoteles o comercios, para localizar equipamientos de diverso tipo. Los GPS se usan cada vez más por los conductores de automóviles e incluso por excursionistas, montañeros o paseantes; los utilizan con objetivos muy diversos, ya que permiten introducir las coordenadas de un lugar y encontrarlo en otro momento.
> En la red se puede acceder, además, a infinidad de mapas temáticos en los que están localizados restaurantes, cines, tiendas, apartamentos para comprar o alquilar, mapas de tráfico. También mapas complejos elaborados por oficinas especializadas, desde mapas del tiempo a mapas de los departamentos de policía, con la localización de delitos o incidencias espaciales. Además, a partir de *Google Earth* o *Google Maps* los usuarios pueden participar en la incorporación de datos nuevos a los mapas disponibles.
> Hay, de hecho, un mercado segmentado de mapas, que los consume con diferentes grados de complejidad, desde los más generales para situar las noticias de la prensa y televisión, y los que sirven para el turismo o la movilidad, hasta los que necesitan los organismos gubernamentales, las empresas y las asociaciones.

Estas ferramentas de mapeamento *on-line*, não tem somente auxiliado a vida das pessoas, mas mudado a forma como se relacionam com o mundo e principalmente com os arredores, na medida em que é possível acessar com enorme velocidade informações em tempo real sobre lugares e acontecimentos, saber a previsão do tempo nas próximas semanas. Na perspectiva da Web 2.0 a popularização das imagens de satélite divulgadas por empresas como Google, Microsoft, Nasa dentre outras de caráter público ou privado, permitem não somente visualizar de forma tridimensional o globo terrestre, mas que cada usuário criem trajetos, mapeie e conceba outras formas de concepção dos lugares, apresentem seus espaços de vivências com outras perspectivas e percepções, como corrobora Capel (2009):

> La difusión de la información geográfica ha alcanzado hoy niveles muy amplios. La de carácter geográfico digital está ya ampliamente incorporada en la vida de las personas que usan Internet, y que utilizan corrientemente atlas digitales, *Google Earth, Mapquest* (http://www.mapquest.com) y otros para la consulta de planes de viajes o comprobación de noticias de la prensa. La televisión y la prensa da normalmente información sobre el tiempo atmosférico, y existen incluso canales específicamente dedicados a ello, con amplio despliegue de cartografía (como *The Weather Channel*; en lo que se refiere a la información y previsión del tiempo Internet ha pasado de ser simplemente un soporte informativo y se ha convertido en un canal temático, y proporciona una amplia panoplia de imágenes desde satélites.
> Desde hace algunos años los viajeros de determinadas líneas de aviación, y los usuarios de ciertos trenes van siguiendo en la pantalla el mapa del viaje.
> La geografía es una disciplina especialmente apta para el uso de Internet (fotografías, películas, imágenes de toda la tierra, *Google Earth* y otros). Internet ha contribuido a difundir y popularizar los mapas hasta unos extremos antes impensables. Desde mediados de los años 1990 miles de millones de mapas están disponibles, en formatos diversos (JPG, GIF, PNG. Los servidores de mapas permiten hoy la visualización y utilización de mapas dinámicos con *zoom*, cambios temporales, visualización de capas de información.

A internet tornou-se desta maneira o lugar privilegiado para divulgação e popularização dos diferentes tipos de mapas de todo o planeta, não se restringindo a mapas estáticos mas também interativos presentes em muitos atlas digitais de caráter educacional ou não.

Contudo, paradoxalmente, as transformações de maior relevância para a Geografia não se deram no âmbito desta ciência, mas a afetam de forma determinante, obrigando passar primeiramente por uma revolução intelectual e em seguida a uma mudança de paradigma. O que faz não somente a própria Geografia repensar sua função social e novas conceituações sobre o espaço, mas também, os próprios Sistemas de Informação Espacial, que necessitam se adaptar a novas demandas e usos. Segundo Capel (2009):

> ...ha habido debates sobre el impacto de las nuevas tecnologías geográficas en la disciplina y se ha pretendido que se ha producido una revolución tecnológica, primero, una revolución intelectual, después, y finalmente un cambio de

paradigma con el acceso al paradigma geotecnológico.

Algunos de los cambios más importantes de la geografía actual pueden haber tenido lugar fuera de la geografía, pero afectan profundamente a esta ciencia. Entre ellos: los mapas de tiempo en televisión, en la prensa y en Internet, los buscadores, como Google y otros, *Google Maps*, *Google Earth*, los sistemas de posicionamiento global (en inglés GPS) los *mash up*, *Second Life*, y otros muchos. Y se siguen incorporando otros nuevos, Así *Virtual Earth*, el sistema puesto en marcha por Microsoft para competir con *Google Earth*, con un programa que se ejecuta desde *Internet Explorer* y que permite navegar la tierra y mostrar espacios naturales y edificios, a una gran velocidad[65]. A lo que se pueden añadir otros muchos, entre los cuales algunas puestas en marcha por empresas españolas, como *Geovirtual*.

Los Sistemas de Información Geográfica, los SIG, y las Tecnologías de la Información Geográfica (TIG), se están haciendo ya ampliamente accesibles, e incluso, como hemos visto antes, ubicuos. Lo cual obliga a incorporarlos a la enseñanza y a ser muy exigente en su uso.

Toda esta acessibilidade a informações geolocalizadas e diversidades de formas de ver e apresentar o mundo, inclusive na visão de seus próprios moradores, sejam eles geógrafos, cientistas ou pessoas comuns, nos obriga não só a incorporar este novo paradigma no ensino como também a entende-lo de forma aprofundada, inclusive para questionar como grandes empresas mapeiam o mundo e o apresenta aos indivíduos. Apesar de toda popularização é mister ter clareza que estamos num sistema em que a lógica do capital perpetua ações e impetra modos de ser, agir e perceber o mundo, como no alerta ainda Capel (2009), ao abordar e questionar os critérios que o Google e outras empresas utilizar para coletar, tratar, disponibilizar ou não, informações de determinados territórios.

Las implicaciones que han tenido para la enseñanza (y especialmente para la de la geografía) son enormes. Puede ser interesante referirse también a las posibilidades y los sesgos de esta herramienta fundamental para los geógrafos. En el caso de *Google Earth*, el control de lo que se incluye o no en los mapas lo tiene Google y sus códigos, que no se hacen públicos. Algunos estudios han dedicado atención a la forma como los intereses privados y comerciales de la empresa inciden en los contenidos que se incorporan, se resaltan o se suprimen de esos mapas, y son concluyentes sobre la existencia de manipulaciones; se han mostrado sesgos en favor de grandes compañías de alcance nacional, respecto a otras de carácter local. O de sesgos introducidos por otros motivos; por ejemplo por razones tan nimias como el lugar de nacimiento de un directivo, que aparece como mapa por defecto al moverse en determinadas regiones norteamericanas. Todo ello puede interpretarse como un resultado de la capacidad de las grandes compañías o de los usuarios de Google para manipular sus códigos. A partir de ahí se puede cuestionar el carácter democrático de Google, sosteniendo que no lo será realmente mientras los códigos no se conozcan, y mientras estén en manos de una empresa privada que obtiene beneficios económicos, en lugar de ser controlado por una administración pública o ciudadana. Internet parece aparentemente democrático, pero no lo es, en el sentido de que algunos usuarios no tienen acceso a la red, otros no tienen conocimientos, y finalmente los que intervienen tienen sus propios intereses. También es importante la cuestión de cómo se toman decisiones sobre la supresión de lugares con instalaciones de carácter militar o estratégico que pueden ser objeto de ataques terroristas (terminales de petróleo, estaciones eléctricas o plantas de energía, tratamiento de agua, prisiones, presas de embalses...), o las informaciones que han de ser suspendidas de *Google Earth* por razones políticas, o por la comunidad de usuarios, pero no por la racionalidad del algoritmo.

Sendo assim e para exemplificar nossas reflexões traremos como um exemplo de prática da apropriação desta temática no ensino, um projeto de ensino público, com professores bolsitas da rede púbica de São Paulo vinculados ao projeto FAPESP, intitulado *"Um estudo sobre as concepções de lugar, cidade e urbano com professores e alunos do ensino fundamental da rede pública paulista"*, coordenado pela Professora Livre Docente Sonia Maria Vanzella Castellar da FEUSP/GEPED[51], no qual os professores bolsistas tem a oportunidade de realizarem vivências práticas e ter acesso a discussões teóricas sobre novas didáticas e metodologias de ensino da Geografia.

Dentre as várias vivências propostas para o grupo, para se compreender como são as concepções de lugar, cidade, urbano e uso do solo, uma delas tratou exatamente de como utilizar o Google Maps e Google Street View, para o preparo e sensibilização das atividades de pré-campo[52]. O foco principal desta vivência foi apresentar aos professores possibilidades de como trabalhar com os arredores da escola e também como realizar um Tour Virtual referente ao trajeto a partir desta ferramenta. Mapeando, localizando, marcando os pontos de interesse a serem vistos e visitados. Isto permitiu aos professores além de planejar a saída a campo de forma mais lúdica e interativa, refletir sobre as paradas e intervenções a serem feitas. Após realização e construção do trajeto, foi proposto aos professores que os apresentassem aos alunos, antes da saída a campo. Esta ação contribui para que o aluno aguçar seu olhar para o que deve ser visto, observado e registrado.

Outro ganho importante de uma vivência como esta é que você estabelece com o professor uma outra relação com a formação, ele se torna também um produtor de conteúdo didático e autoral, indo ao encontro assim das demandas

---

51 Grupo de Pesquisa em Educação e Didática da Geografia: Praticas Interdisciplinares coordenado pela Professora Sonia Castellar.
52 As atividades de Pré-campo, estão inseridas no contexto da metodologia de trabalho de campo, apresentadas neste livro nos textos "A potencialidade do trabalho de campo no ensino de Geografia: a cidade e o urbano" e "A mediação didática do estudo da cidade e o trabalho de campo: diferentes formas de ensinar Geografia"

preconizadas pela Web 2.0. Permite ainda ao aluno ter uma aprendizagem mais individualizada e voltada para suas especificidades e demandas. Ao trabalhar com os arredores da escola a partir das imagens extraídas pelo Google Street View é possível ao professor perceber as contradições e necessidades da comunidade na qual a escola está e desenvolver com com o aluno dentre outras noções a de pertencimento, a partir do momento que ele começa a entender o espaço geográfico a partir de uma realidade próxima e familiar a ele.

No ensino de Geografia as informações e produtos advindos das Geotecnologias têm sido amplamente explorados por pesquisadores e vêm paulatinamente ganhando as salas de aula. Em pesquisa recente pudemos constatar o número de trabalhos acadêmicos sobre o tema, mostrando que há um interesse significativo na apropriação destes recursos. Toda a produção do grupo e propostas de vivências encontra-se no seguinte endereço: http://www.geped.fe.usp.br/.

Em seguida trataremos de outra temática que vem também ganhando notoriedade e mostrando que a cultura juvenil, com todos os seus aparatos digitais estão cada vez mais presentes e naturalizadas na vida de nossos alunos.

3. Jogos, games e Geografia

Os jogos, inclusive os digitais, são as atividades lúdicas mais utilizadas pelas crianças quando estão em espaços não formais. É importante ter em conta que há a necessidade de se propor uma outra organização da aula que implica, portanto, em criar ambientes inovadores que possibilitem uma aprendizagem mais significativa na Geografia, tendo em vista o benefício que já vem sendo constatado em muitas outras ciências, como afirma Tapscott (2010, p. 127).

> "A prática de jogar videogames melhora a coordenação entre as mãos e os olhos, otimiza o tempo de reação e beneficia a visão periférica. Melhora as habilidades espaciais, a capacidade de manipular um objeto tridimensional - habilidade útil aos arquitetos, escultores e engenheiros - e pode estar associada a resultados melhores em alguns campos da matemática e da lógica. Pode até mesmo se mostrar útil ao treinamento de cirurgiões laparoscopistas".

O uso de games pode ser um caminho para agregar cultura, como fonte de investigação e análise da visão de mundo do aluno e das diferentes linguagens que o professor pode utilizar. Além da importância didática dos games, existe a dimensão cultural, o aluno por meio destas atividades, que podem tornar-se didáticas ao ser propostas pelo professor, agrega elementos da cultura e da sociedade, aprende a trabalhar em grupo, socializar informações e a utilizar de maneira mais adequada os recursos tecnológicos e/ou digitais. Podendo tornar-se um assim recurso com potencial para alunos com dificuldades de aprendizagem não somente em geografia, mas em outras áreas do conhecimento, superar esta limitação, muitas vezes constituída por métodos de ensino que dificultaram sua aprendizagem durante os anos de escolarização.

Os games ou jogos digitais têm grande potencial como recurso para a aprendizagem, pois auxiliam na construção cognitiva do aluno, estimulam habilidades importantes para a construção do conhecimento e para a vida: observar, analisar, conjecturar e verificar, compondo o raciocínio lógico, como nos esclarece Mattar (2009, p. 31):

> Por meio dos videogames as crianças aprendem, por exemplo, a brincar com identidades, assumindo e construindo diferentes personalidades virtuais. Em muitos casos, essas personalidades envolvem a identidade de solucionador de problemas, mediante a qual a criança aprende a lidar com erros de uma forma mais dinâmica e interativa do que ocorre na escola.

Os jogos digitais podem ser inseridos neste contexto, na medida em que estão relacionados com uma nova forma de ver o mundo, de aprender novos conceitos e receber informações, que irão ser determinantes no novo desenho do currículo e da aula, como afirma Mattar (2009, p.16): "Jogos podem envolver diversos fatores positivos: cognitivos, culturais, sociais, afetivos etc. Jogando as crianças aprendem, por exemplo, a negociar em um universo de regras e a postergar o prazer imediato. E segue afirmando: "Nos games, os jovens encontrariam espaços para ressignificação, catarse e liberação do estresse diário. Espaços para elaboração de conflitos, medos e angustias.

Todas estas questões postas, julgamos importante trazer para a análise nesta pesquisa os pressupostos da Aprendizagem baseada em jogos digitais, temática ainda recente, mas que vem se consolidando nos últimos tempos. Foi tratada por Prensk (2010 e 2012) e, no Brasil, por Mattar (2009) e Tori (2010) cujas reflexões nos ajudam a ter um outro olhar, não somente sobre o processo de ensino e aprendizagem, mas também sobre a forma como os jovens se relacionam com esta cultura no mundo atual. É uma discussão que ainda está florescendo, mas vem se consolidando.

O que ocorre é que ainda vemos a característica de diversão do jogo como algo negativo, ou seja, parece que, ao entreter, o jogo perde seu potencial como recurso de aprendizagem. Contudo alguns autores que tratam deste tema em suas publicações numa abordagem diferente daquelas que são feitas normalmente quando se preparam aulas, não descartam a capacidade de entretenimento que o jogo pode proporcionar, mas consideram, a partir daí, que conteúdos podem ser agregados. Nesta nova perspectiva de aprendizagem e partindo de inúmeras pesquisas, Mattar (2009, p. 18) apresenta o conceito de aprendizado tangencial:

> [...] que não é o que você aprende ao ser ensinado, mas o que aprende ao ser exposto a coisas, em um contexto no qual você está envolvido. Há uma separação ainda muito marcante entre games educacionais e games para diversão, principalmente porque vários games educacionais produzidos até agora são muito chatos, quando comparados aos games comerciais.
> [...] Sem sermos forçados a prender, e estando envolvidos com os games, temos mais probabilidade de aprender. Portanto, a ideia de aprendizado tan-

gencial considera que uma parte da sua audiência se autoeducará, caso você facilite sua introdução a assuntos que possam lhe interessar, em um contexto que ele considere interessante e envolvente.

Dentre as inúmeras qualidades que os jogos têm, seja digital ou não, duas lhe são próprias: a interação e a colaboração; seja para ganhar, quando o jogo é mais competitivo, para aprender as regras enquanto se joga, para participar como telespectador. Mesmo jogando sozinho, interagindo com a máquina, o jogador buscará colaboração para aprender a jogar, entender as regras, para "passar de fase", para comparar pontuações e *pódiuns*. Nas redes sociais isso é feito em grande velocidade e, para os imigrantes digitais, o processo parece estranho e efêmero. Mal se apropria de um novo termo ou jogo, ele já se tornou obsoleto. Mesmo que haja certa emergência em agregar uma mídia às aulas, só se percebe ou concebe seu potencial se estiver embutido no mesmo uma intenção educativa clara.

Utilizar games ou jogos digitais nas salas de aula significa repensar outra lógica para a mesma, ou seja, o professor deve permitir que o aluno compartilhe seu conhecimento e, ao mesmo tempo, abrir mão de ser o detentor total da ação de ensinar. É importante ter em mente que a necessidade de propor outra organização da aula implica, portanto, em criar ambientes inovadores, como corrobora Moita (2006, p. 18):

> [...] como ambientes virtuais, os *games* são lugares privilegiados de aprendizagem onde co-habitam a coconstrução do conhecimento, a interatividade, a intersubjetividade, autonomia e o alcance de uma consciência crítica dos indivíduos, constituindo novos paradigmas epistemológicos da educação, em oposição a perspectiva educacional tradicional ainda vigente em muitas de nossas escolas que, não sintonizadas com a realidade do mundo em que vivemos, não oferecem um ensino eficiente e sensível às experiências e dificuldades vividas no cotidiano pelos educandos.

> [...] Para tanto, implicam uma nova concepção do que vem a ser o conceito de ambiente de aprendizagem. Ambiente vem de *ambi,* que significa ao redor, e *ente,* que remete a ação, qualidade e estado, conduzindo-nos à ideias de lugar ou espaço envolvente. Neste contexto semântico, um ambiente proporciona, ecológica e dinamicamente, relações entre organismos e seu meio circundante na manutenção e evolução da vida.

Alguns jogos são associados ao ensino de Geografia, por seu caráter estratégico, como por exemplo "batalha naval" e outros, por utilizar muitas vezes como tabuleiro um mapa, são aqueles conhecidos como Caça ou Tesouro, War e Carcassone, dentre outros. Todos tendem a exigir do jogador que montem estratégias de domínio de território para alcançar objetivos, o que os torna ótimos recursos para entender algumas nuances de noções do mundo globalizado atual.

Os games e jogos digitais, sejam eles jogados em consoles ou no computador, levaram estas características dos jogos de estratégias para seus roteiros e temáticas, um exemplo, muito significativo desta convergência são os jogos de

RPG (role-playing game), nos quais o jogador escolhem avatares, que tem inúmeros poderes que podem ser adquiridos ao longo do jogo. As regras são bem definidas e a conquista de territórios, novos espaços e poderes são o mote principal do jogo. O tradicional War passou também para o mundo digital, sendo um game social multijogador, pois a partir do acesso a internet é possível jogar com qualquer pessoa que esteja *on-line* em qualquer lugar do mundo.

Outro jogo de cunho social é que tem conquistado inúmeras crianças e adolescentes é o Minecraft, criado por programador sueco e designer Markus Persson que o lançou em 2011, no qual os jogadores criam e assumem a forma de avatares que são visíveis, que podem interagir uns com os outros, usar e criar objetos. O que diferencia o Minecraft de outros jogos sociais é seu caráter autoral. Com blocos de peças que remetem ao Lego é possível recriar as mais diferentes paisagens fictícias ou reais pelo mundo. Os territórios, ou mundos do Minecraft são divididos em grandes habitats do mundo (biomas), que vão desde desertos, pastagens, florestas e tundra, cada um deles contendo as características do terreno, como montanhas, cavernas, planícies, bem como toda a uma rede hidrográfica. Os jogares podem recriar estes espaços realizando construções e interagindo com o meio físico destes espaços. Dependendo da plataforma e versão do jogo, a comunicação entre os jogadores pode incluir textos, ícones gráficos, gestos visuais e sons. Por conta de sua característica altamente interativa e uma infinidade de possibilidade, tais como uso de toque, comando de voz, etc., os jogadores podem experimentar as sensações de teletransporte ou a sensação de realmente estar presente dentro do mundo imaginário ou fantástico criado por ele. Por seu caráter altamente engajador e interativo, a empresa detentora de seus direitos, criou uma interface educacional MinecraftEDu em http://minecraftedu.com. No Brasil, apesar de bastante conhecido ele ainda não é popular por ser um jogo pago.

Em artigo anterior intitulado *Metodologias ativas na aprendizagem da Cartografia Escolar: desenvolvimento de relações espaciais a partir de software aplicativo e Jogos Digitais*, falamos do potencial dos games no ensino de Geografia, que trata do desenvolvimento das relações espaciais a partir de jogos digitais, tais como "Zeek", "De lá pra cá, de cá pra lá", que são jogos educativos, mas que trazem bastante ludicidade, sem aquele caráter extremamente pedagógico. Outra indicação apresentada foi o Block Cad, com o qual é possível a partir de bloquinhos no estilo Lego, criar elementos isolados e cidades inteiras: depois dos modelos prontos é possível rotacioná-los e ter a visão tridimensional dos objetos, permitindo assim desenvolver diversas noções cartográficas com os alunos.

As experiências de autoria com alunos para criação de games e jogos digitais tem se mostrado uma metodologia profícua para trabalhar inúmeras habilidades e noções das mais diferentes áreas do ensino. A partir desta proposta os alunos podem utilizar plataformas de criação tais como o Scratch.mit.edu, na qual crianças de todo mundo a partir da linguagem de programação Scratch[53], podem criar jogos, anima-

---

53   O Scratch é uma linguagem de programação, criado por Mitchel Resnick é um projeto do grupo Lifelong Kindergarten

ções e simulações de forma interativa e colaborativa, já que neste espaço virtual, as crianças podem trocar informações, remixar produções com crianças e adolescentes de todo mundo. A autoria de casa produção é preservada e cada autor pode acompanhar se seu jogo foi remixado por outra pessoa e qual o resultado desta apropriação, que podem ser acessadas em http://scratch.mit.edu/. Um outro exemplo nesta linha e que também utiliza o Scratch como linguagem é o Projeto Jogos do Riva http://jogosdoriva.webnode.com/, que idealizamos numa escola pública de São Paulo e no qual os alunos constroem jogos dos mais diversos estilos, com temáticas que abordam o universo infanto-juvenil, que vem demonstrando que valorizar a autoria do aluno a partir do cotidiano que vivenciam e assuntos que gostam podem trazer excelentes resultados.

Hoje já é possível ter acesso a um acervo considerável e consistente que discute e investiga a cultura dos games, bem como seu potencial educativo, são comunidades, redes sociais e grupos de estudos, que têm se dedicado a esta temática, trazendo enriquecedoras reflexões às mais diversas áreas do ensino e grande contribuição à aprendizagem, dos quais podemos destacar inúmeras pesquisas. É uma área em grande expansão não só comercial, mas também acadêmica, com abordagens inovadoras e diferenciadas, das quais podemos trazer profícuas contribuições para o ensino e aprendizagem da Geografia.

4. Um bom começo: os objetos de aprendizagem

Para os professores que desejam iniciar a inserção de recursos digitais em suas aulas, uma boa inciativa é consultar os conteúdos de repositórios ou plataformas de objetos de aprendizagem. Segundo Behar et al (2009, p. 65):

> ... entende-se por objeto de aprendizagem qualquer material digital, como, por exemplo, textos, animação, vídeos, imagens, aplicações, páginas web de forma isolada ou em combinação, com fins educacionais. Tratam-se de recursos autônomos, que podem ser utilizados como módulos de um determinado conteúdo ou como conteúdo completo. São destinados a situações de aprendizagem tanto na modalidade a distância quanto semi presencial ou presencial. Uma das principais características deste recurso é a reusabilidade, ou seja, a possibilidade de serem incorporados a múltiplos aplicativos.
> Um mesmo objeto pode ter diferentes usos, seu conteúdo pode ser reestruturado ou reagregado, e ainda ter sua interface modificada para ser adaptada a outros módulos. Todas estas ações podem ser conciliadas com outros objetos, considerando sempre os objetos a serem alcançados com o público-alvo da (re) utilização do OA".

Abaixo listamos alguns destes espaços virtuais nos quais é possível en-

---

no Media Lab do MIT e fornecido gratuitamente a todos os seus usuários. Fonte: <http://scratch.mit.edu/about/>, acessado em maio/2014.

contrar uma diversidade de recursos, tais como: animações, jogos, simulações, vídeos, muitos deles com indicações de uso e sugestões de planos de aula. Em algumas delas há uma proposta de colaboração para os professores, tornando-os curadores de conteúdo ao convidá-los indicar recursos que julguem de impacto e qualidade para aulas, bem como planos de aula que tiveram resultado positivo na aprendizagem. Estes repositórios e espaço virtuais são mantidos por instituições de pesquisa, secretarias de governo, dentre outros[54]. Atualmente nem todos funcionam como repositórios, mas como plataformas de pesquisa, ou de colaboração, nas quais pode-se encontrar links levarão o usuário para outro endereço na rede, no qual se encontra o objeto propriamente dito e pode-se postar conteúdo também. Nos pautaremos em indicar aqueles que tenham uma busca mais intuitiva e estruturada:

Bancos Internacional de objetos educacionais: É um repositório criado pelo Ministério da Educação, em parceria com o Ministério da Ciência e Tecnologia, Rede Latinoamericana de Portais Educacionais - RELPE, Organização dos Estados Ibero-americanos - OEI e outros. É um dos mais antigos espaços de armazenamento de objetos de aprendizagem. A grande maioria dos objetos ali encontrada estão disponíveis para download em: http://objetoseducacionais2.mec.gov.br/.

Curriculo +: É um remix da Escola Digital mantida pela Secretaria Estadual de Educação de São Paulo, os conteúdos disponibilizados estão catalogados de acordo com o currículo da rede. Os professores também podem indicar recursos: http://curriculomais.educacao.sp.gov.br/.

Dia a Dia Educação: É uma plataforma de conteúdo e de divulgação de informações da Secretaria Estadual de Educação do Paraná, também tem como proposta a divulgação dos projetos desenvolvidos por professores da rede: http://www.diaadia.pr.gov.br/.

Escola Digital: Esta plataforma de busca é bem recente e tem como proposta que os usuários indiquem recursos, sua busca é bem intuitiva e pode-se fazer combinações para encontrar um resultado mais efetivo:http://escoladigital.org.br/.

LABVIRT - Laboratório Didático Virtual: Portal mantido pela Faculdade de Educação da USP, onde é possível encontrar simulações feitas pela equipe do LabVirt a partir de roteiros de alunos de ensino médio das escolas da rede pública: http://www.labvirt.fe.usp.br/.

Microsoft Educator Network: É uma rede de colaboração e divulgação de conteúdo, no qual podem ser encontrados experiências de educadores de todo mundo. É possível postar práticas educativas e experiências com recursos, independentes de usarem ferramentas da Microsoft e interagir com professores vinculados a rede: http://www.pil-network.com/.

---

54 Outros repositórios e plataformas com objetos de aprendizagem podem ser acessados em: <http://pt.wikiversity.org/wiki/Lista_de_reposit%C3%B3rios_de_recursos_educacionais_dispon%C3%ADveis_online>

Noas: É um portal do núcleo de computação aplicada, destinado ao desenvolvimento de objetos de aprendizagem significativa, estruturados em simulações computacionais de fenômenos, mantido pelo Colégio Cenecista Dr. José Ferreira: http://www.noas.com.br/.

Porta curtas: É um portal de divulgação de curta-metragem brasileiros, na parte destinada a professores há o incentivo para o envio de relatos de práticas e experiências com os curtas disponibilizados: http://portacurtas.org.br/.

Portal do Professor do MEC: É um portal onde se constituiuma comunidade de aprendizagem na qual professores de todo o País podem compartilhar suas ideias, propostas, sugestões metodológicas para o desenvolvimento dos temas curriculares e para o uso dos recursos multimídia e das ferramentas digitais: http://portaldoprofessor.mec.gov.br/sobre.html.

Considerações Finais

Neste texto tivemos como objetivo fazer uma análise de como os suportes tecnológicos e recursos digitais, são parte integrante da vida de crianças e adolescentes presentes nas escolas atualmente, procuramos demonstrar que para estes nativos digitais, a utilização de novos recursos e adoção de novas tendências tecnológicas é natural e que é necessária uma emergência na compreensão deste meio no qual toda esta mudança de paradigma está ocorrendo, ou seja, não são os recursos em si nossa fonte de observação ou o problema a ser resolvido, mas todo o ambiente transformado por esta inserção. Como professores, devemos conhecer as ferramentas e recursos disponíveis para a melhoria de nossa forma de ensinar, mas é condição *sine qua non* que a apropriação de novos recursos e tendências faça parte de uma compreensão maior do que é uma aula, que tenha como aporte suportes e recursos digitais, mas para que este intento se concretize de fato é importante que este uso faça sentido para o professor e contemple suas necessidades e demandas, o que pode ocorrer de forma mais eficaz a partir da vivência de experiências concretas em cursos de formação. Como indicação para um trabalho que tenha como pressupostos a apropriação destes recursos, indicamos algumas propostas e experiências que se utilizaram de geotecnologias, jogos digitais, games e objetos de aprendizagem. Finalizamos nosso texto enfatizando que é preciso entender que a lógica da aula pode ser mudada a partir da valorização do protagonismo e autoria do professor e consecutivamente do seu aluno, que devem ser incentivadas e divulgados. Somente assim, a utilização destes recursos terá seu uso naturalizado pelo professor, ocorrendo assim de fato esta apropriação tão necessária e urgente, não somente do ensino de Geografia, mas nas didáticas e metodologias de ensino de todas as disciplinas.

REFERÊNCIAS

ABRIL EDITORA, Revista Nova Escola. **Daqui pra lá, de lá pra cá**. Disponível em <http://revistaescola.abril.com.br/matematica/pratica-pedagogica/jogo-espaco-forma-428061.shtml>, acesso em: 03 fev. 2014.

ALVES, S. **Dicionário de tecnologia educacional–Terminologia básica apoiada por micromapas**. São Paulo: PerSe, 2011.

ALMEIDA, R. D. **Novos rumos da cartografia escolar, currículo, linguagem e tecnologia**. São Paulo: Ed. Contexto, 2011.

BEHAR, Patricia Alejandra. **Modelos pedagógicos em educação a distância**. Artmed, 2009.

BEHAR, Patricia Alejandra; BERNARDI, Maira; DA SILVA, Ketia Kellen Araújo. Arquiteturas Pedagógicas para a Educação a Distância: a construção e validação de um objeto de aprendizagem. **RENOTE**, v. 7, n. 1, 2009.

CALLAI, Helena Copetti. **Educação geográfica:** reflexão e prática. Editora da UNIJUI. Ijuí, Rio Grande do Sul, Brasil, 2011.

CAPEL, Horacio. La enseñanza digital, los campus virtuales y la geografía. **Ar@cne**, 2009.disponível em <http://revistes.ub.edu/index.php/aracne/article/view/1162>, acessado em mar/2014.

CASTELLAR, Sonia Maria Vanzella. **Educação geográfica:** teorias e práticas docentes. Editora Contexto, 2006.

CASTELLAR, Sonia Maria Vanzella: MORAES, Jerusa Vilhena; SACRAMENTO, Ana Claudia Ramos. Jogos e resolução de problemas para o entendimento do espaço geográfico no ensino de Geografia. In: CALLAI, H. C. **Educação Geográfica:** reflexão e Prática. Ijuí: Unijuí, 2011. p. 259-275

CASTELLAR, Sonia Maria Vanzella; SACRAMENTO, Ana Claudia Ramos; MUNHOZ, Gislaine Batista. **Recursos Multimídia na Educação Geográfica:** perspectivas e possibilidades, *Ciência geográfica*. Bauru XV (1), 114-123, 2011. <http://www.agbbauru.org.br/publicacoes/revista/anoXV_1/AGB_dez2011_artigos_versao_internet/AGB_dez2011_16.pdf> Acesso em: mar. 2014.

CASTELLAR, Sonia M. V, MUNHOZ, Gislaine B. Conhecimentos escolares e caminhos metodológicos (org.). São Paulo: Xamã Editora, 2012

CAVALCANTI, Lana de Souza. **Geografia, escola e construção de conhecimentos**. Papirus Editora, 2006.

GROW. WAR [videogame]. São Paulo, 1997

JENKINS, Henry. **Cultura da convergência**. Aleph, 2008.

PRENSKY, M. Digital natives, Digital immigrants. **On the Horizon**. United Kingdom, MCB University Press, v. 9 n. 5 2001. Disponível em: <http://www.marcprensky.com/writing/Prensky%20%20Digital%20Natives,%20Digital%20Immigrants%20-%20Part1.pdf>, acesso em: mar. 2014.

_____ The digital game based learning revolution. **Digital game based learning.** McGraw-Hill, s.l. 2001. Disponível em <http://www. marcprensky. com/writing/prensky %20--%20ch1-digital%20game- based%20learning.pdf>, acesso em: mar. 2014.

MATTAR, João. **Games em educação:** como os nativos digitais aprendem. São Paulo: Person Prentice Hall, 2010.

MCLUHAN, Marshall. **Os meios de comunicação:** como extensões do homem. Editora Cultrix, 1974.

MOJANG. **Minecraft** [Videogame]. Stockholm, Sweden: 2011.

MOITA, Filomena. **Games: contexto cultural e curricular juvenil.** João Pessoa, UFPB, 2006. Disponível em <http://www.filomenamoita.pro.br/pdf/tese-games. pdf>, acesso em: mar. 2014.

MUNHOZ, Gislaine Batista. **A aprendizagem da Geografia por meio da Informática Educativa,** FEUSP, 2006.

MUNHOZ, Gislaine Batista, RAMOS SACRAMENTO, Ana Claudia;. The learning objects: a way to teaching geography in basic SCHOOL. **Problems of Education in the 21st Century,** v. 27, 2011.

MUNHOZ, Gislaine Batista. Metodologias ativas na aprendizagem da Cartografia Escolar. **Anekumene,** v. 1, n. 2, p. 86-110, 2012.

PEREIRA, Francisco Ielos Fautino; ARAUJO, Sergiano de Lima; HOLANDA, Virginia Celia Cavalcante de. As novas formas de se ensinar e aprender geografia: os jogos eletrônicos como ferramenta metodológica no ensino de geografia. **Geosaberes-Revista de Estudos Geoeducacionais,** v. 2, n. 3, p. 34-47, 2011.

PRATA, Carmen Lucia; NASCIMENTO, A. C. A. A. Objetos de aprendizagem: uma proposta de recurso pedagógico. **Brasília:** MEC, SEED, p. 20, 2007.

SMITH, P. H. Zeek. **Sidewalk Software,** 1995. Disponível em <http://pauls--place.awardspace.com/zeek.html> e <http://sokoban-d.blogspot.com/2011/6/zeek-geek.html> Acesso em 09 mar. 2014.

SOARES, Ismar de Oliveira. Educomunicação e a formação de professores no século XXI. **Revista FGV Online.** Ano 4, n. 1, p. 19-34, 2014.

SZLAK, CARLOS et al. **Como as pessoas aprendem:** cérebro, mente, experiência e escola. Senac, 2007.

TAPSCOTT, Don. **A hora da geração digital**: como os jovens que cresceram usando a internet estão mudando tudo, das empresas aos governos. Rio de Janeiro: Agir Negócios, 2010.

TOMLINSON, Carol Ann. **El aula diversificada:** dar respuesta a las necesidades de todos los estudiantes. Octaedro, 2001.

TORI, Romero. **Educação sem distância.** Senac, 2010.

WREDE, Klaus-Jürgen. **Carcassone** [Jogo], São Paulo: Devir, 2012

PRÁTICAS

LINGUAGEM, FORMA E CONTEÚDO:
contribuições da literatura infantil para uma cartografia pertinente a infância

Paula Cristiane Strina Juliasz[55]

O mundo atual conta com os mais diversos desafios relacionados ao raciocínio espacial, a medida que a necessidade de se compreender os elementos que ocupam determinado espaço e como eles se relacionam se torna urgente para a solução de problemas. Atualmente também dispomos das mais diversas linguagens e também da tecnologia, que permite a multiplicidade espaços, pois hoje, por exemplo, é possível visitar um lugar tão distante em alguns minutos por meio da internet. É neste contexto que a Geografia e a escola estão inseridas uma vez que estes elementos estão no cotidiano de alunos e professores.

> Os desafios mundiais que estão ao nosso redor, como os desafios das mudanças climáticas, os desafios alimentares, os desafios da pobreza, os desafios energéticos, os desafios da migração, os desafios de planejamento da cidade, e os desafios de desastres naturais, estão se tornando cada vez mais complexos. Eles existem em escalas que variam do local ao global, atravessam sistemas humanos e naturais, envolvem muitas variáveis interdependentes que estão mudando ao longo do tempo, e tem um forte componente espacial. Estes desafios são importantes para o nosso futuro, mas são difíceis de entender, prever e resolver. (FAVIER; VAN DER SCHEE, 2014, p. 225, tradução nossa).

Neste contexto, a Geografia cumpre o papel de desenvolver a faculdade crítica, estabelecendo relações entre o lugar, a formação socioespacial e o mundo. De tal forma que o raciocínio espacial, por meio da linguagem cartográfica, permita o indivíduo desenvolver habilidades de análise geográfica, por ter como foco o estudo da relação entre sociedade e espaço, assim, é desejável que as crianças a desenvolva desde a Educação Infantil.

Quando a criança age sobre os objetos, descobre suas relações por meio da denominação das localizações, posições e de seu deslocamento no espaço. Desta forma, desde muito cedo para a criança, a ação e a representação por meio da fala são as principais fontes de conhecimento espacial e temporal. É importante ressaltar que a representação do espaço supõe a integração dos conceitos de espaço e tempo, os quais dependem do contexto cultural.

Sabemos que o fator essencial no contexto cultural e que corresponde a mediação da cultura é a linguagem e quando se trata do espaço, compreendemos que a linguagem cartográfica concretiza o pensamento espacial e pode ser expresa de

---

[55] Possui graduação em Geografia - Licenciatura (2008) e Bacharel (2010) - e especialização (2011) em Pesquisa em Cartografia, pela Universidade Estadual Paulista Júlio de Mesquita Filho, campus de Rio Claro. Atualmente desenvolve a pesquisa de doutorado na Faculdade de Educação da Universidade de São Paulo (FEUSP).

diversas formas na infância, seja por gestos, fala, desenho, manuseio de objetos etc, portanto, ela emite um raciocínio espacial.

É importante ressaltar que atividades mobilizadoras do raciocínio espacial[56] permitem desenvolver as noções espaciais e temporais, uma vez que as intervenções são importantes para novas formas de pensar determinado problema ou ação. Neste sentido, não compartilhamos do espontaneísmo na Educação Infantil.

Contudo, os estudos na área de cartografia escolar desenvolvidos na Educação Infantil ainda são escassos, o que nos preocupa, uma vez que esta etapa consiste na primeira da Educação Básica Nacional e o fato de não estudá-la promove uma lacuna de referenciais para compor seu currículo. Isso porque entendemos que a Educação Básica seja uma só composta por etapas articuladas entre si.

Consideramos que compreender o desenvolvimento das formas de pensar o espaço e o tempo das crianças na Educação Infantil e como estabelecem o raciocínio espacial são importantes e essenciais para o estabelecimento de referenciais teórico e metodológicos referentes a aprendizagem da linguagem cartográfica na Educação Infantil.

Em virtude destas considerações, nossos estudos tem sido direcionado às crianças 4 a 5 anos, uma vez que esta faixa-etária compreende a primeira fase obrigatória da Educação Básica[57], conforme a última resolução, por meio da Lei nº 12796/2013 (BRASIL, 2013), na Lei de Diretrizes e Bases da Educação Nacional (BRASIL, 1996), como mostra o seguinte trecho do item "Do Direito à Educação e do Dever de Educar":

> Art. 4º O dever do Estado com educação escolar pública será efetivado mediante a garantia de: - educação básica obrigatória e gratuita dos 4 (quatro) aos 17 (dezessete) anos de idade. [...] Art. 6º É dever dos pais ou responsáveis efetuar a matrícula das crianças na educação básica a partir dos 4 (quatro) anos de idade. (BRASIL, 2013).

A concepção de currículo da Educação Infantil, até então como não rígida, requer certas modificações, uma vez que esta etapa torna-se obrigatória a partir dos quatro anos de idade e, assim, espera-se determinados conhecimentos nos anos seguintes, pois antes desta resolução a criança podia ingressar em qualquer momento na Educação Infantil ou apenas no primeiro ano do Ensino Fundamental, não sendo possível prever o que a criança já sabia.

Assim, compreendemos que este novo contexto trazido pela última modificação na LDB apresenta uma visão de currículo de Educação Infantil, integrada ao Ensino Fundamental, o que não antecipa na prática pedagógica os anos posteriores da Educação Básica.

---

56 Pensamento espacial é um tipo de pensamento que tem tido cada vez mais atenção por parte dos educadores, nos últimos dez anos. Refere-se aos conhecimentos, habilidades e hábitos mentais relacionados ao uso de: conceitos de espaço; ferramentas de representação espacial; e os processos de raciocínio espacial (NATIONAL RESEARCH COUNCIL, 2006 apud FAVIER; VAN DER SCHEE, 2014, p. 226, tradução nossa).

57 Esta obrigatoriedade será efetivada a partir de 2016 (PORTAL PLANALTO, 2013).

Esta perspectiva não desconsidera a infância como construção histórica e social e a criança como sujeito e protagonista, compartilhamos da concepção de criança de Kishimoto (2013) como um indivíduo com direito, que fala e que faz parte de um contexto histórico e social. Devemos considerar que o ambiente educativo - no caso da escola de Educação Infantil, parte integrante da Educação Básica - deve ter propostas que deem o início ao desenvolvimento de conteúdos científico e obviamente com a atenção voltada à criança, compreendendo-a como um sujeito integral.

De acordo com este ponto de vista, este capítulo é resultado de reflexões acerca da forma que pode-se desenvolver conteúdos científicos nesta etapa da educação, tendo como foco a mobilização das crianças para a aprendizagem e ao acesso do conhecimento de tal forma que os conceitos sejam construídos de forma gradual em relação aos conteúdos geografico a partir de noções espaciais e temporais. Destarte, concebemos a importância da aprendizagem na educação infantil, a medida que consiste em uma primeira aproximação do conhecimento pessoal ao conhecimento científico.

1. O conhecimento científico na Educação Infantil

O pesquisador Lino de Macedo (1994) em seu texto "Qual Hefesto ou Afrodite", traça um paralelo entre o mito de Hefesto e Afrodite e a construção das formas e dos conteúdos pela criança, conforme Piaget. Para entender a comparação feita pelo autor cabe contar um pouco sobre a relação entre estes deuses gregos.

Afrodite, deusa da beleza e do amor, era casada com Hefesto que se tornou o artesão mais adorado pelos deuses. Ele desejava aprisionar sua amada, Afrodite, tão efemera e para isso buscou sintetizar sua beleza em suas artes, buscando transpor o conteúdo de Afrodite em suas formas cada vez mais elogiadas pelos deuses.

Em cada peça elaborada, Hefesto tinha como desafio superar suas deficiências e dar algo à peça trabalhada que recordasse sua deusa, ou a imagem dela que tinha dentro si. Hefesto não conseguindo reter Afrodite aprendeu dela a beleza e o amor como conteúdos, necessários aos seus esquemas de ação[58], ou seja para suas formas.

> Qual Hefesto, a criança terá que construir esquemas de ação. [...] Uma delas são "os possíveis", por intermédio dos quais a criança "compreende" o objeto, ou melhor, sua forma, ainda que circunstancial. A outra é o "necessário", por intermédio do qual a criança "estende" suas ações, coordenando-as no espaço e no tempo, formando novos esquemas. (MACEDO, 1994, p. 08).

---

58   Beth e Piaget definem esquema de ação como "o conjunto estruturado dos carácteres generalizáveis desta ação, isto é, dos que permitem repetir a mesma ação ou aplicá-la a novos conteúdos. Mas o esquema de uma ação não é nem perceptível (percebe-se uma ação particular, mas não seu esquema) nem diretamente introspectível e só se toma consciência de suas implicações repetindo a ação e comparando seus resultados sucessivos" (BETH; PIAGET, 1961, p. 251).

A criança para compreender um objeto transfere para ele os conteúdos de ação que lhe são correspondentes, no entanto, quando estes são insuficientes, a tendência é criar novas possibilidades ou permanecer na primeira situação de Hefesto, incapaz de reter Afrodite (MACEDO, 1994). Neste sentido, quando encontra uma solução diferente, aprende os desafios para assim aprisionar, por meio de esquemas de ação, o que julgar ser próprio do objeto.

"Estender algo como um esquema de ação significa poder abstrair das formas dos objetos um conteúdo comum a ele. Significa descobrir, criando um novo esquema, o que lhe é necessário ou invariante" (MACEDO, 1994, p. 09). Bem como Hefesto, para elaborar algo dando uma forma é necessário que os conteúdos da ação se manifestem sempre de forma diversificada e criativa, tornando, assim, possível sua assimilação como algo novo.

Desta forma, Hefesto sempre buscava superar os obstáculos daquilo que buscava representar, retirando de Afrodite seus conteúdos, como a beleza. O trabalho de Hefesto é comparado ao desenvolvido pela criança, na construção de esquemas de ação. "Para construir algo como um conteúdo, a criança, por suas ações, deve retirar das diversas formas que o expressam, aquilo que lhes é comum, que lhes dá coerência (lógica ou estética), que se conserva de uma forma para outra" (MACEDO, 1994, p. 09).

A partir disto, o autor conclui que a construção de formas e conteúdos ocorre por meio da atribuição de siginificação a um objeto ou seja, a assimilação pelos correspondentes esquemas de ação. Lino de Macedo (1994) faz um paralelo entre a criação de Hefesto e a formação de símbolo segundo as três condições postas por Piaget:

> 1. Imitar, mesmo que parcialmente, algo que era de Afrodite, 2. criar, qual um jogo, novos significados para os objetos de que dispunha para isso e 3. assim, poder representar (como linguagem plástica, no caso) algo pertencente a ela. Em outras palavras, no símbolo, na linguagem, na sua arte, Hefesto pôde juntar forma e conteúdo, além de – por intermédio de suas ações – sentir-se "visitado" por sua deusa. (MACEDO, 1994, p. 10).

Imitar, criar e representar são mecanismo na dialética forma-conteúdo que devem ser compreendidas na aprendizagem escolar e consideradas afim de promover o desenvolvimento da criança, de maneira indissociável e relacional. Macedo (1994) pontua ao final do texto o fato dos alunos, como Hefesto, com tantos problemas, não encontram sentido naquilo que fazem "desanimados pela busca insensata dessa Afrodite, que apenas vislumbram, em seu inacessível horizonte." (MACEDO, 1994, p. 10). Afrodite corresponde a nossa ciência, em uma linguagem adulta, formalizada e dissociada enquanto forma x conteúdo.

Ao compreender o aluno e ciência tal como Hefesto e Afrodite, respectivamente, devemos refletir sobre a função da escola e a relação forma e conteúdo que vem sendo acessado pelas crianças. Isso porque na escola, compreendemos a criança como um sujeito que deve ter a educação como direito.

Neste sentido, a Educação Infantil consiste em uma primeira aproximação ao conhecimento científico. Sob o mesmo ponto de vista, o desenvolvimento da capacidade de perguntar e formular hipóteses, buscar informações em fontes diversas, estabelecendo relações entre elas, elaborar ideias, argumentar (GALIAN, 2012, p. 22) consiste em atitudes que fundamentam o fazer e o pensar do conhecimento científico.

É frequente observarmos uma criança manuseando letras em material tridimensional ou fazendo sequências com blocos lógicos em uma sala de Educação Infantil. Essas atividades, por exemplo, introduzem conceitos do letramento e da matemática, porém não causam estranhamento em turmas desta etapa de ensino. Ao contrário do tema cartografia escolar na Educação Infantil que ainda causa certo estranhamento, à medida que não há direcionamento teórico e prático para o seu desenvolvimento com as crianças pequenas de 4 a 6 anos.

Isso é preocupante, uma vez que pode haver uma confusão resultando no deslocamento de atividades adequadas ao Ensino Fundamental para Educação Infantil. Para desenvolver de fato uma aproximação entre o conhecimento pessoal com o conhecimento científico, na Educação Infantil, é necessário refletir sobre a integração entre as etapas da Educação Básica, a medida que esta se tornou obrigatória a partir dos 4 anos de idade

E em relação a iniciação cartográfica, o que é possível desenvolver com a crianças de 4 a 5 anos de idade, uma vez que consiste em uma linguagem usada principalmente nos estudos geográficos? Como o conhecimento geográfico pode estar acessível às crianças?

Partimos da importância da Geografia como parte do processo inicial da alfabetização de um aluno, a partir do reconhecimento, por exemplo, das direções, tendo como pontos de referência o corpo ou o lugar de vivência. Assim, a criança passa por um processo de construção da noção de espaço e de representação cartográfica, desenvolvendo uma forma de pensar o espaço com seus elementos, conexões e processos.

2. A cartografia e o conhecimento geográfico a partir da literatura infantil

Diante destas questões, lembramos de um momento em nossa experiência com uma turma de crianças de 4 anos de idade na Educação Infantil. Enquanto estavámos no parque e as crianças faziam seus bolinhos de areia, uma garota nos chamou surpreendida por ter encontrado algo realmente interessante, ao cavar a areia: o sol. Perguntamos como aquilo tinha sido possível e ela respondeu balançando o corpo para o lado, o que permitia a luz refletir no chão, enquanto cavava.

Este fato está entre aqueles que nos mobilizou a compreender os caminhos que podem ser feitos para que uma criança construa um conhecimento, que está diretamente relacionado a noção espacial. Como tornar acessível à criança o fato de que embaixo da areia cavada não está o sol e assegurar o acesso ao conhecimento acumulado pela cultura científica?

Essa experiência fortaleceu nossas questões sobre o desenvolvimento de questões pouco desenvolvidas na Educação Infantil e que podem auxiliar na compreensão da Geografia, por exemplo, anos mais tarde, um modo de raciocínio que podem basear uma forma de compreender o conteúdo do espaço.

Na geografia, é possível inferir que o espaço conta com sistema caracterizado por partes em um todo, que devem ser analisados e compreendidos como simultâneas e sucessivas. O espaço é simultâneo, a medida que ocorre diversas ações ao mesmo tempo e o tempo é sucessivo uma vez que há uma ordem refletida no próprio espaço.

As noções de espaço e tempo são construídas ao longo da infância de forma gradual e no interior dos grupos sociais. A formação destes conceitos não ocorre de forma espontânea e não acompanha a atividade imediata de manipulação dos objetos, pelo contrário, depende do meio cultural, mediado pela linguagem e pelas ações que mobilizam seu pensamento em relação ao tempo e espaço. (ALMEIDA; JULIASZ, 2014).

Neste sentido, a mobilização do pensamento da criança para raciocínio espacial e temporal, compreendendo que as partes de um todo podem estar conectadas, permite desenvolver habilidades como localizar os pontos de referência nos trajetos, os objetos e pessoas e localizar os objetos em relação a sua posição e a dos outros.

Em relação a Cartografia Escolar, o conhecimento do espaço pela criança, desde muito cedo, ocorre por meio da ação e da linguagem, o que envolve deslocamento e manipulação de objetos e a nomeação de lugares e objetos. A ação, como atividade da própria criança, configura uma fonte de conhecimento juntamente com a linguagem, ou seja, mediante a atividade simbólica.

Por meio de uma aula com lógica investigativa, na qual se problematiza o que há embaixo da cama a partir de um material concreto e posteriormente em um plano de base gráfico, a cartografia aparece como linguagem, mediadora para a construção dos conceitos geográficos. Com base naquele episódio com a turma de Educação Infantil no parque, comentado anteriormente, desenvolvemos uma série de atividade que propunha a investigação do que havia embaixo da cama, por meio das noções topológicas de em cima e embaixo (JULIASZ, 2012; ALMEIDA, JULIASZ, 2014).

Como constatamos em pesquisas anteriores (JULIASZ, 2012), a representação do espaço exige operações mentais complexas, por demandar concepções espaciais construídas socialmente. Logo, o uso de um plano de base introduz algumas noções que serão exploradas em anos posteriores na Geografia e na Cartografia, como, o fato de estarmos na superfície da Terra e embaixo de onde pisamos há uma série de elemento até o núcleo da Terra e o sol não corresponde a estes elementos, como aquela criança citada anteriormente achava.

Desta forma, apontamos a importância de estudar os processos de construção de esquemas simbólicos relacionados à Geografia por alunos de Educação

Infantil, pois por meio destes esquemas de ação Hefesto reteve Afrodite, assim, os alunos criariam mecanismos de apreensão do conhecimento científico, "sem o qual nossa sociedade haverá de tratá-los como cidadão de segunda ou terceira classe." (MACEDO, 1994, p. 10)

Ainda mobilizadas pelo fato vivenciado no parque de areia, objetivamos desenvolver as noções topológicas em cima e embaixo, uma vez que isto está envolvido na questão sobre onde estou e como o espaço se organiza. Portanto, podemos indagar com as crianças a partir do contexto no parque: o que existe embaixo da areia do parque?

Partimos da importância de elaborar um estudo contextualizado, no qual elementos do universo infantil sejam utilizados a fim de desenvolver de forma sistematizada as noções de espaço e tempo. Assim, encontramos nas histórias infantis uma forma de planejar atividades de ensino[59] com foco na Geografia.

Elaboramos uma série de atividades, a partir das histórias infantis - materiais que fazem parte do cotidiano escolar - devido a possibilidade de trazer o imaginário da criança e estabelecer uma ponte entre os conhecimentos sistematizados e o universo da infância. O uso de histórias permite estabelecer uma sequência de fatos, o que preestabelece a sequência temporal, e, consequentemente, promove uma organização sequencial da relação espaço-tempo. O livro torna-se um mediador na construção da aprendizagem, pois por meio da linguagem (a narração da história) o conhecimento se concretiza.

O primeiro livro usado foi *A Pirilampeia e os dois meninos de Tatipurum*, de José Rufino dos Santos (2000), que apresenta dois meninos que vivem em Tatipurum (um planeta). Os meninos moram em lados opostos do planeta, por isso vivem discutindo sobre qual deles está em cima e qual está embaixo. Uma cigarra, chamada Pirilampeia, ajuda-os a descobrir que no espaço não existe em cima e embaixo, não importa o lado em que se esteja do planeta. A partir desta história, percebemos que as relações espaciais de vizinhança (em cima e embaixo) poderiam ser exploradas nas aulas.

A partir deste livro a noção de planeta e a própria ação gravitacional estão envolvidas e serão exploradas como conteúdo em anos posteriores da vida escolar. De forma, lúdica as crianças puderam conhecer uma história que trabalha no universo do fantástico questões científicas. Mediante o exposto, planejamos uma sequência didática com três propostas diferentes, sendo que as duas primeiras envolveram o conceito de localização: 1) localização dos personagens e elementos da história no planeta Tatipurum, respresentado por uma esfera de isopor; 2) localização, por meio da colagem, das figuras dos elementos da história em um círculo, o *Tatipurum; 3) desenho sobre a história A Pirilampeia e os dois meninos de Tatipurum.*

---

59 Entende-se por atividade de ensino, de acordo com Moura (1996) a "materialização dos objetivos e conteúdos define uma estrutura interativa em que os objetivos determinam conteúdos, e estes por sua vez concretizam esses mesmos objetivos na planificação e desenvolvimento de atividades educativas. (...) A atividade de ensino, desta forma, passa a ser uma solução construída de uma situação problema, cujas perguntas principais são: a quem ensinar, para quem ensinar, o que ensinar e como ensinar." (MOURA, 1996, p. 30 e 31)

O segundo livro *Debaixo da cama: uma viagem ao centro da Terra*, de Mick Manning e Brita Granström (2007), apresenta o caminho até o núcleo da Terra, a partir da cama das duas personagens do livro, sendo possível explorar as relações topológicas elementares com as crianças. Assim, objetivamos que as crianças estabelecessem as relações em cima e embaixo a partir de seus contextos e de um livro "Debaixo da cama: uma viagem ao centro da Terra", de Mick Manning e Brita Granström (2007), que apresenta o caminho até o núcleo da Terra, a partir da cama de duas personagens. Assim, a narrativa se desenvolve a partir da pergunta "O que tem embaixo da cama?" e como primeira resposta o livro mostra "tábuas de assoalho". Em seguida, novamente existe uma pergunta "O que tem embaixo da cama e das tábuas de assoalho?", percebam que a questão é complementada com a resposta anterior. Este tipo de narrativa estabelece uma relação espaço-tempo, ao trazer uma ordem e uma sequência, e é desta forma que o livro segue até a chegada das personagens ao núcleo da Terra.

A partir deste livro, planejamos uma sequência didática, composta por três momentos diferentes: 1) narração da história e observação e exploração de miniaturas dentro de uma casa de brinquedo, composta por três andares, desenvolvendo a relação em cima/embaixo; 2) elaboração de desenho sobre a história; 3) realização de colagem de figuras, segundo o que poderia haver em cima da cama, entre a cama e o chão e embaixo do chão.

Na seguinte representação gráfica podemos observar algumas noções cartográficas em relação às relações espaciais: visão vertical da cama e elemento que determinam em cima e embaixo, tais como telhado e chão. Durante a atividade a criança explicou seu desenho: "Aqui é o telhado (a), eu (b), meu pai (c) e minha mãe (d), a cama (e), o chão (f), minhas bonecas e meu guarda-roupa (g), da minha mãe (h), do meu pai (i)" (Fig. 1).

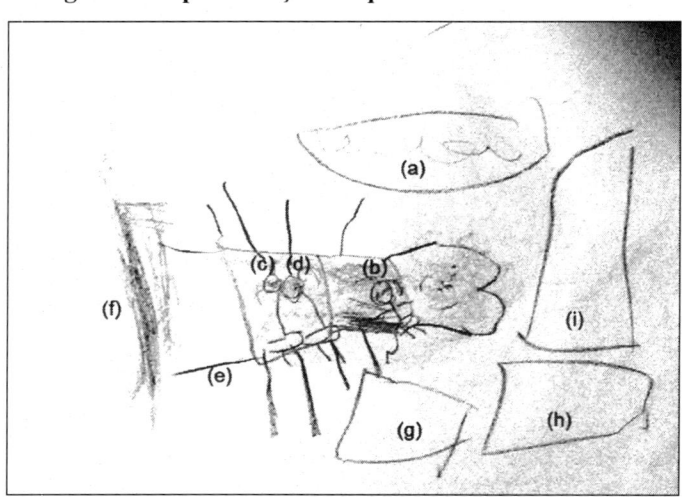

Figura 1. Representação do quarto com visão vertical

Fonte: acervo nosso

Estes dois livros nos permitiram aproximar o conhecimento geográfico do conhecimento das crianças, reconhecendo que as histórias apresentam uma linguagem adequada, ou seja uma forma acessível à criança, principalmente no que diz respeito ao imaginário, ao fantástico e também a repetição tão frequente na infância.

Neste sentido, o primeiro livro desenvolve a noção de planeta e a localização de pessoas na superfície e o segundo nos permite desenvolver o que existe a partir da superfície até o núcleo. Diante de nosso arcabouço teórico indicamos que o trabalho baseado em histórias infantis está inserido na cultura da infância, uma vez que ela traz elementos do imaginário e está de acordo com a faixa-etária, o que mobiliza o pensamento.

Com o foco no ensino e na noção do tempo histórico, Zamboni e Fonseca vem estudando a importância da literatura infantil de forma interdisciplinar.

> Acreditamos que a literatura infantil constitui uma fonte extremamente rica a ser problematizada pelo professor, que, por meio de um trabalho interdisciplinar, promoverá o acesso do aluno a outras linguagens, outras histórias, e o desenvolvimento de posturas críticas e criativas. Acreditamos que podemos enriquecer o processo de alfabetização e ampliar a aprendizagem histórica num processo de diálogo, aberto, livre e sensível entre memória, tempo, história (ZAMBONI; FONSECA, 2010, p. 350).

Sob este ponto vista, verificamos que a literatura infantil consiste em uma fonte para a sistematização do ensino de crianças pequenas, uma vez que o professor pode relacionar a linguagem literária ficcional, constitutiva do processo de formação da criança, às noções que norteiam certos conteúdos.

Neste sentido, o professor favorece atividades práticas com materiais concretos, pois a criança não conceitualiza mas pode estar envolvida em um conhecimento prático, ou seja o saber "como", para depois saber o porque, ou seja o conhecimento conceitual. Portanto, as noções de em cima e embaixo podem nortear o conteúdo geográfico, como reconhecer esta forma de pensar o espaço na compreensão de um perfil de solo, por exemplo, em anos posteriores. Ressaltamos que não antecipamos o conteúdo geográfico, mas desenvolvemos uma forma de pensar que será utilizado para a formação de conceitos e aprendizagem em momentos seguintes.

Essas sequências didáticas com o uso da literatura mostraram que as noções topológicas devem estar baseadas no pensamento infantil, como a memória. Isso porque na determinação do conceito, o objeto do ato de pensar está constituído, para a criança, não tanto pela estrutura lógica dos próprios conceitos como pela lembrança, e a concretude do pensamento infantil, seu caráter sincrético, é outra faceta desse mesmo fato, que consiste em que o pensamento infantil se apoia antes de mais nada na memória (VYGOTSKI, 1998, p. 44).

É importante relacionarmos a memória à outra função psíquica: a imaginação. Isso porque a criança imagina com base nos dados da memória, para novas combinações. Nessas atividades, as noções de em cima e embaixo apresentadas na história demandaram imaginar os elementos que pudessem estar embaixo da cama, em uma determinada sequência, e assim, o raciocínio foram mobilizados.

3. Algumas Considerações

Por meio dessas reflexões acerca do papel da literatura na aprendizagem, resumimos três aspectos que exigem maior aprofundamentos para pesquisas futuras, na Cartografia Escolar: 1) a cartografia no currículo da Educação Básica; 2) a forma pela qual a criança desenvolve o raciocínio espacial; 3) a cartografia enquanto linguagem e expressão do raciocínio espacial.

Acreditamos que conhecer o ponto de partida e de chegada da aprendizagem da cartografia pode nortear o estabelecimento de algumas diretrizes quanto a esta linguagem que expressa uma forma de pensar o espaço. Onde se quer chegar com a cartografia escolar e o que é necessário para isso?

Por conseguinte, existe a necessidade de conhecer como a criança desenvolve as noções espaciais e temporais, pois os alunos podem criar novos esquemas de ação tal como hefesto para assim assimilar a tão importante e inacessível Afrodite, ou seja a ciência.

A literatura infantil apresenta uma forma que permite a mobilização de uma série de conteúdos e conceitos geográfico, no nível do conhecimento prático, a partir de uma cartografia pertinente para a criança, promovendo a memória, imaginação e criação - processos cognitivos importantes para a aprendizagem – na Educação Infantil.

REFERÊNCIAS

ALMEIDA, R. D.; JULIASZ, P. C. S. **Espaço e Tempo na Educação Infantil**. São Paulo: Contexto, 2014
BETH, E. W.; PIAGET, J. **Épistémologie mathématique et psychologie**: essai sur les relations entre la logique formelle et la pensée réelle. Paris: P.U.F., 1961.
BRASIL. **Lei de Diretrizes e Bases da Educação Nacional (LDB)**. Lei 9394, de 20 de Dezembro de 1996. Disponível em <https://www.planalto.gov.br/ccivil_03/Leis/L9394.htm> Acesso em 17 ago. 2013
BRASIL.**Lei nº 12.796, de 4 de abril de 2013**. Disponível em<http://www.planalto.gov.br/ccivil_03/_Ato2011-2014/2013/Lei/L12796.htm> Acesso em 15 abr. 2013
FAVIER, T. T.; VAN DER SCHEE, J. A. The effects of geography lessons with geospatial technologies on the development of high school students' relational thinking. **Computers & Education**. 76, 2014, p. 225–236
GALIAN, C. V. A. O conhecimento de mundo na Educação Infantil como primeira aproximação do conhecimento científico. In: REIS, M.; XAVIER, M. C.; SANTOS, L. **Crianças e Infâncias**: educação, conhecimento, cultura e sociedade. São Paulo: Annablume, 2012, p. 19 – 32.
JULIASZ, P. C. S. **Tempo, espaço, corpo na representação espacial:** contribuições para a Educação Infantil. 2012. Dissertação (Mestrado em Geografia). Instituto de Geociências e Ciências Exatas. Programa de pós-graduação em Geografia. Universidade Estadual Paulista. 2012
KISHIMOTO, T. M. A infância, a cultura lúdica e a formação do brincante. In: CARVALHO, A. M. P. **Formação de professores**: múltiplos enfoques. São Paulo: Editora Sarandi, 2013, p. 148 – 164.
MACEDO, L. Qual Hefesto ou Afrodite. In: MACEDO, L. **Ensaios Construtivistas**. São Paulo: Casa do Psicólogo, 1994, p. 07 – 12.
MANNING, M.; GRANSTRÖN, B. **Debaixo da cama**: uma viagem ao centro da Terra. Tradução de Luciano Machado. São Paulo: Ática. 2007. 31 p. (Coleção Xereta).
MOURA, M. O. de. A Atividade de Ensino como Unidade Formadora In: **Bolema**. Ano II. N. 12, 1996, p. 29-43
PORTAL PLANALTO. **Lei torna obrigatória matrículas de crianças na educação básica aos 4 anos a partir de 2016**. 2013. Disponível em <http://www2.planalto.gov.br/excluir-historico-nao-sera-migrado/lei-torna-obrigatoria-matriculas-de-criancas--na-educacao-basica-aos-4-anos-a-partir-de-2016> Acesso em 4 abr. 2013.
SANTOS, J. R. **A Pirilampeia e os dois menino de Tatipurum**. São Paulo: Editora Ática. 2000. 32 p.
VYGOTSKI, L. S. **O desenvolvimento psicológico na infância**. Tradução de Claudia Berliner. São Paulo: Martins Fontes, 1998, 326 p. (Psicologia e Pedagogia).
ZAMBONI, E.; FONSECA, S. G. Contribuições da literatura infantil para a aprendizagem de noções do tempo histórico: leituras e indagações. **Caderno Cedes**. Campinas. v. 30, n. 82, p. 339-353, set.-dez. 2010

AS RELAÇÕES ESPACIAIS PROJETIVAS COM CRIANÇAS DO 1º ANO DO ENSINO FUNDAMENTAL

Gláucia Reuwsaat Justo[60]

Os dados e análises deste capítulo fazem parte da dissertação de mestrado "As relações espaciais e a aproximação entre a Geografia e a Matemática com crianças do 1º ano do ensino fundamental" defendida em maio de 2014 no Programa de Pós Graduação da Faculdade de Educação da Universidade de São Paulo (FEUSP).

Desde muito pequenas, as crianças constroem concepções iniciais relativas ao espaço por meio das suas percepções, das experiências com os objetos e o meio, assim como, ao procurarem soluções para os obstáculos que encontram. Desenvolver o raciocínio espacial permite à criança se localizar e estabelecer relações entre ela e os lugares vivenciados por ela. Ao perceber-se espacialmente, espera-se que a criança amplie essas relações espaciais locais e estabeleça outras, ampliando assim a complexidade dos lugares vividos. Desse modo, a compreensão do lugar de vivência abrange diversos fatores e é relevante pelo fato de o sujeito poder ser capaz de ler o mundo em que vive para compreendê-lo. Essa ideia é corroborada por Callai (2003) quando ela diz que o lugar em que se vive deve ser experimentado, reconhecido pelos sujeitos que vivem ali, pois é importante conhecer o espaço para saber localizar-se nele, deslocar-se para, então, reconhecer o lugar enquanto seu para a construção da identidade do próprio sujeito.

O conceito de localização é relevante para o conhecimento geográfico, com o qual se estimula o raciocínio espacial, na medida em que a criança perceberá a sua relação (o seu corpo) com outros objetos ou pessoas. A localização permitirá que ela compreenda as características do lugar de vivência a partir dos pontos de referência, que também são desenvolvidos na área matemática. Entretanto é importante destacar que localização e pontos de referência, por exemplo, são materializados na representação cartográfica, que pode ser, ainda, um desenho (mapa mental) ou um croqui cartográfico. Por entender essa importância, nas atividades desenvolvidas por nós durante a pesquisa, utilizamos jogos de percurso, jogo de Caça ao Tesouro, registros por desenhos e a linguagem escrita, que apareceu como uma representação com símbolos da linguagem tratados em um contexto do lugar de vivência da criança: a escola. Ao representar, as crianças identificaram os lugares, localizando-os, por meio de signos, transmitindo desta forma um conjunto de informações, decoradas e desenhadas, no qual pudemos analisar a localização,

---

60 Graduada em Pedagogia pela Universidade Federal do Rio Grande do Sul (UFRGS) em 2010 e mestre em Educação pela Universidade de São Paulo (USP) em 2014, sob orientação da Professora Sonia Castellar.

a distância entre os objetos e, consequentemente, os conceitos que estruturam a compreensão da leitura de mapa e o raciocínio espacial.

Ao pesquisar sobre o tema do desenvolvimento do raciocínio espacial, vimos que ele foi estudado por Jean Piaget e Barbel Inhelder (1993) e que seu estudo é base para pesquisadores da Geografia e da Matemática, ou seja, o raciocínio infantil inicial é único para as duas áreas. Portanto, as situações de ensino e aprendizagem que analisaremos nesta pesquisa foram feitas utilizando os estudos de Jean Piaget (1993) e de pesquisadores da Matemática e da Geografia, como Almeida (2011; 1992), Castellar (2011; 2010), Bairral (2012) e Lorenzato (2006) sobre as relações espaciais, pois acreditamos que estes pesquisadores exploram a compreensão das crianças sobre estas relações.

Os experimentos realizados por Piaget e Inhelder (1993) tiveram importância para a compreensão de como as relações espaciais são construídas nas crianças e são base até hoje para as áreas de Geografia e de Matemática em relação ao ensino e aprendizagem do espaço nas crianças. Assim, as noções espaciais são conhecimentos utilizados tanto na Geografia, mais especificamente na cartografia, quanto na Matemática, na geometria. Por conseguinte, vários conceitos de Matemática e de Geografia estão presentes na aprendizagem do espaço como: separação, vizinhança, ordem, envolvimento, continuidade, descentração, lateralidade. Estes conceitos são importantes, no caso da Geografia, para referenciar a leitura de mapas, a localização da criança no espaço e também o conceito de legenda.

Segundo Piaget e Inhelder (1993), há três tipos de relações espaciais: topológicas, projetivas e euclidianas. As relações topológicas são as mais elementares, que se constroem primeiro na criança, sendo que a construção das relações projetivas e euclidianas pressupõe as topológicas.

As relações projetivas ocorrem quando "o objeto ou sua figura cessam de ser considerados simplesmente em si mesmos [...] para serem considerados relativamente a um 'ponto de vista'" (PIAGET; INHELDER, 1993, p. 168). Com elas é possível que a descrição de uma localização mude de acordo com o referencial. A principal noção desenvolvida, segundo a teoria de Piaget, é a de descentralização que

> [...] consiste na passagem do egocentrismo infantil para um enfoque mais objetivo da realidade, através da construção de estruturas de conservação que permitem à criança ter um pensamento mais reversível. Isso ocorre porque ela começa a considerar outros elementos para a localização espacial e não apenas sua percepção ou intuição sobre os fenômenos (ALMEIDA; PASSINI, 1992, p. 34).

As relações espaciais projetivas podem ser divididas em três fases de desenvolvimento: a primeira se manifesta quando a criança localiza o objeto a partir do uso de seu corpo como referencial, a partir do seu ponto de vista, e ocorre entre 5 a 8 anos; na segunda, a criança já consegue utilizar o outro como referencial, localizando um objeto na visão do outro (à frente de, atrás de), ocorrendo por volta dos

8 a 11 anos; e a terceira fase é quando a criança consegue utilizar vários referenciais, utilizando como referenciais outros objetos ou indivíduos (está à frente de e atrás de), esta fase ocorre dos 11 aos 12 anos (MUNHOZ, 2011). Piaget e Inhelder concluem que, em relação ao uso de perspectivas para a localização de objetos,

> [...] a perspectiva supõe um relacionamento entre o objeto e o ponto de vista próprio, tornando consciente de si mesmo, e que, aqui como em outros lugares, tomar consciência do ponto de vista próprio consiste em diferenciá-lo dos outros e, em consequência, coordená-los com eles. [...] uma construção de conjunto é necessária à elaboração das perspectivas, construção que leva a relacionar simultaneamente objetos entre si segundo um sistema de coordenadas e os pontos de vista entre si segundo uma coordenação das relações projetivas que correspondem aos diversos observadores possíveis (PIAGET; INHELDER, 1993, p. 224).

Estes pesquisadores iniciaram a descrição dos experimentos das relações projetivas pela construção da reta projetiva. O experimento consistiu "em conservar a forma das retas em modificando seus comprimentos, os paralelismos, os ângulos, etc." (PIAGET; INHELDER, 1993, p. 170). Outros experimentos realizados foram de projeção de sombras, relacionamento de perspectivas, de secções e de rebatimento de superfícies. Sobre estes experimentos, Piaget e Inhelder (1993) concluem que

> a construção das relações projetivas elementares supõe uma coordenação do conjunto de pontos de vista, porque, se tais relações são sempre relativas a um ponto de vista determinado, [...] que um "ponto de vista" não poderia existir em estado isolado, mas supõe necessariamente a construção de um sistema total ou coordenação de todos os pontos de vista (PIAGET; INHELDER, 1993, p. 257).

Ao desenvolver o raciocínio espacial da criança a partir das relações espaciais topológicas, projetivas e euclidianas, articulando a realidade com os objetos e os fenômenos que as crianças querem representar, segundo Castellar e Vilhena (2010), estamos estruturando o letramento geográfico a partir de noções cartográficas e, ao mesmo tempo, estimulando o raciocínio espacial.

> A concepção que desenvolvemos em relação ao processo de letramento geográfico tem como base as noções: área, ponto e linha; escala e proporção; legenda, visão vertical e oblíqua, imagem bidimensional e tridimensional (CASTELLAR; VILHENA, 2010, p. 25).

Simielli (2011) chama de alfabetização cartográfica a construção das noções de visão oblíqua e vertical, imagem tridimensional e bidimensional, alfabeto cartográfico, legenda, proporção e escala, lateralidade e orientação. Não é nossa intenção neste capítulo fazer uma discussão sobre qual é o melhor termo, letramento ou alfabetização, apesar de entender que eles não tenham o mesmo significado, os utilizaremos como semelhantes, portanto, sem diferenciá-los.

As visões oblíqua e vertical são de importância básica na construção da alfabetização cartográfica já que todos os mapas são feitos com uma visão vertical (visto de cima), e a visão da criança é sempre lateral, ou seja, oblíqua. A visão vertical é abstrata, por isso de difícil desenvolvimento em crianças de 6 a 7 anos. Simielli (2011) sugere atividades que possam estimular a construção da noção de visão vertical a partir do desenho de objetos familiares para as crianças em diferentes visões, para que posteriormente possam abstrair espaços maiores como a escola, o bairro (SIMIELLI, 2011).

Outra prática muito utilizada para a construção das relações espaciais é a confecção de maquetes pelas crianças, sendo que esta tem como principal vantagem a manipulação. Este recurso "permite discutir questões sobre a localização, projeção (perspectiva), proporção (escala) e simbologia" (ALMEIDA, 2011b, p. 18-19), além de colocar o observador fora do contexto em que este se encontra, estabelecendo relações entre a sua posição e os elementos da maquete (ALMEIDA, 2011b). A autora enfatiza a importância do deslocamento do observador em torno da maquete para

> [...] assumir perspectivas diferentes. Terá que se descentrar ao estabelecer referenciais na própria maquete, referenciais que definirão a localização dos objetos. Dessa forma, o modelo permite certa manipulação dos elementos, deslocando-os conforme o interesse do observador e criando um jogo que provoca a desequilibração do sujeito na busca das soluções para contínuas alterações de localização: primeiro, do observador em relação à maquete, e depois, dos elementos da maquete uns em relação aos outros (ALMEIDA, 2011b, p. 78).

Assim, a partir do exposto sobre a construção das relações espaciais para crianças, tanto nos primeiros anos do ensino fundamental quanto na educação infantil, pode-se perceber que as atividades propostas pelos pesquisadores estudados aproximam-se muito para desenvolver os conceitos em cada uma das áreas. Essa aproximação entre as áreas do conhecimento também revela que ao trabalhar com as relações espaciais desenvolvemos a inteligência na criança de maneira articulada, levando a criança de um nível menor de conhecimento para um maior nível de conhecimento.

1. A pesquisa

Esta pesquisa contou com a participação de 19 crianças de 6 anos, estudantes do 1º Ano participantes do Clube de Matemática e Ciências da Faculdade de Educação da Universidade de São Paulo. As crianças participam do Projeto no contraturno das aulas regulares da Escola. Este projeto é coordenado pelos professores Manoel Oriosvaldo de Moura e Sonia Maria Vanzella Castellar.

No Clube de Matemática e Ciências, os alunos das licenciaturas em Pedagogia, Matemática e Geografia têm um ambiente de discussão sobre questões de sala de aula e de pesquisa teórico/prática relacionada à educação matemática e geográfica. No Clube, o estagiário tem a oportunidade de, em equipe, planejar e executar atividades lúdicas de matemática, geografia e ciências. O estagiário escolhe uma das faixas etárias de crianças com a qual gostaria de trabalhar e forma uma equipe de trabalho junto a outros estagiários. Cada equipe – de cada ano – desenvolve atividades com as crianças durante um semestre.

As situações de ensino e aprendizagem desenvolvidas na pesquisa foram elaboradas e planejadas em conjunto com os estagiários nos momentos reservados para o planejamento dos módulos.

A coleta de dados ocorreu através de videogravações, gravações de áudio e fotos das atividades realizadas em sala de aula. Além disso, fizemos registros no diário de campo das observações feitas em sala de aula e dos planejamentos realizados com os estagiários do 1º ano do Clube.

2. O aparecimento das relações espaciais projetivas nas atividades desenvolvidas

As situações de ensino e aprendizagem selecionadas para análise foram escolhidas por entendermos que, nas cenas transcritas, podem ser evidenciadas as ações manifestas pelas crianças para a construção das relações espaciais projetivas.

No terceiro encontro, realizamos uma atividade que visava a "reconhecer noções de fronteira, região e vizinhança (posição)" (LORENZATO, 2006, p. 148). Para isso, desenhamos duas imagens no chão: uma circunferência dividida em seis partes, que as crianças chamaram de "pizza", e um retângulo dividido em oito partes, que elas chamaram de "chocolate". Organizamos as crianças em dois grupos e solicitamos que cada uma ocupasse uma das partes. Assim, exploramos a situação com perguntas como: "Quem é seu vizinho? Quem está do seu lado esquerdo? E do seu lado direito? Quem fica a sua frente? Quem está entre o J e a L?" (Figura 1).

Figura 1 - Atividade da "Pizza".

Fonte: JUSTO (2014).

Após esta exploração inicial, voltamos para a sala e fizemos o registro da atividade realizada. Entregamos para cada criança uma parte da "pizza" ou do "chocolate", de acordo com o grupo em que estavam. Pedimos que cada criança se desenhasse na atividade e, depois, pedimos que montassem as partes de cada figura conforme estavam na rua.

No Quadro 1, trazemos um diálogo entre os alunos e a Educadora:

Quadro 1 – Cena da Atividade de Registro de "Vizinhança".

Assim que a Estagiária K orientou que as crianças se desenhassem no papel, elas começaram a se desenhar e a comentar aquilo que faziam.
Ga disse: "Eu fiz um círculo, agora vou fazer meu cabelo" e passou a mão no cabelo preso para saber como era. Depois de um tempo se desenhando, Ga comentou: "Nossa, como eu estou feia! Olha, até que parece ser eu! Oh, de cima! Ali, está me olhando de cima! De cima dá pra ver só os meus cabelos".

Figura 2 - Ga mostrando de onde se está olhando.

Fonte: JUSTO (2014).

A menina Ka, prestando atenção à colega Ga, disse: "É!"
Então iniciou-se um diálogo entre Ga e a Educadora.
A Educadora perguntou: "Ga, o que você desenhou aí?"
Ga respondeu: "Eu, só que visto de cima!" (Figura 3)
Educadora: "Você desenhou de cima? E como é que se desenha de cima?"
Ga: "Eu fiz uma bolinha e pintei e..."
Educadora: "Você fez a sua cabeça da parte de cima?"
Ga: "É, porque tava olhando de cima..."
Educadora: "Ah, entendi."
Ka estava ouvindo a conversa das duas e disse: "Eu vou fazer que nem o dela, só que eu estou reta."
A Educadora perguntou à Ka: "Você está reta?"
Ka concordou mexendo a cabeça. (Figura 4)
Ga comentou seu próprio desenho: "No meu eu não sei nem qual é a parte da frente e qual é a parte de trás".
As crianças do grupo continuaram desenhando e, algumas vezes, conversando sobre as cores que iriam usar para colorir seus desenhos.
Ga continuou comentando seu desenho: "Eu vou fazer meus braços, senão vai ficar feio e vão pensar que eu sou sem braço."
Ga olhou o desenho de seu colega Ro e falou para ele: "Vai parecer que você está deitado na pizza!"(Figura 5)
As crianças continuaram desenhando.

Continua...

Continuação

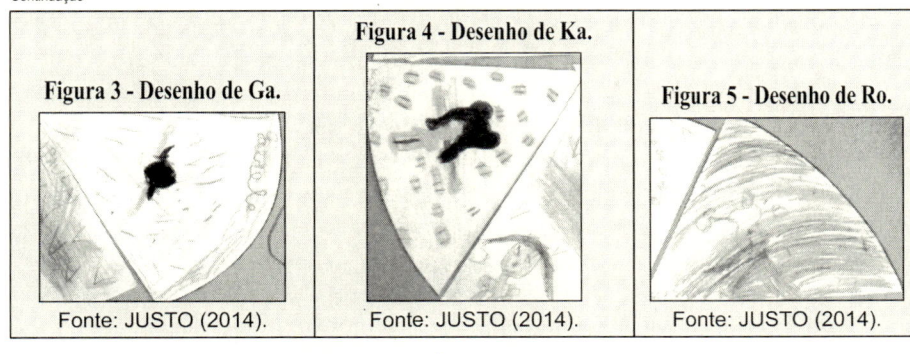

Figura 3 - Desenho de Ga.

Fonte: JUSTO (2014).

Figura 4 - Desenho de Ka.

Fonte: JUSTO (2014).

Figura 5 - Desenho de Ro.

Fonte: JUSTO (2014).

Na Cena Atividade de Registro de "Vizinhança", ocorreu uma diferença nas perspectivas que as crianças se desenharam em cada "fatia da pizza". Segundo Piaget e Inhelder (1993), são nas relações espaciais projetivas que ocorrem a coordenação dos pontos de vista, quando a criança leva em consideração o outro, que pode haver outro referencial que não o dela mesma.

> A perspectiva supõe um relacionamento entre o objeto e o ponto de vista próprio, tornando consciente de si mesmo, e que, aqui como em outros lugares, tomar consciência do ponto de vista próprio consiste em diferenciá-lo dos outros e, em consequência, em coordená-los com eles (PIAGET; INHELDER, 1993, p. 224).

Ao conseguir coordenar perspectivas, a criança consegue imaginar uma situação tendo como base outro referencial. É de perspectiva que estamos falando quando, em Cartografia, dizemos que um mapa é feito em visão vertical, horizontal ou oblíqua.

Ao solicitar o registro da atividade, não foi solicitado que as crianças levassem em consideração a visão vertical ou horizontal. Entregamos para cada uma das crianças uma "fatia da pizza" que, por si só, já solicita um desenho de visão vertical, posto seu formato que corresponde a uma visão vertical da "pizza". Mesmo assim, somente uma criança percebeu isso e se desenhou na visão vertical, considerando outro ponto de vista que não o seu, todas as outras se desenharam com visão horizontal, mesmo com a mediação do formato do papel que entregamos representando o pedaço de pizza. Ou seja, as outras crianças do grupo se desenharam na "fatia" em visão horizontal, ignorando o formato da mesma para que fizessem o desenho na visão vertical, como Ga.

No grupo "Pizza", a aluna Ga se desenhou numa visão vertical e demonstrou consciência disso quando afirmou que se desenhou "Oh, de cima! Ali, está me olhando de cima! De cima dá pra ver só os meus cabelos". Ga foi a única criança da turma que se desenhou considerando o referencial do papel entregue, na visão vertical, no entanto, em seu desenho não conseguimos identificar a sua posição, se está de frente ou de costas para o centro do círculo. Ga estava com tanta clareza da sua perspectiva ao desenhar, na visão vertical, que ao ver o desenho do colega Ro disse:"Vai parecer que você está deitado na pizza!" (Figura 5). Ka, além de Ga, foi a criança que considerou outra perspectiva ao fazer o registro da atividade, desenhou-se de frente para o centro do círculo, por isso de costas, considerando o centro e a borda do círculo, mas ainda com a visão horizontal.

Com esta cena, podemos entender que, conforme afirmaram Piaget e Inhelder (1993), as relações projetivas são construídas posteriormente às topológicas, por serem relações mais complexas e que envolvem o processo de descentração, no qual a criança começa a perceber o ponto de vista do outro. Ainda sobre a perspectiva, Almeida (2011b) afirma que "a perspectiva de cima é um problema difícil para as crianças. Além de reconhecer que os objetos terão aparência diferente, elas precisam descobrir de que forma serão diferentes e como mostrar isso no papel para que seja aceitos pelos outros" (ALMEIDA, 2011b, p. 32).

Os últimos dois encontros foram destinados exclusivamente para a confecção de uma "maquete jogo" da brincadeira de Caça ao Tesouro que haviam feito anteriormente.

Almeida (2011b) defende a importância da confecção de maquetes na escola, afirmando que

> o uso de maquetes tem servido como forma inicial de representação, a qual permite discutir questões sobre localização, projeção (perspectiva), proporção (escala) e simbologia. Ao elaborarem maquetes da sala de aula, da escola, do bairro, os alunos podem pensar também nos porquês dos elementos estarem em determinados lugares (ALMEIDA, 2011b, p. 19).

Os estagiários mostraram às crianças fotos dos locais em que foram encontradas as pistas para que as crianças pensassem em formas de como poderiam representá-los na maquete. As crianças foram organizadas em seis grupos, e cada grupo recebeu uma placa de isopor encapada com papel verde para servir de base para fazer a maquete.

As crianças tiveram acesso a diversos materiais para a confecção das maquetes, como, por exemplo, prismas retangulares de cartolina com diferentes tamanhos, cartolinas e papéis coloridos de diferentes texturas, bastões roliços, cola, tesoura...

A Estagiária K exemplificou o uso de alguns materiais e chamou a atenção das crianças para a proporção entre os objetos, por exemplo, a proporção do tamanho entre prédios e árvores. As crianças foram orientadas para que iniciassem tentando localizar cada ponto na placa de isopor.

O grupo formado por Ga, So e Da iniciou colocando dois prismas retangulares sobre a placa de isopor e estavam discutindo qual deles seria o Labrimp (Laboratório de Brinquedos e Materiais Pedagógicos da FEUSP) e qual seria o prédio da sala de aula. As crianças estavam sentadas em volta de uma mesa, sendo que as meninas Ga e So estavam de um lado e Da estava no lado oposto a elas.

Quadro 2 – Cena 2 da Atividade 15

Ga e So disseram que a sala ficava a sua esquerda: "É daquele" – batiam com um bastão sobre um dos prismas retangulares.
A Pesquisadora interveio: "O que é daquele?"
Ga respondeu: "Ele pensa que este aqui (mostra o prisma a sua direita) é a sala em vez do Labrimp".
A Pesquisadora orientou: "Vocês tem que definir onde é a sala e onde é o Labrimp".
Ga disse apontando para Da: "Ele tá louco".
Da bateu com um bastão sobre o prisma que estava a sua direita e depois no outro a sua esquerda e disse: "Esse é o Labrimp, e esse é a sala".
So balançou a cabeça com expressão de cansada, apoiando a cabeça sobre sua mão, e olhou para a Pesquisadora.
A Estagiária K chamou a atenção da turma: "Antes de desenhar, vamos olhar no isopor".
[...]
So, que estava em frente a Da, olhou para ele, apontando para o prisma que estava em frente aos dois, e disse: "Esse aqui é a sala" (Figura 6).

Figura 6 - Crianças discutindo a posição da Sala.

[...]
A Estagiária K se aproximou da mesa deles e perguntou: "Vocês já definiram onde é a sala?"
So respondeu, mostrando os prismas retangulares: "Esse é a sala, e aquele lá é o Labrimp".
Da revidou: "Não, esse aqui é o Labrimp, e aquele é a sala".
A Estagiária K, abrindo os braços e levantando os ombros, disse: "Mas vocês tem que chegar num acordo".

Continua...

Continuação...

> Da continuou a insistir sobre o seu ponto de vista e as meninas Ga e So também persistiram no seu.
> A Estagiária K, girando o isopor, disse: "A gente pode virar, o que importa é a direção".
> Mas Ga disse: "É dois contra um".
> A Estagiária K concordou, dizendo: "Então vamos decidir. Este lá é o Labrimp e este..."
> Da a interrompeu, dizendo: "Este aqui é o Labrimp".
> A Estagiária K sorriu e disse, concordando com as meninas: "São dois contra um, Da. Esse ali vai ser o Labrimp, e esse a sala."
> A Estagiária K os orientou que marcassem com um X onde seria o Labrimp, e as meninas quiseram colocar um bastão junto para ser a mexeriqueira. A Estagiária K disse que Ga escrevesse um M no local da árvore.
> Definida a localização de cada um dos locais, as crianças começaram a caracterizar os prismas, conforme o local que representavam. Para isso, usaram lápis, tesoura, folhas coloridas, cola, fita adesiva, etc. Nesse momento, a Estagiária K os relembrou de compararem o tamanho dos prédios, que cada criança estava fazendo, para que ficassem proporcionais entre si. Relembrou, também, que elas deveriam considerar a distância entre os locais.
> [...]

Fonte: JUSTO (2014).

A da atividade de confecção da maquete trouxe um conflito entre os três participantes, pois eles discordaram quanto à posição da sala e do Labrimp na maquete. Para iniciar a maquete, as crianças tiveram como referência a foto aérea da FEUSP projetada na parede da sala. As meninas Ga e So estavam de um lado da mesa, e Da estava no lado oposto a elas. Ga e So diziam que, dos seus pontos de vista, a sala deveria ficar à sua esquerda e o Labrimp à sua direita, enquanto que Da afirmava que a Sala e o Labrimp deveriam ficar ao contrário do que elas estavam mostrando. Ora, do ponto de vista de Da, a Sala ficaria ao seu lado esquerdo e o Labrimp ao seu lado direito. Ou seja, o conflito ocorreu, pois as crianças estavam de lados opostos na mesa e suas perspectivas eram diferentes.

Do ponto de vista de Da (Figura 7), tendo como referência a imagem aérea projetada na parede, a imagem que era projetada na vertical foi rotacionada mentalmente por Da em 90º, posicionando-a na placa de isopor em posição horizontal e assim localizou a sala a sua esquerda e o Labrimp a sua direita.

Figura 7 - Ponto de vista de Da.

Fonte: JUSTO (2014).

Ga e So estavam sentadas inicialmente de costas para a imagem projetada (Figura 8), por isso para ouvir a explicação da Estagiária K, elas viraram de frente para a imagem. Tendo a imagem como referência, ao voltarem-se para a mesa nas suas posições iniciais, Ga e So rotacionaram mentalmente a imagem em 180° sendo elas o eixo da rotação vertical. Depois, fizeram como Da, a imagem que era projetada na vertical foi rotacionada mentalmente por elas em 90°, posicionando-a na placa de isopor em posição horizontal e assim localizaram a sala a sua esquerda e o Labrimp a sua direita.

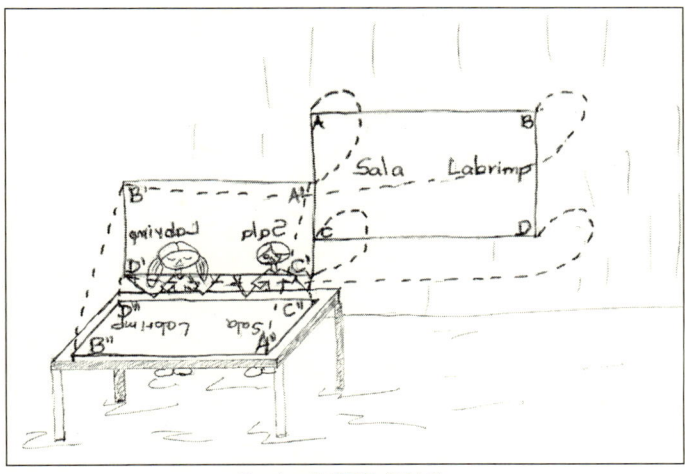

Fonte: JUSTO (2014).

As crianças tinham a mesma imagem mental da posição da Sala e do Labrimp, no entanto a condição em que se encontravam, em lados opostos da mesa, fez com que elas tivessem opiniões diferentes. Da já estava de frente para o mapa, portanto precisou só colocá-lo mentalmente sobre a mesa, enquanto que as meninas fizeram dois movimentos, giraram sobre o seu eixo, para ficarem de frente para a mesa, trazendo mentalmente o mapa da parede para a sua frente e depois fizeram igual a Da, colocaram o mapa mentalmente sobre a mesa.

A estagiária K não levou em consideração que eles estavam vendo a maquete de lados opostos. Caso tivesse percebido, poderia ter explorado esta questão, colocando-os todos de um mesmo lado da mesa, fazendo com que elas percebessem o ponto de vista de Da e vice-versa. Assim, resolveu usar a solução apontada por Ga, "é dois contra um", arbitrária para este contexto. Podemos inferir que os movimentos mentais da imagem projetada realizados pelas crianças deram-se no plano intuitivo, sem que elas justificassem verbalmente suas opiniões de localização da sala e do Labrimp na maquete.

Neste caso, as crianças ainda estavam desenvolvendo as relações espaciais projetivas, pois não conseguiram colocar-se no lugar do outro para entrarem em acordo quanto a localização da sala e o Labrimp
na maquete. Assim, uma orientação importante para atividades com maquetes quando se trata de crianças pequenas, que ainda não conseguem coordenar diferentes pontos de vista, é que elas, durante a confecção da maquete, estejam sob a mesma perspectiva. Se as três crianças do grupo estivessem do mesmo lado da mesa, provavelmente este conflito não teria acontecido e não teria sido resolvido de forma arbitrária como foi.

Esta cena nos traz a importância de atividades práticas como esta, pois as crianças vivenciam estas situações e agem sobre elas. Entendemos que a construção do conhecimento acontece a partir de uma ação, de uma atividade da criança, por isso, concordamos com Almeida (2011b) quando ela afirma que a manipulação é o principal objetivo da construção da maquete. Além disso, acrescentamos que o pensar sobre a ação é condição essencial para que a criança compreenda a sua ação e, assim, constituir-se na construção de um conhecimento.

Conclusões

As atividades realizadas na pesquisa permitiram que os estagiários trocassem experiências e refletissem em conjunto sobre elas – o que, certamente, contribuiu para seus aprendizados como futuros educadores. Esta oportunidade de formação evidenciou a importância dos momentos de troca e reflexão entre professores, assim como dos momentos reservados para o planejamento das aulas. Ainda, algumas situações presenciadas, nos fizeram refletir que momentos de formação de professores, como os vivenciados no Clube de Matemática e Ciências da FEUSP, são essenciais para a qualidade do ensino, já que podem favorecer a discussão de dúvidas dos próprios professores sobre o objeto de aprendizagem.

Nosso estudo apontou algumas considerações que podem servir como ponto de reflexão para outras turmas de crianças, pois elas vão ao encontro de que cada turma e cada aluno são únicos. A pesquisa evidenciou que cada criança encontra-se em um nível de desenvolvimento das relações espaciais que pode ser diferente das outras. Por exemplo, Ga já fez o seu desenho da "pizza" em visão vertical, e seus colegas ainda usaram a visão horizontal. Estas situações nos levam a acreditar que as crianças já são capazes de avançar na construção das relações espaciais, independente do nível em que se encontram, e que a escola é um ambiente que deveria permitir que estas relações se desenvolvessem, tanto a partir das intervenções dos professores e das atividades propostas, como com a interação entre os pares, já que a construção de conceitos como de localização é um processo longo que depende das experiências proporcionadas às crianças.

Verificamos em nossa pesquisa que obtivemos mais informações sobre a construção das relações espaciais quando em momentos de intervenções dos estagiários e pesquisadores com as crianças. Percebemos que estas intervenções estimularam o pensamento das crianças para a construção de relações espaciais. Portanto, consideramos a importância de intervenções pedagógicas durante as atividades já que podem auxiliar na aprendizagem das crianças.

Assim, vimos que a partir de elaboração de maquetes, de observação e desenhos de objetos de vários pontos de vista e de elaboração de mapas mentais que a aprendizagem das relações espaciais projetivas podem exploradas na escola e desde o 1º ano do ensino fundamental.

REFERÊNCIAS

ALMEIDA, Rosângela Doin de. Uma proposta metodológica para a compreensão de mapas geográficos. In: ALMEIDA, Rosângela Doin de (Org.) **Cartografia Escolar.** 2ª ed. São Paulo: Contexto, 2011a.
ALMEIDA, Rosângela Doin de. **Do desenho ao mapa:** iniciação cartográfica na escola. 5ªed. São Paulo: Contexto, 2011b.
ALMEIDA, Rosângela Doin de; PASSINI, Elza. Yasuko. **O espaço geográfico:** ensino e representação. 4ªed. São Paulo: Contexto, 1992.
BAIRRAL, Marcelo Almeida. O desenvolvimento do pensamento geométrico na Educação Infantil: algumas perspectivas conceituais e curriculares. In: CARVALHO, Mercedes; BAIRRAL, Marcelo Almeida. (Org.) **Matemática e Educação Infantil:** investigações e possibilidades de práticas pedagógicas.Petrópolis, RJ: Vozes, 2012.
CALLAI, Helena Copetti. **O Estudo do lugar e a pesquisa como princípio da aprendizagem.** Espaços da Escola. nº47. p. 11-14. Jan/Mar 2003
CASTELLAR, Sonia Maria Vanzella. A cartografia e a construção do conhecimento em contexto escolar. In: ALMEIDA, Rosângela Doin de. **Novos Rumos da Cartografia Escolar: currículo, linguagem e tecnologia.** São Paulo: Contexto, 2011.
CASTELLAR, Sonia Maria Vanzella; VILHENA, Jerusa. **Ensino de Geografia.** São Paulo: Cengage Learning, 2010.
JUSTO, Gláucia Reuwsaat. As relações espaciais e a aproximação entre a Geografia e a Matemática com crianças do 1º ano do ensino fundamental. 2014. 86 f. Dissertação (Mestrado em Educação) – Faculdade de Educação, Universidade de São Paulo, São Paulo, 2014.
LORENZATO, Sérgio. **Educação infantil e percepção matemática.** Campinas: Autores Associados, 2006.
MUNHOZ, Gislaine Batista. **Metodologias ativas na aprendizagem da cartografia escolar:** desenvolvimento de relações espaciais a partir de software aplicativo e jogos digitais. Revista Anekumene, n. 2, p. 86-110, 2011.
PIAGET, Jean; INHELDER, Bärbel. **A representação do espaço na criança.** Porto Alegre: Artes Médicas, 1993.
SIMIELLI, Maria Elena. O mapa como meio de comunicação e alfabetização cartográfica. In: ALMEIDA, Rosângela Doin de (Org.) **Cartografia Escolar.** 2ª ed. São Paulo: Contexto, 2011.

A SEQUÊNCIA DIDÁTICA NO ENSINO DE GEOGRAFIA FÍSICA NA EDUCAÇÃO BÁSICA:
proposta de encaminhamentos para a o planejamento das aulas

Júlio César Epifânio Machado[61]

Neste artigo procuramos contribuir para o debate acerca das metodologias de ensino de Geografia na Educação Básica, no exercício profissional da prática docente. Nossa pergunta central foi: como elaborar Sequências Didáticas para o ensino de Geografia Física? No primeiro tópico expomos algumas considerações sobre o significado desta modalidade organizativa de aula e as características principais de sua estrutura. Em seguida, discorremos sobre os pressupostos teóricos que nortearam a construção de uma Sequência Didática destinada a estudantes matriculados no nono ano de uma escola pública localizada no município de São Paulo. No terceiro tópico trazemos os detalhes das atividades sugeridas aos alunos, ou seja, as tarefas e o seu respectivo encadeamento. Nas considerações finais, salienta-se novamente os elementos que constituem a Sequência Didática, porém relacionando com as estratégias adotadas para a organização das atividades de aprendizagem apresentadas e com uma sugestão de avaliação.

1. A Sequência Didática: significado e estrutura

Atualmente a Sequência Didática (SD) é uma alternativa de organização das aulas que se antepõe ao secular modelo tradicional de ensino[62]. Além da SD, diferentes modalidades organizativas de aula podem contribuir neste sentido, tais como trabalho de campo e projetos, jogos e brincadeiras, métodos de pesquisa e resolução de problemas. Cabe mencionar, porém, a flexibilidade e o caráter estratégico da SD, pois esta pode fazer parte de um dos momentos dessas intervenções educativas, assim como incluir em suas etapas as modalidades citadas, dentre outras.

As SD´s, também denominadas sequências de atividades de ensino/aprendizagem, são "(...) um conjunto de atividades ordenadas, estruturadas e articuladas para a realização de certos objetivos educacionais (...)" (ZABALLA, 1998, p. 18) e caracterizam-se como:

---

61 Mestre em Educação pela Faculdade de Educação da Universidade de São Paulo (FEUSP). Professor de Geografia das escolas da rede pública de São Paulo. Educador do curso Licenciatura em Ciências da Universidade de São Paulo.
62 O modelo tradicional de ensino é caracterizado pelas seguintes fases: (i) comunicação da lição; (ii) estudo individual; (iii) repetição do conteúdo sem discussão ou ajuda recíproca; (iv) avaliação para julgamento quantitativo (nota) e sanção administrativa (ZABALLA, 1998, p. 54).

> [...] uma forma de planejamento de aulas que deve favorecer o processo de aprendizagem por meio de **atividades planejadas** e desenvolvidas como situações didáticas **encadeadas**, formando um percurso de aprendizagem para que o estudante construa conhecimentos ao realizá-las. Assim, as **atividades** que constituem uma sequência didática não são escolhidas aleatoriamente. O professor as **encadeia** a partir de sua **hipótese** sobre as **necessidades de aprendizagem**, de modo que cada **atividade** potencialize a outra, permitindo que os estudantes reelaborem conhecimentos, coloquem em uso e/ou ampliem o que já aprenderam. O professor cria nesses **encadeamentos** desafios perante os conteúdos apresentados, que por sua vez poderão revelar a realidade do mundo dos estudantes. (SÃO PAULO, 2007, p. 85, grifo nosso)

A palavra encadeamento, sinônimo de ordem, série, sucessão ou correlação, explicita quais são os objetivos centrais de uma SD. Segundo Giordan, Guimarães e Massi (2011) e Guimarães, Giordan (2011), a S.D. equivale a um plano de aula que apresenta um conjunto de atividades organizadas de forma sistemática, sobre as quais incidem (deve incidir) uma intencionalidade de ensino[63].

Este plano pode abranger uma ou mais aulas sendo que, cada aula pode conter uma ou mais atividades. Cada atividade engloba tarefas que visão atender os objetivos gerais da SD assim como as metas estabelecidas para a aula, ou seja, os objetivos expecíficos. Uma SD, portanto, é norteada por um ou mais objetivos gerais e pelos objetivos específicos, cujo encadeamento das tarefas concorrem para a aprendizagem dos conteúdos que visam ser ensinados e estes, por sua vez, convergem para os objetivos da SD (Figura 1).

---

[63] Uma atividade é formada, basicamente, por tarefas de estudo previamente organizadas e agrupadas para contribuir na formação do pensamento teórico do aluno. Representa a manifestação de uma necessidade (de ensino) ou motivo (para o ensino). Sobre o conceito de atividade (de estudo, de ensino e de aprendizagem) conferir Moura (2010) e Castellar, Moraes (2012).

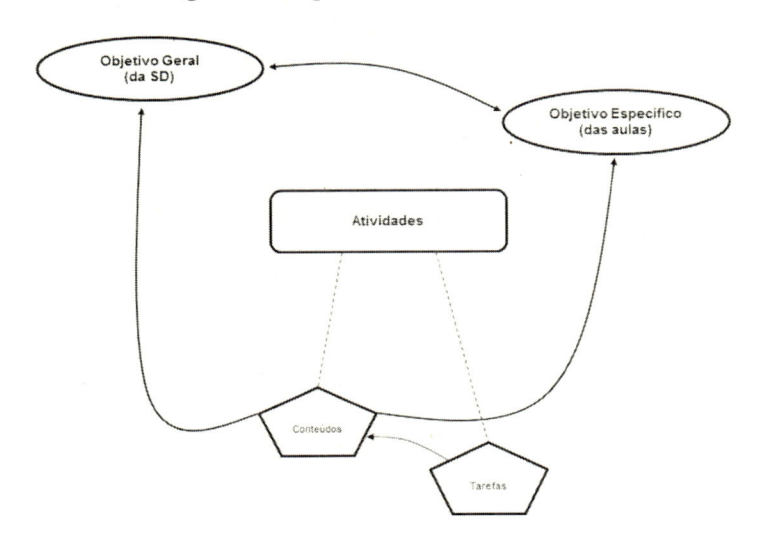

Figura 1: Mapa Conceitual de uma SD

Elaboração do autor
Baseado em Machado (2013) e Giordan (2014)

Conforme iremos detalhar no decorrer do texto, os objetivos específicos são um desmembramento dos objetivos gerais. Este último é um esboço inicial da própria macroestrutura da SD, no qual pode se verificar parte dos pressupostos teóricos que balizam o planejamento das aulas, além do conceito principal que se deseja ensinar. Os objetivos específicos, por sua vez, contemplam os conteúdos que serão desenvolvidos nas tarefas (atitudinais, conceituais, procedimentais). Os objetivos, portanto, fornecem uma visão panorâmica do que será trabalhado na SD e como será esta abordagem.

Adiante, expomos os pressupostos geográficos e pedagógicos que orientaram a elaboração de uma SD que visa o ensino do conceito alagamento, originalmente empregada para compor o instrumento de pesquisa de uma dissertação de mestrado apresentada à Faculdade de Educação da Universidade de São Paulo - FEUSP (MACHADO, 2013).

2. Pressupostos geográficos e pedagógicos da SD
2.1. O Processo Físico Elementar

Nas aulas de Geografia cuja intenção seja a aprendizagem dos temas comuns a Geografia Física, tais como, por exemplo, os deslizamentos de terra, a erosão, a voçoroca e o alagamento, é importante definir previamente o problema que será tratado na SD ou, em outros termos, o Processo Físico Elementar a ser ensinado para os alunos[64].

---

64   Uma SD precisa motivar o aluno a construir o conhecimento desejado, motivá-lo a aprender. Este ambiente encorajador para a aprendizagem é criado pelo docente quando se trabalha, por exemplo, com problemas (conteúdos) significativos para o estudante. Definir o problema é uma das fases do planejamento do ensino, conforme recomendado por Carvalho (2011). No ensino de geografia este conteúdo pode ser selecionado tendo em vista determinados aspectos da fração do território cotidianamente frequentado pelo aluno, ou seja, o seu lugar de vivência (CALLAI, 2009).

Entendemos por Processo Físico Elementar aqueles percebidos como adversos em área urbana por serem comumente abordados enquanto fatores que eventualmente prejudicam a mobilidade das pessoas, ameaçam a integridade física e/ou provocam prejuízos aos bens materiais. São de conhecimento da população em geral por fazerem parte direta ou indiretamente do seu cotidiano (lugar de vivência e outros lugares), seja regularmente, em períodos específicos do ano ou de outra forma cíclica ou mesmo previsível (MACHADO, 2013, p. 63). O Processo Físico Elementar é o conteúdo conceitual estruturante da SD, pois remete ao conceito principal a ser abordado nas aulas. Do Processo Físico Elementar deriva, portanto, o problema que será tratado na SD e parte do conteúdo a ser trabalhado nas tarefas das atividades.

Avaliamos que a definição do Processo Físico Elementar contribuí para a definição dos propósitos de uma SD. Entretanto, a intencionalidade de ensino adquire maior precisão quando o conceito principal é considerado no âmbito de uma proposta de estudo da paisagem, conhecimento de referência para os docentes. Isto porque é esta proposta metodológica que poderá nortear na definição dos conteúdos que serão trabalhados na SD. Dentre as várias propostas existentes, citamos o Sistema de Terras e as Unidades de Terra; a Ecodinâmica e Ecogeografia; a Paisagem, Configuração Territorial e Espaço Total; e, a Análise Integrada Aplicada ao Planejamento (ROSS, 2006).

Em nosso caso, conforme já comentado, a SD destina-se a alunos do nono ano matriculados em uma escola pública no município de São Paulo. Após a realização de um levantamento bibliográfico e de campo das características do meio físico e do uso e ocupação das terras onde está localizada a escola e suas imediações, concluímos ser esta uma área suscetível aos alagamentos em pontos localizados dos fundos de vale ou mesmo das vertentes com baixa inclinação. O alagamento foi, portanto, o Processo Físico Elementar selecionado para a SD, potencialmente comum não apenas no Lugar de Vivência dos alunos, mas também em outros lugares do município onde moram, assim como em grande parte das cidades brasileiras[65].

Este Processo Físico Elementar foi trabalhado no âmbito das metodologias agrupadas sob a designação Unidades de Paisagem, das quais destacamos, por exemplo, a Carta de Fragilidade Ambiental e a Carta de Vulnerabilidade à Erosão (FLORENZANO, 2008). Estas são propostas de estudo que contribuem para a construção do entendimento geossistêmico da paisagem, ou seja, para a compreensão integrada do ambiente[66]. Do ponto de vista operacional, a delimitação das Unidades de Paisagem baseia-se na interpretação de imagens de radar, fotografias aéreas e imagens de satélite, dentre outras fontes, para o estabelecimento de diferenciação entre áreas vizinhas, assim como possíveis articulações entre as unidades estabelecidas, conforme exemplificado no mapa adiante. (Figura 2)

---

65   Vale a pena ressaltar que o alagamento não está necessariamente relacionado com o excedente de água que transborda dos canais fluviais em direção, por exemplo, do leito maior dos rios (um dos atributos das inundações), mas originado e agravado pelas características da ocupação urbana, tais como, por exemplo, a impermeabilização das micro-bacias hidrográficas e a implantação de sistemas de drenagem que substituem de forma ineficaz o escoamento da água antes realizado nos talvegues. Sobre o conceito alagamento conferir, por exemplo, Peloggia (1998).

66   Para uma introdução a teoria dos geossistemas e propostas de estudo decorrentes, tal como as Unidades de Paisagem, sugerimos Monteiro (2001), Guerra e Marçal (2006) e Martinelli e Pedrotti (2001).

Figura 2: Mapa – Unidades de Paisagem

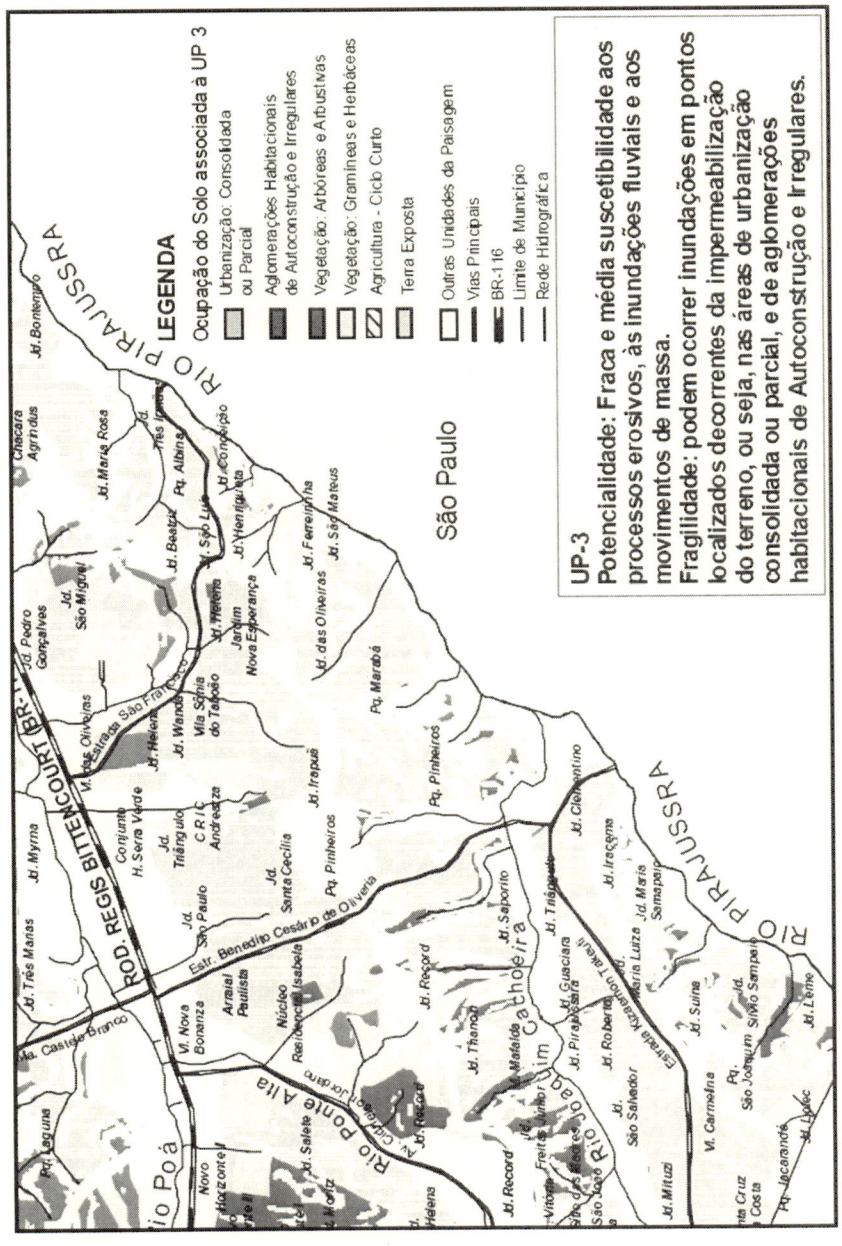

LEGENDA

Ocupação do Solo associada à UP 3
- Urbanização: Consolidada ou Parcial
- Aglomerações Habitacionais de Autoconstrução e Irregulares
- Vegetação: Arbóreas e Arbustivas
- Vegetação: Gramíneas e Herbáceas
- Agricultura - Ciclo Curto
- Terra Exposta
- Outras Unidades da Paisagem
- Vias Principais
- BR-116
- Limite de Município
- Rede Hidrográfica

UP-3
Potencialidade: Fraca e média suscetibilidade aos processos erosivos, às inundações fluviais e aos movimentos de massa.
Fragilidade: podem ocorrer inundações em pontos localizados decorrentes da impermeabilização do terreno, ou seja, nas áreas de urbanização consolidada ou parcial, e de aglomerações habitacionais de Autoconstrução e Irregulares.

Fonte: MACHADO, 2004

As Unidades de Paisagem foram definidas associando o relevo, sua forma e declividade, com a ocupação das terras predominante. Adotando este procedimento, aferiu-se a suscetibilidade do terreno a ocorrência de inundação, erosão e movimento de massa na área delimitada. Neste caso, trata-se de uma representação que requer aquisições metodológicas complexas em cartografia para leitura das informações representadas[67].

Na elaboração da SD, consideramos que a localização e disposição dos objetos geográficos técnicos e naturais em relação ao relevo e a altitude (planimetria, topografia e altimetria) são algumas das principais variáveis que podem ser ressaltadas quando se pretende analisar os alagamentos na perspectiva das Unidades de Paisagem[68]. Desta forma, estas variáveis passaram a compor parte darede conceitual do Processo Físico Elementar a que fazemos referência, conteúdos que se destacam nos objetivos principais da SD, conforme iremos demonstrar no tópico seguinte.

2.2. Animismo e Generalismo

O ensino de geografia física pode contribuir de forma significativa no processo de alfabetização científica e geográfica dos alunos. Isto significa proporcionar a eles oportunidades para que conheçam e interajam com as características próprias da cultura científica (SASSERON, 2010) para leitura do espaço vivido (CASTELLAR, VILHENA, 2010) e dos processos físicos potencialmente verificáveis neste e em outros espaços. Além de entendermos o conhecimento científico como referência para o planejamento das aulas, também partimos do pressuposto pedagógico de que é necessário reconhecer os níveis de representação dos alunos para tomar decisões sobre a organização do ensino e a realização de aprendizagens. Segundo Carvalho et al. (2007, p. 14):

> [...] é a partir dos conhecimentos que os alunos trazem para a sala de aula que eles entendem o que se apresenta em classe [...] os alunos trazem para a sala de aula conhecimentos já construídos, com os quais ouvem e interpretam o que falamos. Esses conhecimentos foram construídos durante sua vida através de interações com o meio físico e social e na procura de explicações do mundo.

Parece-nos apropriado, portanto, que a intervenção educativa não seja desvinculada daquilo que costumamos denominar de conhecimentos prévios dos estudantes, construídos na escola ou em outra esfera de seu universo social. Para atender este pressuposto pedagógico, nos valemos das noções de animismo e generalismo. Adiante, apresentamos como estas duas noções foram trabalhadas na SD.

---

67 Sobre as aquisições metodológicas em cartografia no contexto da cartografia escolar, conferir Simielli (2008).
68 Sabe-se que a altimetria refere-se a distribuição das altitudes de uma determinada área . De acordo com Valeriano (2008) a topografia diz respeito as variáveis morfométricas (declividade, orientação das vertentes, comprimento de rampa, curvatura vertical e horizontal, dentre outras). Associadas à topografia e altimetria tem-se as variáveis planimétricas, tais como a hidrografia, a vegetação e o habitat (GRANELL-PEREZ, 2004) as quais caracterizam a ocupação das terras. As variáveis de uso das terras também são consideradas informações de caráter planimétrico.

Focamos a problemática das atividades em duas questões principais: a causa dos alagamentos e possibilidades de ocorrência tendo em vista o lugar de vivência dos alunos. Trabalhamos com a hipótese de que no início da SD, quando questionados sobre as causas dos alagamentos, os estudantes iriam empregar ou se identificar com argumentos que sugerem a origem deste problema a chuva ou o aquecimento global. Ao expressar que estes são os fatores que acarretam os alagamentos, elaboram-se opiniões pautadas na intuição empírica, o que induz a construção de argumentos utilizando-se das figuras de linguagem. No caso do excesso de chuvas, mesmo que de forma não intencional, atribui-se às condições atmosféricas a pretensão de alagar determinada área, com isto personificando um processo físico, logo inanimado. O aquecimento global, por sua vez, trata-se de uma hipérbole, um suposto processo que ocorre em escala planetária empregado para justificar inclusive alterações locais conferidas no meio físico e biológico.

Ao serem indagados sobre a ocorrência dos alagamentos na área onde estudam ou moram, presumimos que os estudantes também viessem a construir opiniões com base no contexto imediato, ou seja, naquilo que já viram ou ouviram falar sobre o assunto. Diante da impossibilidade de situar o processo alagamento no âmbito dos seus detalhes, o aluno pode adotar como resposta representações que são comuns ao seu cotidiano, as quais comumente abordam os problemas do meio físico de forma concisa e utilitária, ocasionando a falsa impressão de que um fenômeno foi explicado e apreendido a contento (MACHADO, 2012).

Cabe salientar que quando supomos que os alunos venham a empregar explicações animistas ou generalistas para causa ou ocorrência de um determinado fenômeno físico, não se trata de subestimar sua inteligência ou capacidade de raciocínio, mas sim de admitir a existência de determinados Obstáculos Epistemológicos construídos em seu dia a dia, e que devem e podem ser superados pelos alunos através de atividades que problematizam os seus conhecimentos espontâneos, tal como propomos com a SD que apresentamos neste artigo[69].

3. Proposta de SD para o tema alagamento

Tendo em vista os pressupostos teóricos apresentados anteriormente, dentre outros, o Objetivo Geral da SD é possibilitar a aprendizagem do conceito alagamento através da: (i) diferenciação de áreas do lugar de vivência pelo estabelecimento de Unidades de Paisagem; (ii) superação das opiniões animistas e generalistas para a causa e ocorrência dos alagamentos.

No total, são 27 tarefas distribuídas em seis aulas que foram agrupadas em três atividades, conforme sistematizamos na tabela abaixo:

---

69 Sobre a noção de Obstáculo Epistemológico, conferir Bachelard (2008 [1938]). Sobre o animismo e generalismo, recomendamos, além de Bachelard, Piaget (2005 [1945]).

TABELA: Atividades, Aulas, Tarefas e Objetivos Específicos a SD

Atividades	Aulas	Tarefas e Objetivos Específicos
1: Leitura Inicial da Paisagem e do problema: as primeiras opiniões	1º e 2º aulas	Tarefas 1 até 11. Propomos tarefas que privilegiam a **observação** de cenários através de imagens que de alguma forma representam o conceito principal abordado na SD (alagamento). Também é composta por situações que provocam a adesão do aluno a uma opinião sobre quais são as causas do problema em tela e por perguntas elaboradas a priori que o fazem **inferir** (recorrendo somente à memória, ou seja, àquilo que já viram ou ouviram falar) se o processo em questão ocorre ou não em seus lugares de vivência (escola e residência). Em outras palavras, são as aulas nas quais os alunos são de alguma forma estimulados a **expor opiniões**, a **argumentar** sobre o tema da SD.
2: A descrição da paisagem pelos procedimentos cartográficos: o lugar e seus atributos físicos, biológicos e antrópicos	3º, 4º e 5º aulas	Tarefas 12 até 20. Para esta atividade foram planejadas tarefas nas quais os alunos poderão desenvolver ou retomar algumas **noções cartográficas** consideradas relevantes para a construção do conceito alagamento, tais como a **topografia**, a **planimetria** e a **altimetria**.
3: Estabelecimento das Unidades de Paisagem: a superação dos obstáculos para aprendizagem	6º aula	Tarefas 21 até 27. Na última aula da SD, com foco no processo alagamento, tem-se uma tarefa que estimula a **associação de variáveis e tipologias** (presentes em uma tabela) **com a representação de uma área** comum a todos os estudantes (perfil topográfico com a localização da escola e arredores). Nas tarefas posteriores a esta, espera-se a **elaboração de argumentos** pelos alunos que revelem a sua abdicação das primeiras opiniões sobre as causas do problema em pauta. Da mesma forma, almeja-se que estes **revejam a opinião** sobre a ocorrência dos alagamento sem seu lugar de vivência. Tem-se também como expectativa a **construção de perguntas** por parte dos alunos com base no que aprenderam durante a aplicação da SD.

Elaboração do autor.

Observações:
1 - Em negrito e sublinhado, destacam-se alguns conteúdos trabalhados na SD (conceituais, procedimentais e atitudinais), entendidos como relevantes para que os objetivos gerais sejam alcançados.
2 - Duração prevista das aulas: de 40 a 50 minutos cada.

Observando atentamente a tabela, e relacionando-a com a figura apresentada anteriormente, verifica-se que uma SD é composta por seis elementos básicos: atividade, tarefa, aula, conteúdos, objetivos gerais e objetivos específicos. Em nosso caso, as atividades são formadas por um conjunto de tarefas distribuídas em uma ou mais aulas.

Adiante tem-se uma versão revisada do material instrucional que compõe a SD, cujas tarefas apresentam algumas poucas modificações em relação às elaboradas originalmente.

ALAGAMENTOS:
suas causas e possibilidades de ocorrência
AULA 1

1) **Observe as fotos abaixo:**

Foto 1: Marginal Tietê – SP (setembro de 2009)
Fonte: http://www1.folha.uol.com.br/
folha/cotidiano/ult95u621498.shtml
Acesso em 12 mar. 2011

Foto 2: Vale do Itajaí – SC (novembro de 2008)
Fonte: http://www.abril.com.br/noticias/brasil/
governo-federal-vai-liberar-r-1-1-bilhao-
ajudar-vitimas-chuvas-405027.shtml
Acesso em 12 mar. 2011

Foto 3: Jardim Botânico - RJ (1988)
Fonte: http://aleosp2008.wordpress.com/2008/11/29/
rio-de-janeiro-as-grandes-enchentes-desde-1711/
Acesso em 12 mar. 2011

Foto 4: Marginal Pinheiros (2009 – data provável)
Fonte:http://ww2.prefeitura.sp.gov.
br/albumdefotos/sao_paulo/
Acesso em 15 mar. 2011

Foto 5: Marginal Tietê – SP (1963)
Fonte: http://www.fflch.usp.br/dh/lemad/?p=1334
Acesso em 12 mar. 2011

Foto 6: Rua Monte Alegre – zona oeste – SP
(fevereiro de 2011)
Fonte: http://fotografia.folha.uol.com.br/
galerias/2242-chuva-em-sao-paulo#foto-43671
Acesso em 12 de março de 2011

2. **Quais fotos mostram áreas alagadas? (assinale apenas a alternativa correta).**

   a) Fotos 1, 4 e 5.
   b) Fotos 1, 2, 3, 5 e 6.
   c) Fotos 1, 2, 3, 4, 5 e 6.
   d) Fotos 5 e 3.

3. **No lugar onde você mora (casa) ou próximo do lugar onde você mora já ocorreu um ou mais alagamentos?**

4. **No lugar onde você estuda (escola) ou próximo do lugar onde você estuda já ocorreu um ou mais alagamentos?**

5. **Em sua opinião, porque ocorrem os alagamentos como os visualizados nas fotos? (assinale apenas uma opção com um "x" sobre a letra da alternativa escolhida)**

   a) Excesso de chuvas.
   b) Aquecimento Global.
   c) Falta de investimento em infraestrutura.
   d) Impermeabilização da superfície de áreas planas ou mais baixas (em relação ao seu redor).
   e) Ocupação humana muito próxima dos rios.

6. **Leia atentamente os textos abaixo e responda as perguntas na sequência.**

Texto 1: "Choveu muito. Ontem, como em 2006, a culpa pelas enchentes foi da chuva intensa, nas palavras do prefeito Gilberto Kassab (DEM). 'Estamos no 11º dia de janeiro, já choveu 93% em relação à média do mês, o que mostra que a intensidade é muito grande", disse. [...] Não importa o índice pluviométrico, pois o prefeito Kassab sempre diz que choveu demais: 'Em novembro choveu 50% a mais do que a média histórica do mês e três vezes mais do que em 2005' (dez. 2006); 'Foi um volume muito grande de água. O que há de positivo é que, mesmo com essa intensidade de água, o Aricanduva e o Pirajussara não transbordaram' (dez. 2009)."

(Folha de São Paulo – 12/01/2011 – p. C6 – Fonte: <http://acervo.folha.com.br/fsp/2011/01/12/15>. Acesso 17 de jun. 2014.)

Texto 2: "Uma chuva forte na tarde de ontem tornou a castigar a cidade de São Paulo, o ABC paulista e o interior do Estado. Vias importantes ficaram inundadas e alguns casos, intransitáveis – o que complicou o trânsito. [...] O temporal também provocou danos às estradas que chegam à capital. Na via Anchieta, a pista central ficou fechada por três horas e meia [...]".

(Folha de São Paulo – 15/01/2011 – p. C7 – Fonte: <http://acervo.folha.com.br/fsp/2011/01/15/15>. Acesso 17 de jun. 2014.)

Texto 3: "O Aquecimento Global aumenta enchentes em São Paulo: Nos últimos 40 anos, como os paulistanos podem sentir todo verão, o aquecimento anormal da Terra já vinha aumentando o potencial de enchentes. Estima-se que hoje o número de dias num ano com chuva acima de 10 milímetros já seja 12 a mais do que a média. Somando isso às novas projeções, o Sudeste ganhará quase um mês de chuva extrema no ano."

(Folha de São Paulo – 31/03/2009 – Fonte: <http://www1.folha.uol.com.br/folha/ambiente/ult10007u543275.shtml>. Acesso 14 de mar. 2011.)

Texto 4: "As mudanças climáticas e seus efeitos, resultantes do aquecimento global, já são uma realidade em diferentes partes do planeta. Um dos efeitos mais preocupantes é a elevação do nível dos oceanos [...]. Além disso, furacões, ondas de calor, secas e enchentes estão ocorrendo com mais frequência e intensidade."

(AOKI, 2011, p. 44)

Texto 5: "A duplicação da área impermeável de uma bacia [...] aumenta o escoamento direto (rápido) em 25 a 50%. Em consequência, é indispensável a instalação de extensa rede de canais artificiais para receber e evacuar o excesso de água. Essa rede compreende desde os esgotos domésticos até grandes galerias sob as ruas. A densidade de drenagem urbana é três a dez vezes maior que a do meio rural."

(Drew, 1994, p. 178)

Texto 6: "O processo de urbanização pode provocar alterações sensíveis no Ciclo Hidrológico, principalmente sob o aspecto da diminuição da infiltração da água, devido à impermeabilização e compactação do solo."

(Mota, 1999, p. 43)

7. **Assinale apenas a alternativa correta:**

   a) No texto 1 e no texto 5 verifica-se que a causa da ocorrência dos alagamentos é da chuva em excesso.
   b) No texto 1 e 2 verifica-se que a causa da ocorrência dos alagamentos é da chuva, enquanto que o texto seis cita a impermeabilização do solo como uma das causas deste problema.
   c) Todos os textos expressam opiniões semelhantes.
   d) No texto 1 verifica-se que a culpa da ocorrência dos alagamentos é a chuva, enquanto que o texto cinco cita a impermeabilização do solo e o chamado Aquecimento Global como uma das causas deste problema.

AULA 2

8. **Releia os textos da aula anterior. Neles temos diferentes opiniões sobre as causas dos alagamentos, principalmente em São Paulo. Agora responda: com qual destas opiniões você se identifica mais, ou seja, qual delas expressa melhor o seu ponto de vista sobre este assunto? (nesta folha, assinale com um "x" sobre a letra da alternativa escolhida)**

   a) Texto 1
   b) Texto 2
   c) Texto 3
   d) Texto 4
   e) Texto 5
   f) Texto 6

9. **Reveja a sua resposta para a questão 5.**

   (i) Qual alternativa você assinalou?
   (ii) Analise: a opinião que consta na alternativa que você assinalou na questão 8 coincide com a sua opinião assinalada na questão 5?
   Sim ( ) – Não ( )
   (iii) Qual a semelhança OU diferença entre a sua opinião registrada na questão 5 e a opinião com a qual você se identificou na questão 8?

10. Observe o gráfico abaixo.

ANÁLISE LOCAL: alagamento

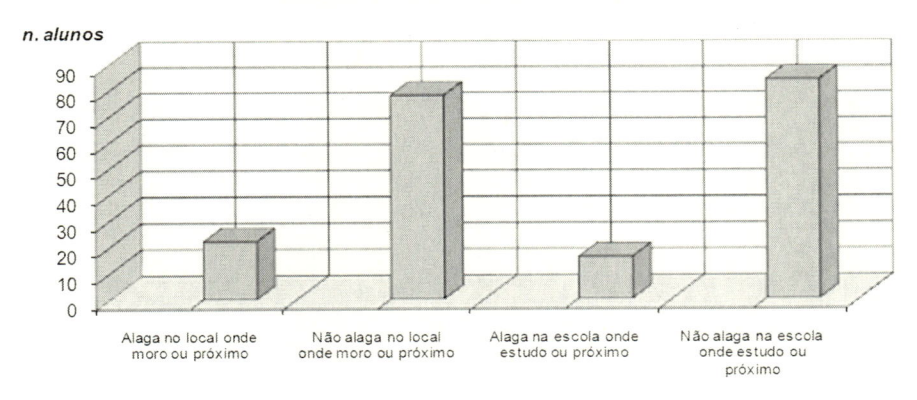

n. alunos

[Gráfico de barras com eixo y de 0 a 90, mostrando quatro categorias:
- Alaga no local onde moro ou próximo: ~25
- Não alaga no local onde moro ou próximo: ~80
- Alaga na escola onde estudo ou próximo: ~20
- Não alaga na escola onde estudo ou próximo: ~90]

(obs.: exemplo de gráfico que pode ser elaborado com base nas respostas das perguntas 3 e 4)

11. **Agora responda:**

a) O que o gráfico está mostrando?
b) Reflita novamente: ocorrem alagamentos na escola ou próximo da escola em que você estuda?
c) Com base em quais conhecimentos você afirma se existe ou não o problema do alagamento na escola onde você estuda ou próximo dela?

AULAS 3 E 4

12. **Elaboração do Perfil Topográfico de um lugar imaginário**

I – Leia o texto que explica "O QUE É" um perfil topográfico.
II – As Figuras 1 e 2 são exemplos de folhas topográficas (mapas) com base nas quais podemos elaborar um perfil topográfico.
III – O texto "COMO SE LÊ E SE CONSTRÓI" detalha como é a elaboração de um Perfil Topográfico.
IV – A Figura 3 exemplifica como deve ser apresentado um Perfil Topográfico. Note que temos a altitude (eixo vertical) e a distância em metros a partir do canto esquerdo do perfil (eixo horizontal). A localização dos rios, das estradas e de algumas altitudes de referência são indicadas com uma seta e a orientação por meio de siglas.

PERFIL TOPOGRÁFICO

O QUE É

Perfil topográfico ou perfil do relevo é a representação de um corte vertical no relevo, salientando sua silhueta. É como se olhássemos um relevo de frente, observando seu contorno no horizonte, isto é, sua silhueta.

O perfil topográfico é construído com base no mapa que mostra o relevo em curvas de nível (figura 1).

FIGURA 1. Folha topográfica: Embu Guaçu (SP)

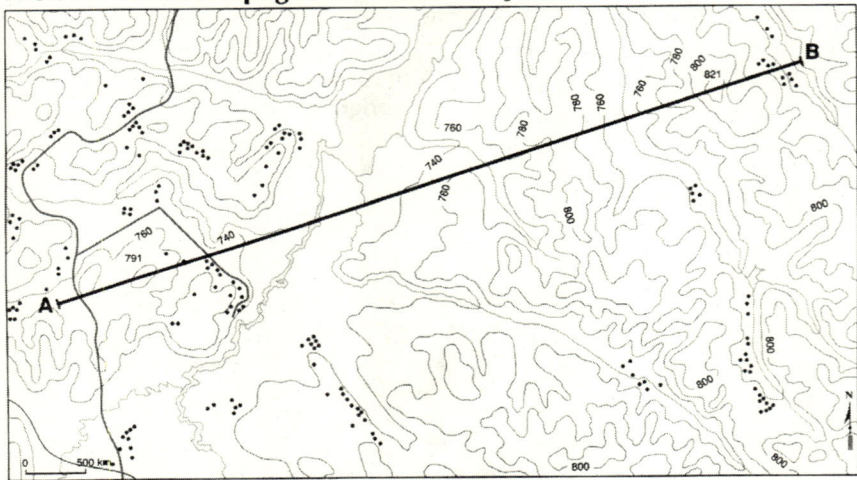

FIGURA 2.

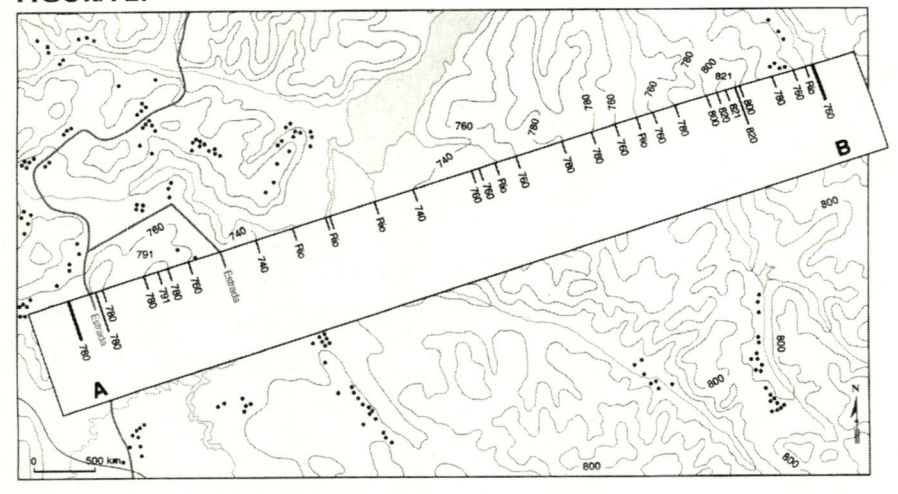

GEOGRAFIA ESCOLAR:
contextualizando a sala de aula

COMO SE LÊ E SE CONSTRÓI

Altitude é a distância vertical de um ponto da superfície da Terra em relação ao nível dos oceanos — 0 metro. Você lê as altitudes do relevo na escala vertical do perfil topográfico. Assim, poderá observar que o relevo se apresenta numa seqüência de altos e baixos (cristas e vales), como se você estivesse olhando-o de frente.

As altitudes do relevo emerso são lidas do nível do mar para cima até as maiores altitudes. Você pode construir um perfil topográfico ou perfil do relevo, seguindo o roteiro a seguir.

1º) No mapa do relevo em curvas de nível, faça uma linha cruzando suas partes altas e baixas. Essa linha, que vai do ponto **A** ao ponto **B** (figura 1) é chamada **linha de corte**.

2º) Corte uma tira de papel e coloque-a sobre o mapa do relevo, acompanhando a linha **AB**, como se fosse uma régua. Nela marque todos os cruzamentos da linha **AB** com as curvas de nível, anotando seus respectivos valores na tira de papel (figura 2).

3º) A seguir transfira as marcações assinaladas, da tira de papel para a base do perfil (figura 3).

4º) A partir de cada marcação na base do perfil trace uma linha vertical até o respectivo nível de altitude, indicado na escala vertical do perfil (figura 3).

5º) Agora ligue todas as extremidades das linhas verticais com uma linha contínua e sinuosa (figura 3).

6º) Com o auxílio da rosa-dos-ventos indica-se a orientação do perfil (figura 3).

FIGURA 3. Perfil topográfico do corte $\overline{AB}$

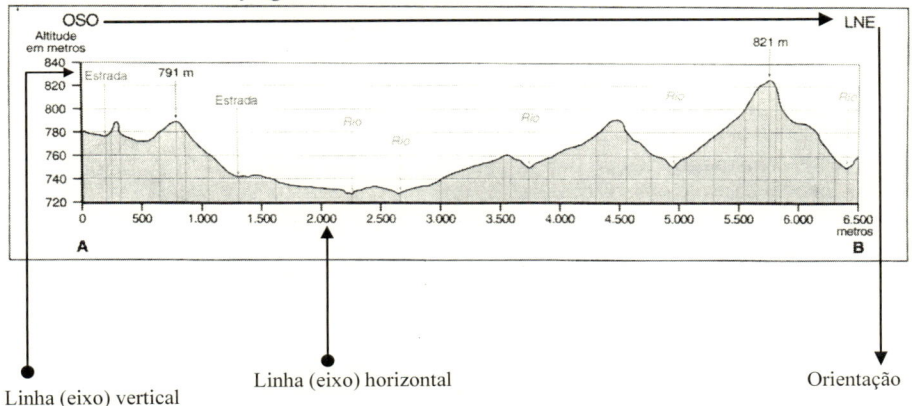

Fonte: AOKI, 2008, p. 90-1.

Rosa-dos-ventos:

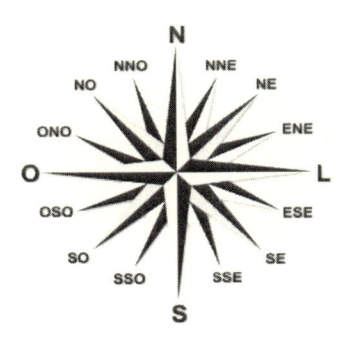

Orientação: norte (N) – nordeste (NE) – leste (L) – sudeste (SE) – sul (S) – sudoeste (SO) – oeste (O) – nordeste (NO), etc.

– **ELABORAÇÃO DO SEU PERFIL TOPOGRÁFICO SIMPLIFICADO**

A – Após ler e analisar as orientações acima, observe o croqui cartográfico da Cidade Alfa. Nele, temos um lugar imaginário qualquer e a representação de seu relevo em curvas de nível.
B - Trace uma linha de corte **AB** (linha reta, com régua) no desenho. O ponto A é o ponto próximo da Casa 1.
C - Elabore o seu Perfil Topográfico no verso da folha com base no croqui cartográfico, utilizando régua e lápis.

- O intervalo das altitudes no eixo vertical será de 10 metros. No caso do seu perfil, cada centímetro é igual a 10 m. A altitude menor indicada no eixo vertical será de 200m e a altitude maior de 340m.
- O intervalo das distâncias no eixo horizontal será de 1000 m (ou 1 Km). No caso do seu perfil, cada um centímetro é igual a 1000 m. A distância zero deve ser indicada no canto esquerdo, tal como exemplificado pela Figura 3.
- No perfil topográfico, não se esqueça de indicar a orientação aproximada da linha de corte, assim como de localizar o rio, a estrada e as casas.

Croqui Cartográfico: Cidade "Alfa"

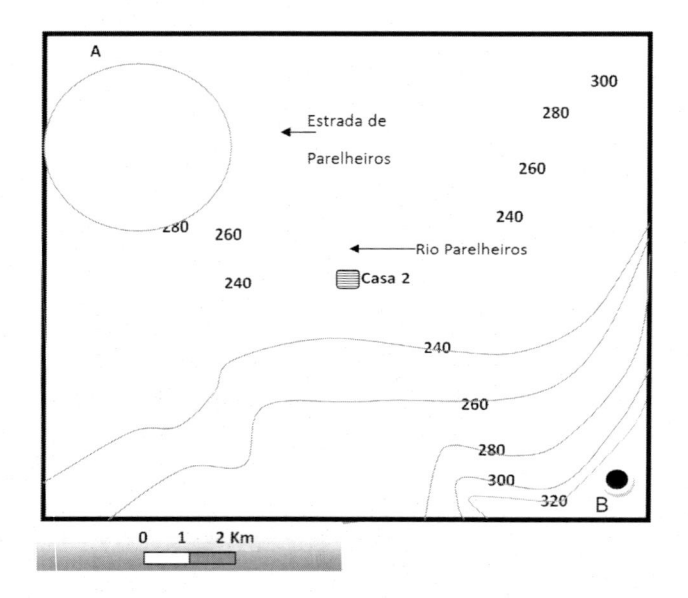

13. **Observe o croqui cartográfico do lugar imaginário e o perfil topográfico elaborado por você e responda:**

   a) A casa 1 está localizada em uma área de menor ou maior altitude em relação a casa 2? Justifique sua resposta.

   b) Qual destes elementos situa-se sempre em uma área de menor altitude considerando o lugar representado no croqui: o rio ou a estrada? Justifique sua resposta.

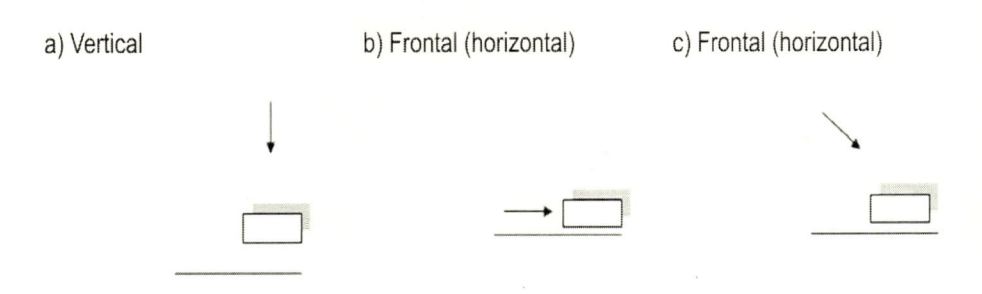

a) Vertical   b) Frontal (horizontal)   c) Frontal (horizontal)

14. **Qual é o ponto de vista verificado na imagem no perfil topográfico elaborado por você a partir do croqui cartográfico?**

AULA 5

15. Observe a planta do "Guia de Ruas" de 2007:

Escola e Arredores

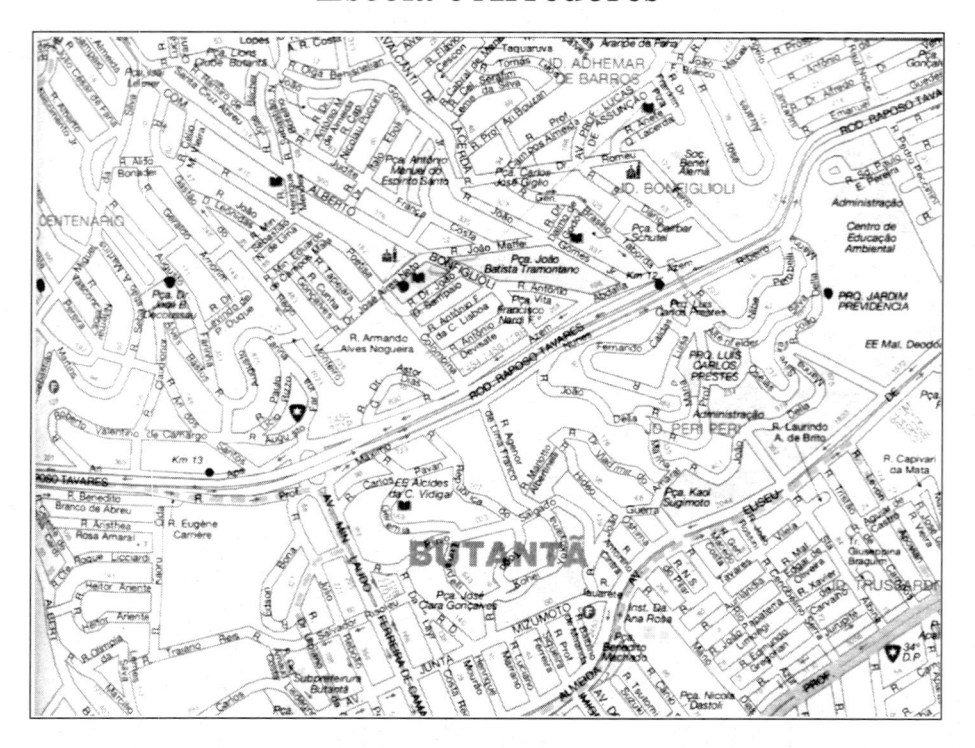

Fonte: Nogueira, Camargo, Erbetta (2007) – "Guia de Ruas"
Escala aproximada: 1 cm = 125 m

16. Leitura da planta cartográfica:

a) Destaque de verde, nesta folha, o parque da Previdência e a área correspondente à praça José Benedito Decoussau.
b) Destaque de vermelho, nesta folha, a Rodovia Raposo Tavares, a Rua Comendador Alberto Bonfiglioli assim como a Rua Nitemar.
c) Com um triângulo, destaque, nesta folha, a localização da escola.
d) Com uma régua, calcule a distância, em linha reta, entre a escola e o ponto que localiza o Km 12 da Rodovia Raposo Tavares (observe a escala indicada abaixo da planta do guia de ruas)

GEOGRAFIA ESCOLAR:
contextualizando a sala de aula

17. **Observe a imagem de Satélite obtida no "Google Maps" em fevereiro de 2011:**

Escola e Arredores

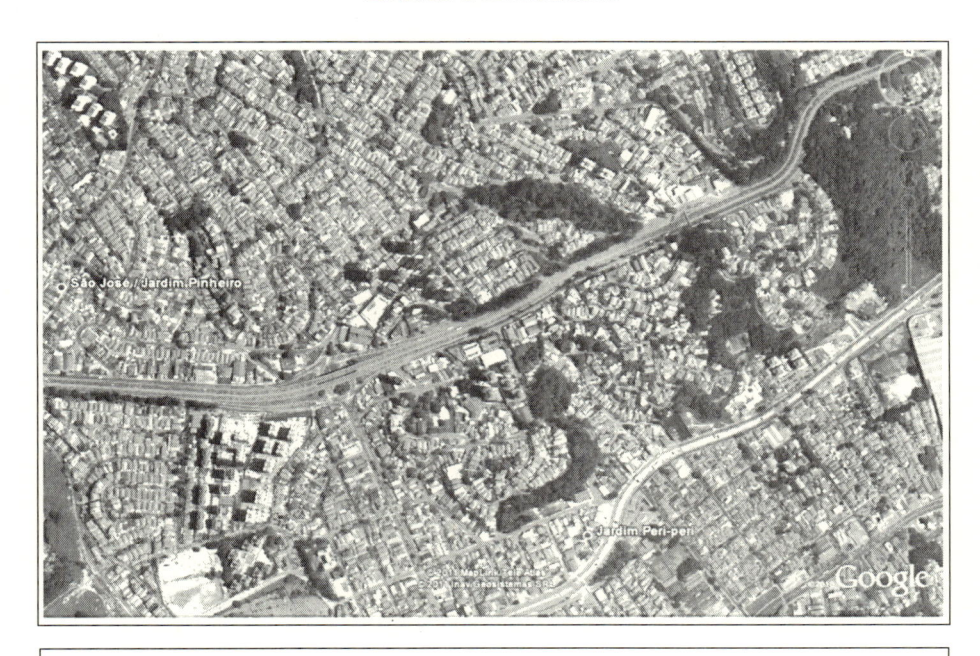

18. **Compare a imagem de Satélite com a planta do "Guia de Ruas":**

a) Destaque com uma caneta vermelha, nesta folha, a rodovia Raposo Tavares.
b) Destaque com uma caneta vermelha, nesta folha, a Avenida Eliseu de Almeida.
c) Identifique a escola na imagem e desenhe, nesta folha, um triângulo destacando a sua localização.
d) Elabore, no espaço abaixo da imagem, uma legenda para as linhas e o símbolo desenhados por você sobre a imagem.

19. Observe novamente a imagem de satélite ampliada. Responda:

a) Na área visualizada na imagem de satélite verifica-se o predomínio do "cinza escuro" ou das tonalidades de cinza mais claras? (predomínio = "o que tem mais").

b) Observe, reflita e responda: nesta imagem, o que está sendo identificado pelo cinza escuro?

c) Geralmente, nesta imagem, o que está sendo identificado pelos tons de cinza mais claros?

20. Qual é o ponto de vista verificado na imagem de satélite e na planta do "Guia de Ruas":

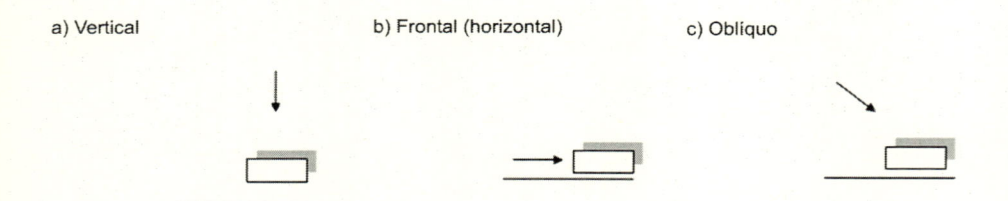

a) Vertical b) Frontal (horizontal) c) Oblíquo

# AULA 6

21. Observe a representação abaixo. Este é um perfil topográfico com a localização da escola e arredores.

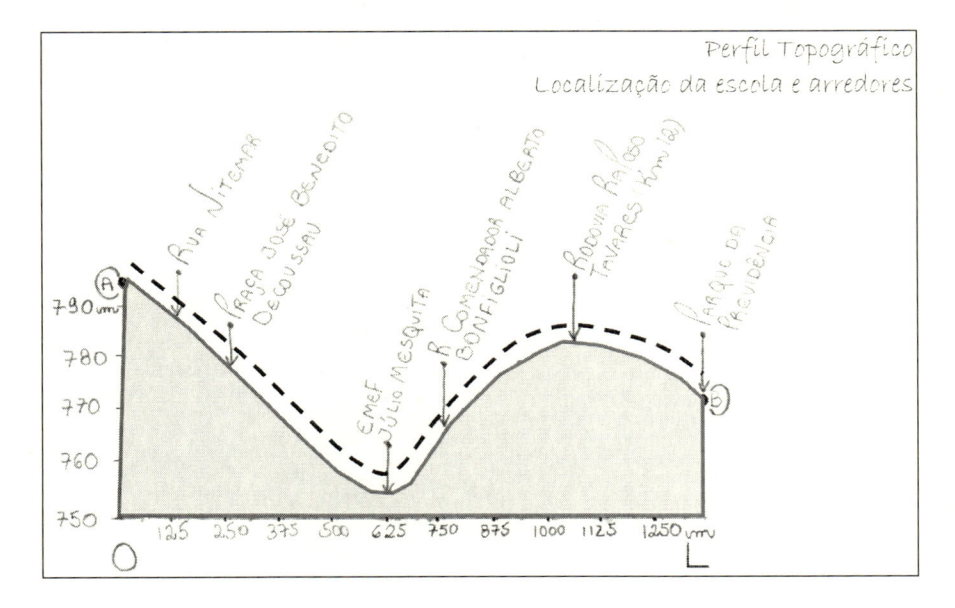

22. Observe na planta a seguir o Ponto A e o Ponto B. Ligue estes dois pontos com uma régua (linha reta entre os pontos A e B). A linha revelará para você o local representado no perfil topográfico.

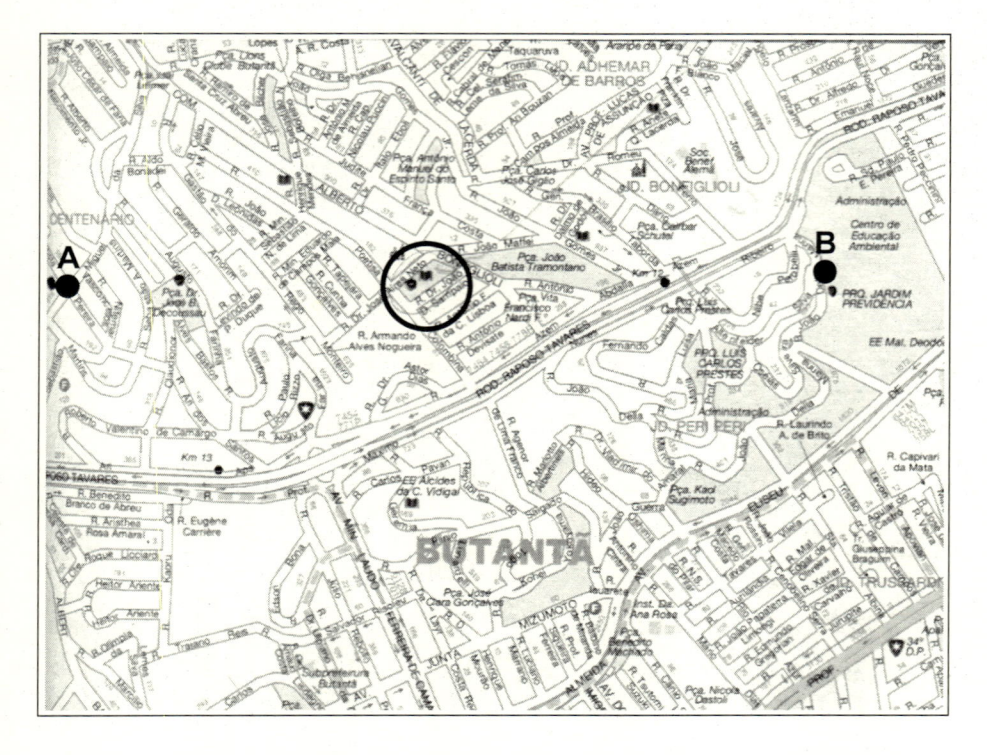

23. Observe a imagem de satélite com o Ponto A e o Ponto B. Ligue estes dois pontos com uma régua (linha reta entre os pontos A e B). A linha revelará para você o local representado no perfil topográfico.

24. Observe a tabela abaixo e destaque na linha tracejada do perfil topográfico:

Fator a ser destacado	Cor da linha	Características
Áreas propensas aos alagamentos	vermelha	Mais baixas em relação ao seu entorno; planas ou levemente inclinadas; com edificações (impermeabilizadas)
Áreas propensas ao escoamento superficial da água	amarela	Inclinadas e impermeabilizadas.
Áreas propensas à infiltração da água	verde	Com vegetação; planas ou levemente inclinadas.

Nota: Cinza escuro indica vegetação; outros tons de cinza mais claros indicam edificações e arruamento[70].
A água tende a infiltrar no solo nas áreas planas e com vegetação.

25. Segundo o que foi analisado e discutido nas últimas aulas, existiria a possibilidade de ocorrer alagamentos na Escola ou em suas proximidades? Justifique sua resposta.

26. Tendo em vista o que foi estudado nas últimas aulas (causa e ocorrência dos alagamentos) elabore uma ou mais perguntas para serem respondidas através de uma pesquisa.

27. Leia o enunciado abaixo e realize a última atividade desta sequência de aulas:

Hipótese é uma resposta preliminar dada à um problema ou pergunta. Desta forma, reflita: caso você fosse realizar uma pesquisa sobre os alagamentos na área onde está localizada a escola e arredores, qual das hipóteses você gostaria de adotar para ser confirmada ou não no seu estudo? (não deixe de considerar o que foi discutido nas aulas anteriores para tomar a sua decisão)

    a) Excesso de chuvas.
    b) Aquecimento Global.
    c) Falta de investimento em infraestrutura.
    d) Impermeabilização da superfície de áreas planas ou mais baixas (em relação ao seu redor).
    e) Ocupação humana muito próxima dos rios.

---

70   Observação: prevê-se que as cópias reprográficas que serão entregue aos alunos sejam em preto e branco.

4. Considerações Finais

A sequência didática é um plano de aula cuja estrutura assinala para os níveis macro e micro, ou seja, transita-se do contexto territorial vivenciado pelo estudante para as atividades a serem realizadas em aula, mais especificamente as tarefas. Sua elaboração passa, portanto, por diversas etapas ou escalas, desde o estabelecimento dos objetivos gerais até a construção e organização do material instrucional. Em nosso caso, entre a primeira e a última etapa, definimos os objetivos específicos de cada atividade, os pressupostos geográficos e pedagógicos que orientaram tanto na construção e agrupamento das tarefas quanto no seu encadeamento, assim como na definição dos conteúdos. Permeiam a SD as noções de Processo Físico Elementar, Unidades de Paisagem, Animismo e Generalismo.

Esta SD contém um variado conjunto de tarefas, ora associadas com a leitura de textos de divulgação científica, jornalísticos, roteiros, imagens, croquis cartográficos ou plantas cartográficas, ora com perguntas objetivas, de múltipla escolha, ou argumentativas, as quais solicitavam uma resposta manuscrita. Cabe destacar que em nenhum momento questionamos "O que é alagamento?", mas quais são as causas deste Processo Físico Elementar e possibilidades de ocorrência tendo em vista uma área delimitada. A expectativa que temos é que a construção do conceito seja realizada a partir da consideração de certas características da paisagem, parte da configuração territorial[71], e não através do emprego direto ou do aprendizado sistemático das leis da física.

Se fizéssemos uma divisão dos componentes ainda maior da SD, poderíamos agrupar um número menor de tarefas e estas formariam uma atividade, a qual levaria menos de uma aula para ser realizada. Assim, teríamos em uma aula mais de uma atividade. Fica claro, portanto, que não existe uma estratégia única para a organização das atividades, pois estas são resultado dos motivos que levam à sua organização. O importante é que a narrativa da aula tenha coerência para os alunos a que se destina a SD e atenda os objetivos gerais e específicos estabelecidos pelo professor que a elabora, evitando a improvisação ou diminuindo a possibilidade de sua ocorrência.

No que se refere ao processo de avaliação, pode-se focar, por exemplo, na própria mediação possibilitada ou não pelas atividades: Estas permitiram a problematização dos conhecimentos prévios dos estudantes? As tarefas favoreceram a contextualização do conceito? Deste modo, a avaliação da aprendizagem dos alunos estaria diretamente vinculada a uma reflexão sobre a mediação docente tendo em vista os objetivos gerais estabelecidos para a SD[72].

---

71   A configuração territorial consiste no arranjo sistêmico dos recursos naturais e dos recursos criados pelo homem. Sobre este conceito, conferir Santos (1997).

72   A mediação entre o que se deseja ensinar e os alunos (mediados) é estabelecida pelo professor através das ferramentas culturais de que dispõe. Com base em Sacramento (2012, p. 45), podemos afirmar que a mediação ocorre quando o professor estimula os alunos a se apropriarem de determinado conhecimento através de ações que potencializem o entendimento deles sobre o que se pretende ensinar.

Por fim, cabe a seguinte ressalva: com este texto não tivemos a intenção de naturalizar o universo social, ou seja, de buscar princípios gerais (leis) generalizáveis a qualquer situação de ensino ou de formular orientações prescritivas que pretendam nortear diretamente a prática docente. Admite-se: a criatividade é um componente essencial do dia a dia do professor no trabalho com crianças e adolescentes (CARVALHO et al., 2007, p. 25) e essa característica da atividade docente não pode ser negligenciada por aqueles que pesquisam o ensino e a aprendizagem ou que participam da elaboração e execução das políticas educacionais. Ao professor delega-se a escolha das ações para que ocorra a aprendizagem, preferência essa influenciada por múltiplas variáveis.

REFERÊNCIAS

AOKI, V. (coord.). **Projeto Araribá**: Geografia. 1 ed. São Paulo: Moderna, 2008. v. 3. Sétima Série.
AOKI, V. (coord.). **Projeto Araribá**: Geografia. 2 ed. São Paulo: Moderna, 2011 v. 4. Nono Ano.
BACHELARD, G. **A formação do espírito científico**: contribuição para uma psicanálise do conhecimento. Rio de Janeiro: Contraponto, 2008 [1938].
CALLAI, H. C. O lugar e o ensino-aprendizagem da geografia. In: PEREIRA, M. G. (comp.). **La espesura del lugar**:Reflexiones sobre el espacio en el mundo educativo. Chile: Universidade Academia de Humanismo Cristiano, 2009. p. 171-190.
CARVALHO, A. M. P. de. Ensino e aprendizagem de Ciências: referenciais teóricos e dados empíricos das sequências de ensino investigativas (SEI). In: LONGHINI, M. D. (org.). **O uno e o Diverso na Educação**. Uberlândia: EDUFU, 2011. p. 253-266.
CARVALHO, A. M. P. de. *et al*. **Ciências no ensino fundamental**: o conhecimento físico. São Paulo: Scipione, 2007.
CASTELLAR, S. M. V; VILHENA, J. **Ensino de Geografia**. São Paulo: Cengag Learning, 2010.
CASTELLAR, S. M. V; VILHENA, J. Um currículo integrado e uma prática escolar interdisciplinar: possibilidades para uma aprendizagem significativa. In: CASTELLAR, S. M. V; MUNHOZ, G. B. (org.) **Conhecimentos escolares e caminhos metodológicos**. São Paulo: Xamã, 2012. p. 121-135.
DREW, D. **Processos interativos**: homem e meio-ambiente. 3 ed. Rio de Janeiro: Bertrand Brasil, 1994.
FLORENZANO, T. G. Cartografia. In: FLORENZANO, T. G. (org.). **Geomorfologia: conceitos e tecnologias atuais**. São Paulo: Oficina de Textos, 2008. p. 105-128.
GIORDAN, M. GUIMARÃES, Y. A. F.; MASSI, L. . Uma análise das abordagens investigativas de trabalhos sobre sequencias didática: tendências no ensino de ciências. In: VIII ENPEC - I CIEC, 2011, Campinas - SP. **VIII ENPEC - I CIEC**, 2011.
GIORDAN, M.; Princípios de elaboração de SD no ensino de ciências (Aula 6). **Curso de Licenciatura em Ciências – USP/UNIVESP**, p. 46-53. 2014.
GRANELL-PEREZ, M. Del C. **Trabalhando Geografia com as Cartas Topográficas**. Ijuí: Editora Unijuí, 2004.
GUERRA, A. J. T.; MARÇAL, M. S. **Geomorfologia Ambiental**. Rio de Janeiro. Bertrand, 2006.
GUIMARÃES, Y. A. F.; GIORDAN, M. Instrumento para construção e validação de sequencias didáticas em um curso a distancia de formação continuada de professores. In: VIII ENPEC - I CIEC, 2011, Campinas - SP. **VIII ENPEC - I CIEC**, 2011.
MACHADO, J. C. E. **A sequência didática como estratégia para aprendizagem dos processos físicos nas aulas de geografia do ciclo II do ensino fundamental**. 2013. Dissertação (Mestrado em Educação) - Faculdade de Educação, Universidade de São Paulo, São Paulo, 2013. Disponível em: <http://www.teses.usp.br/teses/disponiveis/48/48134/tde-27062013-161524/>.

MACHADO, J. C. E. **Conhecimento Geomorfológico e Geográfico aplicado no estudo dos processos morfodinâmicos atuantes em área urbana e no subsídio à formulação e justificação de políticas territoriais: o caso do município de Taboão da Serra – SP**. 2004. 112 f. Monografia (Conclusão de Curso) – Universidade de São Paulo, Departamento de Geografia, São Paulo. Disponível em <http://social.stoa.usp.br/articles/0016/4502/TGI_JCEM.pdf>.
MACHADO, J. C. E. Ensino de Geografia e a noção de Obstáculo Epistemológico. 2012. **Revista Brasileira de Educação em Geografia**, Rio de Janeiro, v. 2, n. 3, p. 67-88, jan./jun., 2012.
MARTINELLI, M; PEDROTTI, F. A cartografia das unidades de paisagem: questões metodológicas. **Revista do Departamento de Geografia**. São Paulo: FFLCH – USP, n. 14, p. 39 – 46, 2001.
MOTA, S. **Urbanização e Meio Ambiente**. Rio de Janeiro: ABES, 1999.
MOURA, A. Atividade Orientadora de Ensino como Unidade entre Ensino e Aprendizagem. In: Moura, M. O. (org.) **A atividade pedagógica na teoria histórico-social**. Brasília, DF: Liber Livro, 2010. p. 81 – 109.
NOGUEIRA, K.; CAMARGO, J. E; ERBETTA, G. **Guia de Ruas**: São Paulo (2008). São Paulo: Editora Abril. 2007.
PELOGGIA, A. U. G. **O homem e o ambiente geológico**: geologia, sociedade e ocupação urbana no município de São Paulo. São Paulo: Editora Xamã, 1998.
PIAGET, J. **A representação do mundo na criança**: com o concurso de onze colaboradores. São Paulo: Ideias e Letras, 1948/2005.
ROSS, J. L. S. **Ecogeografia do Brasil**: subsídios para o planejamento ambiental. São Paulo: Oficina de Textos, 2006.
SACRAMENTO, A. C. R. A consciência e a mediação dos conhecimentos geográficos pelos professores em sala de aula. **Revista de Geografia Espacios**. Santiago. v. 2. n. 3. p. 41-56, 2012.
SANTOS, M. **Metamorfoses do Espaço Habitado**. 5 ed. São Paulo: Hucitec, 1997.
SÃO PAULO (cidade). Secretaria Municipal de Educação. **Orientações Curriculares e proposição de expectativas de aprendizagem para o ensino fundamental** – Cilo II: Geografia. São Paulo: SME/DOT, 2007.GIORDAN, Marcelo ; SASSERON, L. H. Alfabetização científica e documentos oficiais brasileiros: um diálogo na estruturação do ensino da Física. In: CARVALHO, A. M. P. *et al*. **Ensino de Física**. São Paulo. Cengage Learning, 2010. p. 1-27.
SIMIELLI, M. E. Cartografia no ensino fundamental e médio. In.: CARLOS, A. F. A. (org.) **A Geografia na Sala de Aula**. São Paulo: Contexto, 2008. p. 92-108.
VALERIANO, M. de M. Dados Topográficos. In. In: FLORENZANO, T. G. (org.). **Geomorfologia: conceitos e tecnologias atuais**. São Paulo: Oficina de Textos, 2008. p. 72-104.
ZABALA, A. **A prática educativa**: como ensinar. Porto Alegre: Artmed, 1998.

A POTENCIALIDADE DO TRABALHO DE CAMPO NO ENSINO DE GEOGRAFIA:
a cidade e o urbano

Davi Bachelli[73]

"Não existe amor em SP
Os bares estão cheios de almas tão vazias
A ganância vibra, a vaidade excita
Devolva minha vida e morra afogada em seu próprio mar de fel
Aqui ninguém vai pro céu...".
Criolo

Introdução

O objetivo deste texto é discutir a contribuição do trabalho de campo no ensino de geografia e sua relevância no estudo da cidade. Este texto é resultado de parte da pesquisa de mestrado e também da minha prática em sala de aula como professor de Geografia, na rede pública de São Paulo. A cidade na perspectiva da produção do espaço é considerada como o resultado do trabalho humano, ou seja, é a materialização da complexidade das relações humanas no espaço geográfico, neste caso o espaço urbano. No entanto, percebemos que, quando a temática da cidade aparece nas aulas de geografia seja como tema ou conteúdo é possível perceber que os alunos entendem a cidade na perspectiva do vivido, de suas experiências pessoais ou reproduzem uma fala veiculada na mídia apontando comumente os problemas vividos pelos citadinos como trânsito, violência, falta de moradia, questões relacionadas à infraestrutura, etc. Do ponto de vista da aprendizagem geográfica a relação do indivíduo com a cidade é importante, pois permite ao professor iniciar e construir junto com os educandos o conceito de cidade e de urbano, porem é preciso pensar como avançar na construção e aplicação desses conceitos, entendendo a cidade como resultado de diferentes processos, compreendendo a materialização dos fluxos presentes neste, entendendo assim, a dinâmica e complexidade da cidade, suas contradições e sua subjetividade.

---

[73] Mestrando no programa de Geografia Humana pela Faculdade de Filosofia Letras e Ciências Humanas da Universidade de São Paulo - FFLCH – USP, graduado em Geografia - Licenciatura Plena, pela Universidade de Santo Amaro (2003). É professor pesquisador FAPESP no Projeto Ensino Público. Atualmente é professor de Geografia da Escola de Aplicação FE – USP e professor de Geografia na Secretaria Estadual de Educação de Paulo.

1. A cidade o urbano e o ensino de geografia

Sabemos que o ser humano vive em sociedade e estabelece diferentes níveis de relações cotidianas, seja no seu trabalho, com sua família, com seus amigos e também na escola. Tais relações permitem que o indivíduo se sinta acolhido por determinados grupos e se identifique como tal. Porem é preciso entender que tal socialização não é suficiente para a formação de um indivíduo crítico, atuante e autônomo.

Para a geografia, a noção de cidadania está relacionada com o sentido que se tem do lugar e do espaço onde tais relações se estabelecem e se materializam de diversas formas. Em outras palavras, é preciso que o indivíduo conheça a rede de relações que se está sujeito, da qual é sujeito. Por isso, o papel da Geografia escolar é extremamente importante. É preciso considerar que o ser humano que não se apropria do lugar onde vive que não se sente parte do processo de constituição do espaço, para este indivíduo, este espaço passa a ser meramente geométrico, um recorte qualquer, onde as relações sociais se tornam frágeis.

> O espaço se reduz a tal ponto que já não são espaços de vida, se tornam espaços de relações sociais e afetivas reduzidas. Este espaço meramente geométrico e o indivíduo como simples usuário transformam muitas vezes o espaço em mercadoria onde o sujeito perde seu referencial como cidadão, perde o lugar, o solo, a cidade. Surge o paria a sujeição, a frustração. DAMIANI (2007, p. 53).

As referências espaciais de um indivíduo são referências para uma identidade social. O ser humano enquanto ser social, precisa compreender a realidade que o cerca, interferir de uma maneira crítica às transformações contraditórias do espaço.

> Portanto, não é possível falar de aprendizagem urbana nos nossos dias, sem pensar nessa atmosfera, ambiental que relaciona, sistematicamente, a realidade física, social e cultural ao dimensionar o cotidiano urbano onde o agente é o próprio homem. Na cidade atual, marcada pela rapidez da sua transformação, não há mais espaço e tempo para a **"flânerie"**, para o sonho ou para a observação do detalhe individual. FERRARA (1999, p. 247).

No caso do espaço urbano a materialização das relações sociais é muito mais visível, perceptível e contraditória, por isso não há mais lugar para o *"flâneur"* o ocioso que fazia do passeio urbano a razão da descoberta da cidade e de si mesmo. É preciso mais. O olhar do ocioso pode levá-lo à alienação e a privação do espaço. A Geografia (uma ciência social) que concebe o espaço enquanto um produto social, fruto da materialização das diversas e contraditórias relações entre os seres humanos, onde o espaço social só se realiza quando de fato é apropriado, o indivíduo não pode ser considerado apenas um simples usuário, mas um agente transformador pertencente a um espaço social.

É justamente pela complexidade na formação deste aluno onde ele precisa relacionar tempo e espaço, o local e o global, ter ideias próprias para resolução de problemas, desenvolver sua autonomia, se posicionar de forma crítica, que a metodologia do trabalho de campo *no estudo da cidade* se torna uma importante aliada no processo de aprendizagem não só para o ensino da Geografia, mas no ambiente escolar de uma forma mais abrangente, onde é possível uma interação entre as diferentes disciplinas escolares possibilitando uma aprendizagem mais significativa.

Segundo Callai, Castellar e Cavalcanti (2007, p. 87):

> A cidade é considerada como tema do ensino, porque, em primeiro lugar, é a referência básica para a vida cotidiana da maior parte das pessoas. Ela é local de moradia de um grande contingente populacional; nela se produz e se decide a produção de uma grande parte de mercadorias e de serviços; nela circulam pessoas e bens; nela, também, se produz um modo de vida [...]. Todo esse movimento mostra que na cidade estão materializadas, por um lado, a dinâmica do capital e, por outro lado, a dinâmica da sociedade; ambas se expressam contraditoriamente na prática cotidiana dos cidadãos.

Por conta disso, é preciso mobilizar o pensamento do aluno para perceber explícito e o implícito, perceber a cidade em sua dinâmica real, do movimento, do cheiro, das cores, das materializações contraditórias, das *"rugosidades"* [74], das mudanças e permanências onde só será possível num caminhar atento pela cidade, numa observação direcionada e que também não é possível entender as transformações da cidade sem compreender a dinâmica da natureza, o que resulta numa visão menos fragmentada da sua realidade, ou seja, é preciso entender a cidade a partir do urbano, mas que não é possível separar o espaço urbano e a cidade é preciso entender a relação (*dialética*) entre esses conceitos.

Trabalhar a cidade no ensino de Geografia não é tarefa simples, não é possível entender a cidade a partir simplesmente de sua identificação e classificação, ou entender a cidade apenas a partir de suas imagens, paisagens e funções. Por isso, para a Geografia o conceito de espaço não formal de aprendizagem é muito mais abrangente, vai além daqueles planejados, concebidos para uma educação não formal, é a rua, o cemitério, o ponto de ônibus, a favela, o rio, o buraco no asfalto, o casarão abandonado, a ciclovia, o metrô, etc. A compreensão desse conjunto de elementos do cotidiano ou objetos da paisagem significa:

> superar a superficialidade conceitual e estabelecer uma relação mais eficaz entre o saber formal e o informal. Em relação à educação geográfica implica em afirmar que o trabalho de campo é o elo entre a cidade e o ensino, na medida em que saímos da sala de aula". CASTELLAR (2010, p. 154)

---

74 Para Santos (1980, p. 138), a noção de 'rugosidades' complementa a concepção de que a produção do espaço é, ao mesmo tempo, construção e destruição de formas e funções sociais dos lugares. Ou seja, a (des)construção do espaço não refere-se apenas à destruição e à construção de objetos fixos, mas também às relações que os unem em combinações distintas ao longo do tempo.

Notamos que o tema cidade está presente nos currículos oficiais que norteiam o trabalho do professor em sala de aula, mas nem sempre estão presentes no planejamento ou plano de ensino do professor, seja em forma de conteúdo, ou de expectativa de aprendizagem. Do ponto de vista do ensino de Geografia, falar sobre cidade demanda na relação professor/aluno uma abstração que pode convergir no entendimento do urbano e suas contradições, visto que, na atual lógica da sociedade o espaço precisa ser visto como uma produção social deve-se considerar a dinâmica da produção deste espaço inclusive ajudando o aluno a estabelecer relações entre sociedade e natureza, dando sentido do porque se estudar geografia e seu objeto de análise, o espaço. O professor precisa ter domínio dos conteúdos próprios da disciplina, permitindo que o mesmo relacione outros conceitos da geografia, trazendo assim o estudo da cidade como uma metodologia para ensinar e aprender geografia. Há momentos na relação ensino/aprendizagem em que a análise do espaço urbano enquanto produção social se evidencia, direcionando o estudo da cidade na perspectiva da *produção do espaço,* que é uma forma de pensar a geografia, o que necessariamente não exclui outras. É apenas um dos caminhos possíveis. CARLOS (2013).

O ensino da Geografia pode e deve ter como objetivo levar o estudante a compreender o sentimento de pertencer a uma realidade na qual as interações entre a sociedade e a natureza formam um todo integrado e constantemente em transformação. A finalidade desta é estimular no estudante a capacidade de desenvolver raciocínios espaciais. Para atingir esse objetivo é preciso que sejam construídos os conceitos que vão dar sustentação para a interpretação da realidade e sua espacialidade (CALLAI; CASTELLAR; CAVALCANTI, 2012).

Neste ponto, cabe aqui um esclarecimento sobre o ensino de geografia e a cidade. O de que estudar a cidade seja como um conteúdo, como um tema gerador integrando diferentes disciplinas escolares, ou até mesmo concebendo o estudo da cidade como uma metodologia para o ensino de geografia, requer necessariamente compreender que o espaço urbano e seu processo de produção, é o que dá sentido no entendimento da cidade. Sendo assim, propomos a articulação entre a cidade e o urbano na perspectiva do complexo geográfico de Pierre Monbeig que articula os estudos geográficos integrados associando as diversas variáveis, trazendo o debate para o ensino da Geografia a partir da cidade e suas múltiplas dimensões, inclusive articulando os conceitos sociedade e natureza, tendo a metodologia do trabalho de campo como uma ferramenta possível par esse entendimento.

> O complexo se exprime antes de tudo na paisagem, a qual, formada una e indissolúvel pelos elementos naturais e pelos trabalhos dos homens, é a representação concreta do complexo geográfico. Por essa razão, o estudo da paisagem constitui a essência da pesquisa geográfica. Mas é absolutamente indispensável que o geógrafo não se limite à análise do cenário à apreensão

do concreto. A paisagem não exterioriza todos os elementos constituintes do complexo. Nem sempre nela se encontrarão expressos com clareza os modos de pensar, as estruturas financeiras, que são, entretanto, parcelas apreciáveis do complexo geográfico. Outro perigo – a limitação do campo de estudo à paisagem ameaça levar o pesquisador ao recurso exclusivo da descrição [...] A paisagem é o ponto de partida, mas não um fim. Resulta do complexo geográfico, sem confundir-se com ele (MONBEIG, 1957, p. 11).

Para Pierre Monbeig, a cidade é um bom exemplo para compreender a dinâmica espacial, pois esta precisa ser entendida como um "fato geográfico". Ou seja, se estudarmos a cidade identificando sua localização, caracterizando seu solo, seu clima, estudando seus meios de transporte e como se organiza a sociedade nessa cidade, é a inter-relação entre esses elementos que terá como resultado o fato geográfico. (PEREHOUSKEI; RIGON,2010, p. 158)

Mas é preciso salientar que essa relação do meio físico com a cidade é ponto de partida para o entendimento do urbano. Se utilizarmos, como exemplo, o trabalho de campo realizado com alunos de uma escola municipal de São Paulo no extremo sul da cidade onde o objetivo seria entender o uso e ocupação do solo e utilizássemos este conceito somente do ponto de vista do ordenamento urbano, dificilmente daríamos conta de compreender a dinâmica da produção daquele espaço sem uma discussão que relacione aquela região com o meio físico, como uma importante área de manancial da cidade onde estão localizados dois dos principais reservatórios para abastecimento da região metropolitana de São Paulo (Guarapiranga e Billings), sua rede de drenagem, as suas micro bacias, a sua proximidade com a serra do mar, a incidência maior de precipitação, seu clima mais ameno comparado às regiões centrais da cidade, etc.

Em contra partida, essa região apresenta questões relacionadas aos problemas sociais que se materializam a partir da lógica da segregação espacial, como ocupação de grandes áreas por movimentos populares pró-moradia, falta de infraestrutura como coleta de lixo, esgoto, transporte público, etc. Isso evidencia que para se entender a cidade é preciso perceber determinados processos que estão diretamente relacionados ao fenômeno urbano. Nesse sentido, dificilmente os alunos terão dimensão dessa complexidade dentro da escola. Por isso, o trabalho de campo, a sistematização das atividades, a organização dos conteúdos, cria novas possibilidades para a análise do espaço e sua produção.

Figura 1 e 2 – Distrito do Grajaú extremo sul da cidade de São Paulo – Ilha do Bororé

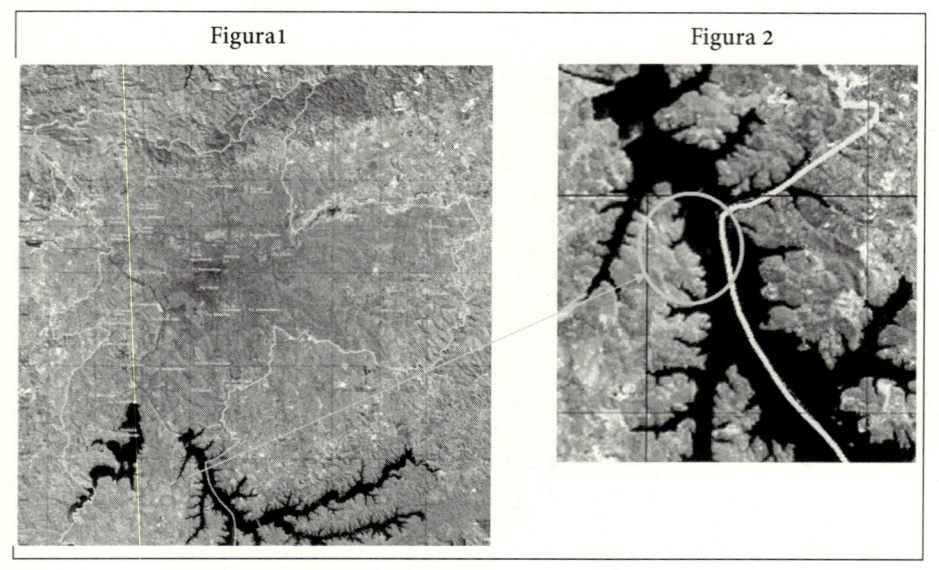

Figura 1	Figura 2

Fonte: http://atlasambiental.prefeitura.sp. gov.br/mapas/103.jpg

2. O trabalho de campo no entendimento da cidade e do urbano

Tendo em vista o que foi explicitado até o momento, a metodologia do trabalho de campo para o ensino de geografia se apresenta como uma ferramenta importante no entendimento da cidade e do urbano. Essa metodologia é fundamental para a compreensão e a construção do conhecimento geográfico assim como para a articulação dos diferentes conteúdos escolares, pois aproxima o aluno da realidade para além do visível. Porém essa articulação, tendo a cidade como possibilidade para o ensino de geografia só será possível, no nosso entendimento, a partir dos processos que resultam na cidade, ou seja, na compreensão do urbano. Se isso não acontecer corre-se um sério risco de transformar a cidade em um simples conteúdo escolar, não avançando para além do materializado, do visível, do senso comum.

Segundo Neves (2007, p. 15):

> o trabalho de campo se constitui como uma metodologia que engloba a observação, a análise e a interpretação de fenômenos no local e nas condições onde eles ocorrem naturalmente". Ainda segundo a autora, essa metodologia também "pode promover maior significação dos conteúdos e maior aproximação da realidade dos alunos. Além de a contextualização contribuir para o desenvolvimento de atitudes positivas em relação à ci-

ência, através do conhecimento de sua importância social, ainda favorece a aprendizagem dos conteúdos conceituais, valorizando e estimulando a interação com os conhecimentos prévios dos estudantes.

Para que haja avanço na aprendizagem a partir entendimento da cidade para além do que está posto, materializado é preciso a articulação entre os processos que dão o *"tom"* na lógica da produção do espaço. Por isso, é fundamental o planejamento de atividades que potencializem essa metodologia. É muito importante que o professor faça o planejamento e a sistematização das atividades do *Pré-Campo, Campo e Pós-Campo* dando sentido ao que se ensina e ao que se aprende.

O trabalho de campo apresentado a seguir como experiência de prática foi realizado na EMEFM (Escola Municipal de Ensino Fundamental e Médio) Professor Linneu Prestes, localizada no bairro de Santo Amaro, região sul da cidade de São Paulo. O projeto intitulado *A espacialidade para a identidade do cidadão. Estudo de caso: o distrito de Santo Amaro* foi desenvolvido com alunos do 1º ano do ensino médio, no ano de 2013 com a parceria da Faculdade de Educação da USP, vinculado ao Projeto FAPESP-Ensino Público, coordenado pela professora Dra. Sônia Maria Vanzella Castellar. O trabalho de campo foi inserido dentro de uma sequencia didática elaborada para auxiliar os alunos no entendimento do conteúdo presente no plano de ensino do professor, neste caso a expansão urbana na cidade.

3. O Pré-Campo

Esta primeira etapa do trabalho de campo é muito importante, pois é neste momento em que o professor irá apresentar os objetivos do trabalho, normas e orientações gerais. As atividades desenvolvidas no pré-campo vão dar sentido ao que vai ser estudado. Oficinas, textos, vídeos, imagens sobre os lugares a serem visitados, assim como a apresentação do roteiro e o direcionamento do que será observado em campo.

> Conhecido também como momento de preparação/planejamento, o pré-campo se constitui como elemento fundamental em sua realização, já que é nele que o professor organiza a parte estrutural da saída da escola, e a partir desse momento que os alunos começam a ter contato com o objeto de estudo da aula de campo. FALCÃO; PEREIRA (2009, p. 9).

Para este trabalho promovemos atividades investigativas com o tema solos, a fim de que pudéssemos relacionar com o estudo da cidade (Imagens 2 e 3). A proposta investigativa foi utilizada como estratégia de ensino e aprendizagem considerando alguns momentos fundamentais Falconi, Athayde e Mozena, (2007, p. 84) são eles:

Foto 1 e 2 - Atividade de pré-campo: análise dos diferentes tipos de solo / Simulação: Áreas de risco. Alunos do 1º ano do Ensino Médio – EMEFM – Professor Linneu Prestes – São Paulo.

- Proposição de atividades ou estratégias que permitam introduzir o assunto a ser abordado e obter as concepções prévias dos alunos sobre o tema a ser discutido.
- Proposição de uma situação ou questão problema.
- Planejamento ou elaboração de hipóteses.
- "Experimentação".
- Discussão Coletiva.
- Registro.

O pré-campo pode assegurar bons resultados e estimular a curiosidade epistemológica do aluno. "A preparação [pré-campo] é uma etapa fundamental para o sucesso do Trabalho de Campo. A realização de um bom planejamento pode assegurar que os objetivos traçados sejam realmente alcançados durante a saída da escola". (LIMA; ASSIS apud FALCÃO e PEREIRA, 2009, p. 112)

Campo

Em campo, os primeiros passos vão ser sempre os mais difíceis, pois o aluno não consegue ainda enxergar a teoria e a prática dialeticamente. Por isso é importante que o roteiro e as atividades que serão realizadas com os alunos em campo sejam planejadas com antecedência permitindo o aluno a indagar sobre o que está sendo observado, logo deixa de ser observador e passa a ter uma visão crítica, pois está relacionando a prática com a teoria já mostrada pelo professor, neste momento é importante direcionar a observação do aluno para o implícito o subjetivo da cidade.

[...] o professor deve aguçar, na medida do possível, a curiosidade dos alunos para que a partir das suas observações e das informações coletadas possam construir suas aprendizagens, alcançando, assim, os objetivos propostos para a saída ao campo. (LIMA; ASSIS apud Falcão e Pereira, 2005, p. 112)

Em campo os alunos vivenciaram aquilo que foi discutido nas atividades do pré-campo, objetivando o entendimento do uso e ocupação do solo urbano, relacionando as questões do meio físico, como áreas de manancial, permeabilidade do solo, áreas de risco, deslizamentos, etc (Imagens 4 e 5). Neste trabalho especificamente, foi feita a visita em ocupações dos movimentos pró-moradia no bairro do Grajaú, extremo sul da cidade de São Paulo, onde foi possível ter contato com os representantes do movimento "Morro da Conquista". Neste dia havia um pedido de reintegração de posse por parte da prefeitura da cidade de São Paulo, esse fato foi muito marcante e ficou muito claro a partir da produção dos relatórios de campo nas atividades do pós-campo.

Foto 3

Foto 4

Foto 3 e 4 - Atividade de campo: Visita ao bairro do Grajaú / Extremo Sul da cidade de São Paulo. Alunos do 1º ano do Ensino Médio – EMEFM – Professor Linneu Prestes – São Paulo.

Pós-Campo

No momento do pós-campo o professor junto com os alunos realizaram diversas atividades, desde a produção de mapas mentais do trajeto/percurso evidenciando a importância da representação cartográfica a produção de relatórios individuais. No pós-campo é o momento de avaliar o trabalho e organizar o material coletado, como fotos, entrevistas, registros, etc. Todo esse material deve ajudar o aluno a organizar suas ideias para a elaboração do relatório de campo. A discussão, as problematizações e a construção do conhecimento devem ser retomadas. A resposta do pós-campo pode ser dada de diversas maneiras que vão desde relatórios a maquetes. A análise do professor deve ser feita de forma imparcial as suas particularidades. Esse é o processo de exercício ao aprendizado do aluno, fundamentalmente importante. A dialética da teoria e da prática é expressa na realização do pós-campo podendo atingir resultados superiores ao esperado. A realidade vivida tanto pelos professores como pelos alunos tem o objetivo cujo fator principal é a extração da aprendizagem de forma sucinta e continuada

A análise do professor deve ser feita de forma imparcial as suas particularidades. Esse é o processo de exercício ao aprendizado do aluno, fundamentalmente importante. A dialética da teoria e da prática é expressa na realização do pós-campo podendo atingir resultados superiores ao esperado. (SILVA; SILVA; VAREJÃO, 2010, p. 8).

Considerações finais

O estudo da cidade é algo que vem ganhando uma dimensão cada vez maior na discussão sobre novas metodologias para o ensino de geografia. Isso acontece não só porque a maior parte dos alunos vive em cidades e estão inseridos nesta lógica urbana, mas porque este espaço possibilita o entendimento da complexidade das relações humanas e como esta se materializa, podendo assim estabelecer relações em diferentes escalas, inclusive na dimensão da produção do espaço. Neste texto procuramos demostrar como o trabalho de campo no estudo da cidade e do urbano se mostra bastante eficiente, pois a partir das atividades planejadas e sistematizadas é possível potencializar a aprendizagem fora dos muros da escola. É preciso estar atento para que a cidade se torne o fio condutor para o entendimento do urbano, ou seja, a cidade é resultado do processo urbano, implica entender este espaço para além do visível, entender sua subjetividade, o implícito.

REFERÊNCIAS

ALMEIDA, Rosangela D. & PASSINI, Elza Y. **O Espaço Geográfico Ensino e Representação.** São Paulo: Contexto, 2006.
CARLOS, Ana Fani Alessandri. **Da organização à produção do espaço no movimento do pensamento geográfico.** In: CARLOS, Ana Fani Alessandri; SOUZA, Marcelo Lopes de; SPOSITO, Maria Encarnação Beltrão (Orgs.). **A Produção do Espaço Urbano. Agentes e Processos, escalas e Desafios.** São Paulo: Contexto, 2013. p. 53-73.
CASTELLAR, Sonia Maria Vanzella. **Educação Geográfica: teorias e práticas docentes.** São Paulo: Contexto, 2007.
CALLAI, Helena Copetti; CAVALCANTI, Lana de Souza; CASTELLAR Sonia Maria Vanzella. **Lugar e Cultura Urbana: Um estudo Comparativo de Saberes docentes no Brasil.** Terra Livre. São Paulo, v.28, p. 91-106, 2007.
CAZETA, Valéria; FALCONI, Simone; TOLEDO, Maria Cristina Motta de. **A Contribuição do cotidiano escolar para a prática de atividades investigativas no ensino de solos.** Campinas, 2013. Disponível em: <http://www.ige.unicamp.. br/terraedidatica/v9_2/PDF92/Td88-Falconi.pdf>. Acesso em: 10 mai. 2014.
DAMIANI, Amélia Luisa. **A Geografia e a Construção da Cidadania.** In: CARLOS, Ana Fani Alessandri. (org.) A Geografia na Sala de Aula. São Paulo. Contexto, 2007, p. 50-61.
FALCÃO, W. & PEREIRA, W. **A Aula de Campo na Formação Crítico/cidadão do aluno: Uma Alternativa para o Ensino de Geografia.** In: ENCONTRO NACIONAL DE PRÁTICA DE ENSINO DE GEOGRAFIA– ENPEG, 10. Porto Alegre, RS, 2009.
FERRARA, Lucrecia. **"Olhar Periférico".** São Paulo: EDUSP. 1999.
NEVES, Karina FernandaT.V. **O trabalho de Campo no Ensino de Geografia. Reflexões sobre a prática docente na educação básica.** Bahia. Ed. UESC, 2010.
LEMOS, Amalia Inés Geraigesde; GALVANI, Emerson. (orgs.) **Geografia, tradições e perspectivas: A presença de Pierre Monbeig.** São Paulo. Ed. CLACSO, 2009.
MONBEIG, Pierre. **Novos estudos de geografia humana brasileira.** São Paulo: Difusão Europeia do Livro, 1957.
PEREHOUSKEI, Nestor A; RIGON, Osmar. **Os Estudos Geográficos na perspectiva de Pierre Monbeig.** Revista Percurso - NEMO Maringá, v. 2, n. 1 , p. 15 -168, 2010
PONTUSSHKA, Nidia Nacib. **São Paulo, A Cidade Educadora.** In: CARLOS, Ana Fani Alessandri, OLIVEIRA, Ariovaldo Umbelino. (Orgs.) Geografias de São Paulo, Representação e Crise na Metrópole vol. 1, 2004, p. 369-388.
PONTUSSHKA, Nidia Nacib; TOMOKO, Lyda Paganelli; NÚRIA, Hanglei Cacete. **Para ensinar e aprender Geografia.** São Paulo, Cortez, 2007.

SOBRE OS AUTORES

Sonia Maria Vanzella Castellar

Professora Livre Docente em Metodologia do Ensino de Geografia da Faculdade de Educação da USP. Bolsista Produtividade do CNPq na área de Geografia Humana. Possui graduação em Geografia pela Universidade de São Paulo (1984), mestrado em Didática pela Universidade de São Paulo (1990) e doutorado em Geografia (Geografia Física) pela Universidade de São Paulo (1996). Lidera o grupo de Pesquisa GEPED - Grupo de Estudo e Pesquisa em Didática da Geografia e Práticas Interdisciplinares, credenciado no CNPq. Possui pesquisa nas áreas de Formação de Professores, Educação Geográfica, Cartografia Escolar, Didática da Geografia, Educação em espaços formais e não-formais de aprendizagem. Participa do Grupo de Pesquisa de Investigadores Latino Americanos em Didática da Geografia - REDLADGEO - e editora da revista ANEKUMENE do grupo REDLADGEO. Coordena estudos comparados, com financiamento da CAPES/Colciências em parceria com a Universidade da Antioquia/Medellin e FAPESP - melhoria do ensino público -, sobre estudo da cidade, urbano, uso do solo e lugar. Além de ser autora de vários artigos sobre formação de professor, metodologia do ensino e livros didáticos em geografia para o ensino fundamental II.

Ana Claudia Ramos Sacramento

Doutora em Geografia Física pela DG-FFLCH-USP (2012), Mestre em Educação pela FE-USP (2007). Professora do Departamento de Geografia da Faculdade de Formação de Professores - UERJ desde 2013. Experiência como professora das redes pública e privada dos ensinos fundamental e médio. Coordenadora de Projetos pela FAPERJ e CNPQ. Trabalha com curso de formação de professores. Desenvolve pesquisas e atua na área de Ensino de Geografia, principalmente nos seguintes temas: Educação Geográfica, Formação de Professor, Currículo e Didática de Geografia.

Ana Paula Gomes Seferian

Bacharel e licenciada em Geografia, pela FFLCH, mestre em Geografia (Geografia Humana) pela Universidade de São Paulo (2008). Tem experiência na área de licenciamento ambiental e trabalha a mais de dez anos com formação de professores da rede pública de ensino, do Estado de São Paulo e de diversos municípios paulistas. Doutoranda na Faculdade de Educação – USP.

Davi Bachelli

Possui graduação em Geografia Licenciatura Plena, pela Universidade de Santo Amaro (2003). Atualmente é Mestrando no programa de Geografia Humana pela Faculdade de Filosofia Letras e Ciências Humanas da Universidade de São Paulo - FFLCH – USP, Prof. de Ensino Fundamental e Médio PEB II - Geografia da Secretaria Estadual de Educação e Professor de Geografia da Escola de Aplicação FE - USP.

Elisa Favaro Verdi:

Graduada em Geografia (bacharelado e licenciatura) pela Universidade de São Paulo. Apresenta especial interesse nas áreas de História do Pensamento Geográfico e Geografia Urbana, no que tange aos temas do processo de renovação da geografia brasileira, da produção do espaço e da vida cotidiana. Atualmente, realiza pesquisa de Mestrado no Programa de Pós-Graduação em Geografia Humana da USP acerca da relação entre a Geografia Crítica e a ditadura civil-militar no Brasil.

É membro do GESP (Grupo de Geografia Urbana Crítica Radical), e também do NAP Urbanização e Mundialização, ambos na mesma universidade.

Gislaine Batista Munhoz

Mestre em Educação pela FEUSP, possui graduação em Geografia e Pedagogia e especialização em Design Instrucional para EaD na Universidade Federal de Itajubá. É Professora Orientadora de Informática Educativa na Secretaria Municipal de Educação de São Paulo e roteirista/avaliadora de objetos de aprendizagem e aplicativo de realidade aumentada. Atuou como especialista EaD no Curso de Especialização em Gestão da Escola para Diretores, do Programa de Formação da Rede Pública, do Estado de São Paulo (REDEFOR) - Convênio SEE-SP/USP. Atualmente é Microsoft'sInnovativeEducator Expert (MIE Expert) e pesquisadora bolsista no Programa FAPESP Ensino Público, sob a coordenação da Profa. Sonia Castellar na FEUSP. Tem experiência na área de Educação Geográfica, Cartografia Escolar, Informática Educativa, Formação de Professores, Educação a Distância e Objetos de Aprendizagem com ênfase em Jogos Digitais.

Gláucia Reuwsaat Justo

Graduada em Pedagogia pela Universidade Federal do Rio Grande do Sul (UFRGS) em 2010 e mestre em Educação pela Universidade de São Paulo (USP) em 2014, sob orientação da Professora Sonia Castellar. Possui experiência profissional na Educação Infantil e no Ensino Superior à distância.

Gustavo Francisco Teixeira Prieto

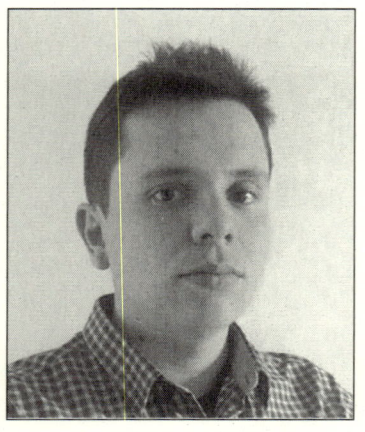

Graduado em Geografia pela Universidade Federal Fluminense (2008) e mestre em Geografia Humana na Universidade de São Paulo (2011). Atualmente é doutorando em Geografia Humana (USP) é professor da Escola da Vila. Tem experiência em Geografia, com ênfase em Geografia Agrária, Teoria e Método da Geografia e Geografia Econômica. Desenvolve pesquisas principalmente nos seguintes temas: acumulação e produção do capital, questão agrária no Brasil, história e historiografia da Geografia, teoria do campesinato e o pensamento de Rosa Luxemburg.

Jerusa Vilhena de Moraes

Professora adjunto da Universidade Federal de São Paulo (UNIFESP). Possui graduação em Bac e Lic Em Geografia pela Universidade de São Paulo (2000), mestrado em Geografia (Geografia Humana) pela Universidade de São Paulo (2004; bolsista FAPESP) e doutorado em Educação pela Universidade de São Paulo (2010; bolsista CAPES). Realizou doutorado sanduíche na Universidade do Minho- na área de metodologias do ensino de ciências. Na graduação foi bolsista de inici. científica (Fac Arq. e Urbanismo-USP. FAPESP; Cnpq). Tem experiência na área de Educação-Ensino de Geografia, com ênfase em Ensino e Aprendizagem, atuando principalmente nos seguintes temas: ensino de geografia, resolução de problemas, alfabetização científica, formação de professores, ensino e aprendizagem em espaços não formais, educação básica.Coordena o Projeto de Pesquisa da FAPESP intitulado "Alfabetização científica e as metodologias ativas de aprendizagem no ensino de Geografia: buscando caminhos possíveis na educação básica".

Júlio César Epifânio Machado

Bacharel em Geografia e Licenciatura Plena em Geografia pela Universidade de São Paulo (USP) em 2004. Mestre em Educação pela USP em 2013. Professor de Geografia do Ensino Fundamental II e Médio das escolas da rede pública de São Paulo desde 2005.

Paula Cristiane Strina Juliasz

Possui graduação em Geografia - Licenciatura (2008) e Bacharel (2010) - e especialização (2011) em Pesquisa em Cartografia, pela Universidade Estadual Paulista Júlio de Mesquita Filho, campus de Rio Claro. Desenvolveu pesquisa de mestrado sobre as relações tempo-espaço-corpo estabelecidas pelas crianças de 3 a 5 anos, pela Universidade Estadual Paulista Júlio de Mesquita Filho, campus de Rio Claro. Atualmente desenvolve a pesquisa de doutorado na Faculdade de Educação da Universidade de São Paulo (FEUSP), na linha de pesquisa de ensino de ciências e matemática. Tem experiência na área de Geografia, atuando principalmente na Cartografia Escolar e no Ensino de Geografia.

Rosemberg Ferracini

Professor universitário de Metodologia e Pratica de Ensino em Geografia e Pedagogia. Doutor Geografia Humana pela USP. Coordenou o projeto RedeFor para diretores da Escola pública "Propostas Curriculares do Estado de São Paulo entre os anos de 2010 e 2012" http://redefor.usp.br/. Ganhou em 1ª lugar no Fórum África 2012, promovido pelo Centro de Estudos Africano -CEA- Universidade de São Paulo/USP, recebendo o Prêmio KabengeleMunanga, com o trabalho "A África na Geografia Escolar.' Membro da Rede Latinoamericana de Investigação em Didática da Geografia REDLADGEO.
rosemberggeo@yahoo.com.br

Wagner da Silva Dias

Mestre em Geografia Humana pela Universidade de São Paulo (2009); Possui graduação em Bacharelado em Geografia (2005) e Licenciatura em Geografia (2006), ambos pela Universidade de São Paulo; Atualmente é professor assistente do Departamento de Geografia da Universidade Federal de Roraima e integrante do grupo de pesquisa Educação e Didática da Geografia: Práticas Interdisciplinares (Faculdade de Educação/ USP). Tem experiência na área de Ensino de Geografia, atuando principalmente nos seguintes temas: ensino de Geografia (formação inicial e continuada de professores, livros didáticos e alfabetização cartográfica). Tem experiência acumulada ministrando oficinas pedagógicas e orientando em cursos ligados à prática pedagógica, bem como participando de grupos de pesquisa nas seguintes áreas: alfabetização científica, gestão da escola, metodologia de ensino, interdisciplinaridade.

Waldiney Gomes de Aguiar

Possui Mestrado e Doutorado pela Universidade de São Paulo-USP em Geografia Humana com ênfase no Ensino de Geografia, docente do Curso de Geografia – Licenciatura da Universidade Estadual do Oeste do Paraná – UNIOESTE. Atua na Disciplina de Didática da Geografia e Estágio Supervisionado, foi professor da Educação Básica por mais de quinze anos, participa do Grupo de pesquisa GEPED - Grupo de Estudo e Pesquisa em Didática da Geografia e Práticas Interdisciplinares na Faculdade de Educação – USP.

SOBRE O LIVRO
Tiragem: 1000
Formato: 16 x 23 cm
Mancha: 12 X 19 cm
Tipologia: Times New Roman 10,5/12/16/18
　　　　　Arial 7,5/8/9
Papel: Pólen 80 g (miolo)
　　　　Royal Supremo 250 g (capa)